长江治理与保护科技创新丛书

SERIES OF SCIENCE & TECHNOLOGY INNOVATION
FOR CHANGJIANG RIVER REHABILITATION AND PROTECTION

水库水温分层取水研究

黄国兵　黄卫　段文刚 等　著

中国水利水电出版社
www.waterpub.com.cn

·北京·

内 容 提 要

　　本书对水库水温分层机理、分层结构特征及变化规律等方面的成果进行了系统总结。水库水温分层取水的物理模型试验相似理论和数学模型是研究水温分层取水手段的重要方面。本书详细介绍了水温模型相似律和不同维度的水温分层数值模型。叠梁门水温分层取水是水库分层取水的常用措施，本书对其作用下的关键水动力学问题进行了系统总结。水温控制幕作为新型的分层取水措施，通过水槽试验揭示了其分层取水机理及效果，并详细介绍了典型控制幕分层取水应用案例关于下泄水温改善效果和生态环境影响方面的成果。

　　本书可供水库大坝水温分层取水设计、水库生态调度和流域规划与管理等方面的科技人员及高等院校有关专业的师生参考。

图书在版编目（CIP）数据

水库水温分层取水研究 / 黄国兵等著. -- 北京：
中国水利水电出版社，2021.10
　（长江治理与保护科技创新丛书）
　ISBN 978-7-5170-9955-0

　Ⅰ．①水… Ⅱ．①黄… Ⅲ．①水库－水温－研究
Ⅳ．①P341

中国版本图书馆CIP数据核字(2021)第201614号

书　　名	长江治理与保护科技创新丛书 **水库水温分层取水研究** SHUIKU SHUIWEN FENCENG QUSHUI YANJIU
作　　者	黄国兵　黄卫　段文刚　等著
出版发行	中国水利水电出版社 （北京市海淀区玉渊潭南路 1 号 D 座　100038） 网址：www. waterpub. com. cn E - mail：sales@waterpub. com. cn 电话：（010）68367658（营销中心）
经　　售	北京科水图书销售中心（零售） 电话：（010）88383994、63202643、68545874 全国各地新华书店和相关出版物销售网点
排　　版	中国水利水电出版社微机排版中心
印　　刷	天津嘉恒印务有限公司
规　　格	184mm×260mm　16 开本　20.25 印张　493 千字
版　　次	2021 年 10 月第 1 版　2021 年 10 月第 1 次印刷
定　　价	**105.00 元**

丛书序

长江是中华民族的母亲河，是世界第三、中国第一大河，是我国水资源配置的战略水源地、重要的清洁能源战略基地、横贯东西的"黄金水道"和珍稀水生生物的天然宝库。中华人民共和国成立以来，经过70多年的艰苦努力，长江流域防洪减灾体系基本建立，水资源综合利用体系初步形成，水资源与水生态环境保护体系逐步构建，流域综合管理体系不断完善，保障了长江岁岁安澜，造福了流域亿万人民，长江治理与保护取得了历史性成就。但是我们也要清醒地认识到，由于流域水科学问题的复杂性，以及全球气候变化和人类活动加剧等影响，长江治理与保护依然存在诸多新老水问题亟待解决。

进入新时代，党和国家高度重视长江治理与保护。习近平总书记明确提出了"节水优先、空间均衡、系统治理、两手发力"的治水思路，为强化水治理、保障水安全指明了方向。习近平总书记的目光始终关注着壮美的长江，多次视察长江并发表重要讲话，考察长江三峡和南水北调工程并作出重要指示，擘画了长江大保护与长江经济带高质量发展的宏伟蓝图，强调要把全社会的思想统一到"生态优先、绿色发展"和"共抓大保护、不搞大开发"上来，在坚持生态环境保护的前提下，推动长江经济带科学、有序、高质量发展。面向未来，长江治理与保护的新情况、新问题、新任务、新要求和新挑战，需要长江治理与保护的理论与技术创新和支撑，着力解决长江治理与保护面临的新老水问题，推进治江事业高质量发展，为推动长江经济带高质量发展提供坚实的水利支撑与保障。

科学技术是第一生产力，创新是引领发展的第一动力。科技立委是长江水利委员会的优良传统和新时期发展战略的重要组成部分。作为长江水利委员会科研单位，长江科学院始终坚持科技创新，努力为国家水利事业以及长江保护、治理、开发与管理提供科技支撑，同时面向国民经济建设相关行业提供科技服务，70年来为治水治江事业和经济社会发展作出了重要贡献。近年来，长江科学院认真贯彻习近平总书记关于科技创新的重要论述精神，积极服务长江经济带发展等国家重大战略，围绕长江流域水旱灾害防御、水资源节约利用与优化配置、水生态环境保护、河湖治理与保护、流域综合管理、水工程建设与运行管理等领域的重大科学问题和技术难题，攻坚克难，不断进取，在治理开发和保护长江等方面取得了丰硕的科技创新成果。《长江治理与保护科技创新丛书》正是对这些成果的系统总结，其编撰出版正逢其时、意义重大。本套丛书系统总结、提炼了多年来长江治理与保护的关键技术和科研成果，具有较高学术价值和文献价值，可为我国水利水电行业的技术发展和进步提供成熟的理论与技术借鉴。

　　本人很高兴看到这套丛书的编撰出版，也非常愿意向广大读者推荐。希望丛书的出版能够为进一步攻克长江治理与保护难题，更好地指导未来我国长江大保护实践提供技术支撑和保障。

长江水利委员会党组书记、主任

2021 年 8 月

丛书前言

长江流域是我国经济重心所在、发展活力所在，是我国重要的战略中心区域。围绕长江流域，我国规划有长江经济带发展、长江三角洲区域一体化发展及成渝地区双城经济圈等国家战略。保护与治理好长江，既关系到流域人民的福祉，也关乎国家的长治久安，更事关中华民族的伟大复兴。经过长期努力，长江治理与保护取得举世瞩目的成效。但我们也清醒地看到，受人类活动和全球气候变化影响，长江的自然属性和服务功能都已发生深刻变化，流域内新老水问题相互交织，长江治理与保护面临着一系列重大问题和挑战。

长江水利委员会长江科学院（以下简称长科院）始建于1951年，是中华人民共和国成立后首个治理长江的科研机构。70年来，长科院作为长江水利委员会的主体科研单位和治水治江事业不可或缺的科技支撑力量，始终致力于为国家水利事业以及长江治理、保护、开发与管理提供科技支撑。先后承担了三峡、南水北调、葛洲坝、丹江口、乌东德、白鹤滩、溪洛渡、向家坝，以及巴基斯坦卡洛特、安哥拉卡卡等国内外数百项大中型水利水电工程建设中的科研和咨询服务工作，承担了长江流域综合规划及专项规划，防洪减灾、干支流河道治理、水资源综合利用、水环境治理、水生态修复等方面的科研工作，主持完成了数百项国家科技计划和省部级重大科研项目，攻克了一系列重大技术问题和关键技术难题，发挥了科技主力军的重要作用，铭刻了长江科研的卓越功勋，积累了一大批重要研究成果。

鉴于此，长科院以建院70周年为契机，围绕新时代长江大保护主题，精心组织策划《长江治理与保护科技创新丛书》（以下简称《丛书》），聚焦长江生态大保护，紧扣长江治理与保护工作实际，以全新角度总结了数十年来治江治水科技创新的最新研究和实践成果，主要涉及长江流域水旱灾害防御、水资源节约利用与优化配置、水生态环境保护、河湖治理与保护、流域综合管理、水工程建设与运行管理等相关领域。《丛书》是个开放性平台，随着长江治理与保护的不断深入，一些成熟的关键技术及研究成果将不断形成专著，陆续纳入《丛书》的出版范围。

《丛书》策划和组稿工作主要由编撰委员会集体完成，中国水利水电出版社给予了很大的帮助。在《丛书》编写过程中，得到了水利水电行业规划、设计、施工、管理、科研及教学等相关单位的大力支持和帮助；各分册编写人员反复讨论书稿内容，仔细核对相关数据，字斟句酌，殚精竭虑，付出了极大的心血，克服了诸多困难。在此，谨向所有关心、支持和参与编撰工作的领导、专家、科研人员和编辑出版人员表示诚挚的感谢，并诚恳欢迎广大读者给予批评指正。

《长江治理与保护科技创新丛书》编撰委员会

2021 年 8 月

前言

随着长江上游及其主要支流梯级水电枢纽群如干流上的葛洲坝水利枢纽工程、三峡水利枢纽工程以及向家坝、溪洛渡等巨型水电站的不断建设完成并投入运行，水库水温分层引起的生态环境问题日益受到关注。天然河道中的水体由于水体流动，加之河道中水深较浅，在太阳辐射作用下表底层水温相差不大。水库建成后，形成了大面积的停滞水体，同时库区内水流变缓，水库水体更新周期加长。太阳辐射的热量除了一小部分被水面反射掉以外，其余大部分均被水体吸收，并向更深处的水体传递。除此之外，大气辐射、库底辐射、进出流水体热量、水体大气之间的热交换以及各种生化作用产生或者消耗的热量都对水库内的热量收支产生影响。同时在水体内部，也进行着各种热传递，包括上层水体与下层水体之间的热传导；水体垂向对流产生的热交换；垂直环流产生的热掺混。水体在上述各种方式的共同作用下，形成了特殊的水温分层结构。

水库修建后，河流水温分布、水库水温分层结构以及水温节律的变化进一步对水库及其下游水体的物理、化学性质、水生生物的生存、新陈代谢、繁殖行为以及种群的结构和分布、农作物等均产生较大的影响。为缓解或避免水库温度分层水体下泄造成的不利影响，一方面需要充分把握水库水温分层结构及变化特征，明确下泄水温的不利影响；另一方面，需要采取多种工程与非工程措施综合来改善下泄水温，减缓或消除水库水体分层对水环境、水生态、鱼类及农作物灌溉等的影响。

叠梁门分层取水是减缓大型水库水温分层造成低温水下泄引起的水生态环境影响问题的最重要的措施。针对叠梁门措施，存在一系列关键的水力学问题需要解决，主要表现为进水口结构设计复杂，水流条件复杂，分层取水流态更为复杂，机组甩负荷对叠梁门的作用难以估计。因此，本书依托乌东德、白鹤滩和亭子口三个巨型水电站的叠梁门分层取水结构，开展了叠梁门放置高度、进口流道时均压力、闸门井水面波动、叠梁门和进口段水头损失、机组突然关闭对叠梁门产生的附加水击压力等方面的水力学特征研究，解决了设计、建设和运行过程中的难题。相关成果在第5章进行了系统介绍。水温控制幕分层取水作为一种新型分层取水措施，具有工程量小、造价低、水头损失小、在已建工程上易于实施等优点，具有广泛的应用前景。但是相关研究在我国尚处于初步探索阶段，研究成果少，也没有系统总结。因此，本书在第6章从水温控制幕分层取水机理、下泄水温改善效果等方面进行了总结。此外，水库水温分层特性是叠梁门和水温控制幕分层取水措施研究的重要基础条件，必须在分层特性明确的前提下，才能开展相关研究，才能明确分层取水改善下泄水温效果及对生态环境的影响。因此，在第2章对水库水温分层机理相关研究成果进行了系统梳理。物理模型试验和数值模拟作为水库水温分层取水研究中两种最为重要的研究手段，分别在第3章和第4章进行了介绍。第1章为研究进展综述，系统介绍了水库水温分层取水研究的国内外研究进展。第7章为结论与展望，对本书的主要结论进行了总结，并提出今后水库水温分层取水研究的发展方向。本书系统总结了叠梁门和水温控制幕分层取水措施等相关研究成果，可以为减缓长江梯级电站建设运行带来"滞温"效应和"累积"效应造成的水库富营养化、鱼类产卵时间推迟、产卵场严重破碎等一系列的生态环境影响提供解决方案。本书的成果将为长江大保护、长江生态文明建设提供科技支撑。

本书由长江水利委员会长江科学院黄国兵教授级高级工程师、黄卫高级工程师、段文刚教授级高级工程师、杜兰高级工程师、聂艳华高级工程师、杨金波高级工程师、王智娟高级工程师、黄明海教授级高级工程师、郭辉教授级高级工程师、长江河湖建设有限公司肖义高级工程师和河海大学贺蔚副教授等共同撰写完成。其中，黄国兵负责本书的策划及前言内容的编写，黄卫负责第1章、第6章除6.3节外内容的编写，段文刚负责第3章内容的编写和本书技术把关，肖义负责第5章乌东德叠梁门分层取水研究的物理模型试验，杜兰负责第4章和第5章白鹤滩叠梁门分层取水数值模拟章节的编写，聂艳华负责第5章亭子口叠梁门分层取水物理模型试验部分的编写，杨金波负责乌东德叠梁门分层取水研究数值模拟研究，王智娟负责白鹤滩叠梁门分层取水物理模型试验部分的编写，贺蔚负责第6章6.3节内容的编写，黄明海负责第2章的编写、郭辉负责第7章的编写。全书由黄卫负责统稿。於思瀚参与了第6章内容的撰写，并和刘备在本书图表制作、文字校对、格式编排等方面付出了巨大努力。

本书部分内容系中央级公益科研院所基本业务费创新团队"水库水温分

层取水研究"项目的成果。

本书部分成果在研究过程中得到了中国长江三峡集团有限公司、长江河湖建设有限公司、天津大学等单位的大力支持，在此表示衷心的感谢。

由于作者水平限制，书中不足和缺点在所难免，恳请读者批评指正。

作者

2021 年 6 月

目录

第 1 章

绪　　论

1.1　研究背景

1.1.1　水库水温分层概况

当前，我国处在流域水电开发的高峰期，大量的水坝正在规划和建设。1973 年 30m 以上大坝共 1644 座，其中 100m 以上 14 座，分别占世界的 25％和 3.5％；1988 年 30m 以上大坝共 3768 座，其中 100m 以上 429 座，分别占世界的 41％和 7.2％；2005 年年底 30m 以上的大坝共有 4839 座，其中 100m 以上 129 座，分别占世界的 37.8％和 15％；2008 年 30m 以上的已建、在建大坝共 5191 座，其中 100m 以上 142 座[1]。据世界大坝委员会 2011 年不完全统计，世界范围内已有超过 37000 座大坝（以坝高大于 15m 为标准），所形成的水库总库容约为 149000 亿 m³，中国 30m 以上大坝数量居世界第一。另据 2011 年全国水利发展统计公报[2]，我国已建成各类水库达 88605 座，总库容达到 7201 亿 m³，其中：大型水库 567 座，总库容 5602 亿 m³，占全部总库容的 77.8％；中型水库 3346 座，总库容 954 亿 m³，占全部总库容的 13.2％。就长江流域而言，已建各类水库已超过全国总量的 50％，其中已建水库、电站多分布在支流，葛洲坝水利枢纽工程、三峡水利枢纽工程以及向家坝、溪洛渡等巨型水电站则分布于干流。

水体中大部分的热量都是通过太阳辐射获得的，天然河道中的水体由于水体流动，加之河道中水深较浅，在太阳辐射作用下表底层水温相差不大。水库建成后，形成了大面积的停滞水体，同时库区内水流变缓，水库水体更新期加长。太阳辐射的热量除了一小部分被水面反射掉以外，其余大部分均被水体吸收，并向更深处的水体传递。除此之外，大气辐射、库底辐射、进出流水体热量、水体大气之间的热交换以及各种生化作用产生或者消耗的热量都对水库内的热量收支产生影响。同时在水体内部，也进行着各种热传递，包括上层水体与下层水体之间的热传导；水体竖向对流产生的热交换；垂直环流产生的热掺混。水体在上述各种方式的联合作用下，形成了特殊的水温分层结构。一般地，水库表面水温较天然河道明显升高，而库底长时段保持低温状态，特别是一些大型水库的表层水温和底层水温相差很大，有时温差可达 20℃左右。另外，由于河流热容量显著增大，水温节律改变，形成水库"滞温"效应或"滞冷"效应，一般表现在春季水温下降，秋冬季水温升高，年温差有所减少。

1.1.2　水库水温分层对生态环境的影响

筑坝建库在防洪、除涝、灌溉、发电、供水、航运和水产养殖等方面发挥了巨大作用，带来了巨大的效益，有力地推动了社会经济的发展。但筑坝建库也深刻地破坏了河流的流通性，改变着河流的自然发展进程，影响了河流生态系统的物质循环、能量过程、物理栖息地状况和生物相互作用，进而影响河流生态系统的水文特性、水环境和生物过程，改变河流生源要素的迁移、转换和循环更新，直接或间接影响河流生态系统的结构和功能，对地方环境与生态可能产生重大而潜在的影响。

首先，水温对水的物理、化学性质的影响是比较大的。水中溶解氧的含量是确定水质好坏的重要指标之一，在天然河流中水体一般含有足够的溶解氧。水库蓄水后，表面温水层内的浮游植物在光合作用下释放出氧气，使该层内的溶解氧浓度基本保持在近饱和状态。斜温层之下，很少发生掺混，溶解氧不能传递下来，光合作用所需的阳光也不能到达，而死亡的水生动植物沉积下来，在分解过程中将深水层中的氧气消耗殆尽。当水体中溶解氧含量达不到水生生物的需要时，水生生物将大量死亡，使水质严重恶化。其次，水温分层会引起水质恶化。由于库区的温分层作用，排入库区水体中的污染物在垂向上受到抑制，大大降低了天然水体对污染物的稀释降解能力，容易形成污染云团的不断堆积。另外，由于夏季分层型水库表层水体光照充足，当营养盐比较丰富时易引起藻类等水生植物的爆发性生长，形成"水华"现象。同时由于夏季温度分层，库底往往处于缺氧状态，易导致内源性磷的增加，加速底泥中磷的释放，春季分层较弱时，底泥释放的磷上升到水体的表层，为上层水体发生富营养化提供丰富的营养盐，增加了水质恶化的潜在危险。再次，温度变化影响水生生物群落组成。在水温分层的水体中，浮游生物也常呈现分层分布，库表温水层中的浮游生物可能较深水层多几百倍。鱼类通常生活在 15～30℃ 的水域中，水温超过这个范围就会导致鱼不进食，新陈代谢减缓。很多鱼类产卵时对水温的要求很严格，鲤、鲫等鱼类在春季水温升到 14℃ 左右才开始产卵，而产漂浮性卵的鱼类则需要到 18℃ 才开始产卵。如果水温不能达到鱼产卵生长所需温度，产卵场就可能消失，鱼产量将降低。一般常规电站进水口为单层进水口，由于水库运用水位变幅较大，考虑到进水口不出现有害旋涡的淹没深度要求，其进水口高程一般较低。电站高水位运行且表层泄水孔很少弃水的情况下，通过电站下泄的水体温度就往往低于建坝前的天然河道水温，形成低温冷害，给下游农业灌溉和水生生态环境带来不利影响[2]，若不采取必要的措施，将使河道的水温难以恢复[3]。为缓解或避免水库温度分层水体下泄造成的不利因素，一方面需要采取多种工程与非工程措施来改善下泄水温；另一方面，需要充分把握水库水温分层结构及分布特征，准确调控下泄水温，减缓或消除水库水体分层对水环境、水生态、鱼类及农作物灌溉等的影响。

1.2 国内外研究进展

1.2.1 水库水温分层特性研究

水库水温分层特性研究主要涉及水库水温分层结构及水温分布规律、温分层流运动特性及水温扩散输移特性、分层水体的物质、动量和能量交换等方面。这是水库分层取水效果研究和论证的基础，也是水库下泄水温调控有效与否的关键，有利于加深对水库分层取水机理的认识。目前，在这方面主要采用原型观测、经验类比、数值模拟和模型试验研究等方法。

（1）原型观测法。原型观测是对已建工程进行现场观测，能够真实地反映在自然环境条件下水库水温分层特性及分层取水水温变化过程，为科学研究提供宝贵的原始资料，但通常工作量大、费用高，测量结果的精度也会受到测量仪器的限制和当时当地特定的自然环境的影响（选择具有代表性的自然环境在原型观测中相当重要）。同时，原型观测无法获得工程规划设计阶段所需要的预测信息，因此多用于检验经验理论分析结果、试验研究和不同的数值模拟方法的可靠性和精度，以及为总结某些基本规律提供依据。

（2）经验类比法。经验类比法又包括水库温度分层的判别方法和水库水温预测的经验公式法。20世纪70年代以来，为了解决生产实际问题，国内提出了许多经验性水温估算方法，这些方法都是在综合分析大量实测资料的基础上提出的，具有简单、实用的优点。但由于经验类比法是根据实测资料综合得到的，反映的是水温变化的一般规律，所以对于水库分层取水对水温分布的影响和较短时段（日、月内变化）的信息还无法获取，具有一定的局限性。

（3）数值模拟法。数值模拟法是水库水温分层取水研究中普遍采用的一种经济易行的方法，具有成本低、方案变化快、无测量仪器干扰、无比尺效应和数据信息完整等优势，通过计算机虚拟化的模拟，可全面掌握水库坝前近远区温分层水体全场水流水温信息，实时展示温度场的时空分布，在项目实施前就能仿真观测到实际的工程效果，或者能在实施后对其水温结构演变趋势进行虚拟仿真，并能方便修改设计参数进行多设计方案对比优化，大大提高设计效率，优化设计方案，降低工程设计风险。因此，数值模拟技术的发展越来越引起重视。

在水库水温分层数值模拟研究方面，数学模型最先采用的是一维模型，如20世纪60年代末，美国的Orlob和Harleman分别提出的垂向WRE模型[7]和MIT模型[8]。20世纪70年代中期和后期，美国的一些研究者又提出混合层模型和水库动力学模型（DYRESM模型）[9]。我国从20世纪80年代开始了水库水温数学模型的建立和应用。中国水利水电科学研究院冷却水研究所推出了"湖温一号"模型，李怀恩和沈晋[10]建立的垂向一维水温模型还考虑了泥沙异重流的影响，杨传智[11]提出了一维模型中垂向扩散系数沿水深呈指数函数衰减的经验公式，陈永灿等[12]将其应用于密云水库，得到较好的效果。在二维模型方面，美国陆军工程兵团水道试验站（WES）较早开发了比较成熟的二维纵向CE-QUAL-W2[13-15]水动力水质模型；Huang等[16]提出了横向平均的风力混合水库水温模型（laterally averaged wind and temperature enhanced reservoir simulation，LA-WATERS）；Gerard和Heinz[17]尝试将$k-\varepsilon$模型应用于水库密度流的模拟；Young[18]在其二维水库模型中对垂向上的动量和热量的紊动扩散采用不同经验公式计算；Johnson[19-20]进行重力下潜流试验研究，采用了2种三维模型和3种二维模型进行对比计算，并与试验数据做比较，最终推荐二维LARM（Laterally Averaged Reservoir Model）模型[21]；Karpik等[22]改进建立了LAHM的二维水库水温模型。在国内，江春波等[23]将立面二维水温模型应用于优化水库取水口计算，取得了较好的成果；陈小红[24]采用立面二维$k-\varepsilon$紊流模型成功模拟了具有弱分层效应的湖泊型水库；邓云[25]建立了计入浮力影响的立面二维水温模型来优化水库调度方式；杜丽惠等[26]建立了立面二维水流水温大涡模型。在三维模型方面，国外已研发了多个含水温等参数的三维水流水质模型，如 CE - QUAL - ICM 模型、EFDC 模型、MIKE 模型、POM 模型、ECOM 模型、Delft - 3D 模型等。在国内，邓云[25]、李凯[27]、马方凯等[28]、任华堂等[29]结合特定水文气象条件，应用三维水流水温模型对大范围库体水温分层状况进行了模拟和计算，取得了令人鼓舞的研究成果。

目前，不管是一维、二维还是三维模型，都是在较小范围和特定条件下建立的，应用于不同流域水库时，需要重新率定模型参数，因而无法较好地模拟其他地区的水库水温变化过程。此外，水库分层取水过程中蕴含着多种复杂流动效应，如水体密度、压力、温度分布不均匀，尤其在出流口局部附近，流动还具有诱导压力梯度，三维分离，大尺度的非恒定性以及表面糙率等问题，这些同时共存下的各向异性湍浮力流模拟有着相当大的难度。当前，直接数值模拟和大涡模拟对于工程实际问题而言，无论从计算能力，还是从方法的成熟度上看，都离实际应用有着较远的距离。以雷诺时均方程为基础的湍流模型模拟仍然是目前处理工程实际问题最有效的方法。因此，探寻精确、经济和通用的湍浮力流模型也是水库水温研究的一个重要方向。近年来，显式代数应力模型（Explicit Algebraic Stress Model，EASM）蓬勃发展，并成为雷诺应力模型发展的重要分支。它从微分形式的雷诺应力方程出发，严格推导出应力的显式代数表达式，具有明晰的物理意义和可靠的物理背景。同时它也是对两方程湍流模型的有力扩展和补充，能够反映出各向异性的湍流效应，部分克服线性涡黏模型的缺陷。此外，它不仅计算效率和两方程湍流模型相近，而且能够有效避免数值计算中的奇异性，提高计算的稳定性和收敛性，因而具有较高的学术研究价值。目前，国外在显式雷诺应力代数模型研究方面的杰出代表包括 Pope[30]、Taulbee 等[31]、Gatski 和 Speziale[32]、Wallin 等[33]、So 等[34]，国内在这方面进行过研究和应用的学者包括陈石[35]、高殿武等[36]、钱炜祺等[37]。国外在标量通量显式代数应力模型研究方面的代表包括：Daly 和 Harlow[38]，Abe 等[39]，Girimaji 和 Balachandar[40]，Yoshizawa[41]，Younis 等[42]，Wikström、Wallin 和 Johansson[43] 等；国内在这方面进行过研究和应用的学者包括倪浩清等[44]、许唯临[45]、戴会超等[46]、华祖林等[47]。总的来说，计及浮力作用下的显式雷诺应力代数模型和显式主动标量通量代数模型的研究还处于起步阶段，如何改进、完善并建立通用性更强、稳定性更好的 EASM 模型是该领域亟须解决的前沿性课题。从工程应用的角度看，随着近年来流体流动、传热和传质的湍流计算模拟技术的迅速发展，一般湍流模型在预报湍浮力流问题方面遇到了很大的挑战，并逐渐显现出诸多不足，而 EASM 模型作为雷诺应力模型（Reynolds Stress Model，RSM）的一种近似，能够很好地预报湍浮力回流、旋流、分层流及环流等复杂流动，逐渐在工程应用中为湍流预报提供了较为精细而又切实可行的科学方法。此外，EASM 模型不受经验性公式的限制，并且计算稳定、经济易行，是目前计算复杂湍流最实用也是最有前途的模型。

（4）模型试验研究。物理模型法一般建模费较昂贵，需要大量人力、物力和财力的投入，但在研究水温分层取水的应用效果方面发挥了不可替代的重要作用，对水工设计和运行具有重要的指导意义。早在 20 世纪 60 年代，美国陆军工程兵团开始在水道试验站（WES）进行试验，通过研究对随机分层水库管道或大量排水孔泄流来确定取水区域的特性，这项试验试图发展一种预测和控制调节建筑物的泄水方法[48]。美国饿马水库通过模型试验研究了水库分层取水装置的水温改善效果，并进行了优化设计[49]。

国内也先后开展了水温模型相似理论研究和分层取水试验研究。在水温模型相似理论方面，陈惠泉[50-51]基于系统的总体热平衡关系，提出了模型与原型的水温换算关系。赵振国[52]基于控制方程推导了模型相似条件，提出模型弗劳德数和密度弗劳德数必须同时与原型相等，得到了原型和模型水温的换算关系。由于水库分层取水属汇流问题，水库水体受取水口水流重力牵引拉动作用，必须模拟水库水温沿深度分布，另外，水电站进水口附近流速增大，将改变进水口附近的库内水温分布。因此，现有的涉及水温的模型相似关系难以直接应用于水库分层取水水温试验。

1.2.2 水库分层取水研究进展

在水库分层取水数值模拟研究方面，任华堂等[53]对阿海水库两种取水口高程下的水温分布进行预测，重点分析了取水口高程对库首水体的温跃层强度、均温层的位置和下泄水温的影响，为阿海水库的设计和生态调度提供了一定的参考依据。雷艳等[54]采用可行性 $k-\varepsilon$（Realizable $k-\varepsilon$）紊流模型对分层取水电站进水口进行了三维紊流数值模拟，获得了进水口三维流场特征及水力特性，并与按重力相似准则设计的 1:40 的模型试验进行了对比分析，基本吻合。张士杰等[55]采用 MIKE3 数学模型，模拟某高坝大库分别采用单层进水口、两层进水口、叠梁门多层取水等 3 种不同电站取水方案的水库水温结构及下泄水温，对比分析不同分层取水措施对下泄水温的调节作用和对下游生态环境的影响。结果表明分层取水措施能有效提高水库泄水温度，减缓水库下泄低温水的影响；叠梁门结构能够实现表层取水，对水库低温水的改善效果要优于多层进水口结构。高学平等[56]采用 σ 坐标系，模拟进水口前库区复杂的地形边界，建立了糯扎渡水电站进水口分层取水下泄水温的三维数值模型。在已知库区水温分布的条件下，对不同的叠梁门运行方式，数值模拟了典型水平年 12 个月的下泄水温。认为进水口叠梁门方案分层取水对提高下泄水温有较为明显的作用，下泄水温提高的幅度，不仅取决于叠梁门的高度，还取决于水库水温垂向分布。

在水库分层取水模型试验研究方面高学平等[57]结合水库分层取水的流动特点，对水库水温模型试验的相似关系重新进行了理论分析，提出了模型和原型相似应满足的条件，以及模型与原型水温换算关系，从而为开展水库分层取水物理模型试验研究提供了初步理论基础。在分层取水试验研究方面，高学平等[58]针对糯扎渡水电站分层取水进水口叠梁门方案，试验研究不同叠梁门运行方式的下泄水温，考虑水库水温垂向分布和叠梁门运行方式等因素，提出了叠梁门分层取水方式的下泄水温公式。利用所提出的下泄水温公式对锦屏一级水电站进水口典型工况的下泄水温进行了估算，并与物理模型试验结果进行了比较，二者基本吻合。杨鹏等[59]经过分层取水方案的比较及试验研究，采用混凝土前置挡土墙设计方案，实现了董箐水电站引用水库表层高温水，减轻发电下泄低温水对下游水生生物的影响的目的，缩短了工期，节省了工程投资。前置挡墙方案在工程投资、运行条件、施工条件等方面均优于叠梁门方案。姜跃良等[60]结合溪洛渡水电站进水口分层取水设计，认为叠梁门分层取水方案使鱼类集中繁殖期增温效果较明显，同时具备工程量小、投资省、运行操作灵活等优点，该工程叠梁门分层取水方案较原单进水口方案新增投资2.61亿元。章晋雄等[61]结合锦屏一级水电站叠梁门分层取水进水口布置，通过水工模型试验，对水电站进水口的水力特性进行了系统研究。结果表明，常规进水口水头损失系数为0.224；进水口前布置叠梁门，进口水流流向经过两次90°转弯后进入引水管道，流场分布比较复杂，引起进水口段局部水头损失增加，设置一层、二层和三层叠梁门时进水口段水头损失系数分别达0.765、0.853和0.950，设置一层挡水叠梁门后的水头损失系数是不设叠梁门时水头损失系数的3.42倍。柳海涛等[62]采用水温物理模型，对锦屏一级水电站分层取水进行了模拟。通过对上游来流分层加热，获得稳定的流速与水温边界，定量研究不同的运行工况下进水口下泄水温变化。研究结果表明，进水口取水运行将影响附近水温与流速场，在引水流量为674m³/s情况下，影响范围可远达上游600m；在下泄水温偏低的3—5月，进水口启用两层半叠梁门可使取水水温上升0.9～2.4℃，接近天然水温，有利于下游生境恢复。柳海涛等[62]通过结合光照水电站、三板溪水电站与锦屏水电站，对叠梁门分层取水技术的水力学问题进行了试验研究，初步摸索了分层取水相关试验技术和方法，取得了一定的成果。

总体而言，水库分层取水水温试验中水温模型的相似理论仍然是研究难点，特别是对时间和空间跨度大的大型梯级水库群，物理模型的相似率较难把握，并且模拟稳定的符合要求的水库试验水温分布也是亟须解决的一个关键技术难题。同时，分层取水措施的选用及其运行效果也是特别需要加强研究的一个迫切问题。

1.2.3　水库水温分层改善措施研究

为了尽量避免水库水温分层带来的不利影响，国内外已经开始在水电站的建设中考虑采取改善下泄水水温的工程与非工程措施，诸如设置分层取水装置、破坏温跃层、实行水库生态调度等。其中，分层取水作为调控下泄水温、减缓下游水生态影响的有效手段之一，能够合理利用水库水温和其他水质分布特性，控制取水区域，有效地解决下泄低温水问题，改善河流生态环境，已成为水电生态友好实践的重要组成部分。

1.2.3.1　水库分层取水改善水库水温分层措施

国外分层取水研究大体经历了三个发展时期[63]。20世纪50年代以前，仅日本等极少数国家针对水库下泄低温水问题建造了分层取水建筑物，当时的工程设计中很少考虑水温分层作用，广泛采用深层取水。20世纪50—60年代，工程界认识到水库水温的分层问题，开展了水库分层取水设计和研究工作，当时主要采用两种处理方法：一种是消灭分层；另一种是利用分层特性取表层温水或底层冷水。美国还在1969年颁布的《环境保护法》中明确要求在修建分层取水设施前应开展环境影响研究，以确保工程实施后的环境效益和效果。20世纪70年代以后，开始交替出现表层取水、底层取水及分层选择取水工程。美国先后对沙斯塔、饿马、格兰峡等电站进水口分别进行了叠梁门分层取水的研究和改建工作[49,64-65]，运行实践表明，下游河流生态环境得到了一定修复。日本在第二次世界大战后分层取水得到了广泛的推广并取得了不错的效果，日本所兴建的分层取水结构已被国际大坝会议环境特别委员会作为典型工程推荐。

相对而言，我国相关研究起步较晚，在中华人民共和国成立初期，采用简易的表层取水结构,此后逐渐被深式取水所代替。在当时的情况下,修水库主要是解决灌溉水量的调节问题,对水质则未充分认识。由于兴建的水库日益增多,从 20 世纪 60 年代中期开始,我国陆续在广西、湖南、四川、江西等省修建了一些分层取水结构。早先,分层取水主要运用于规模较小、对水温有要求的灌溉型水库。这些灌溉水库的坝高大多低于 40m,采用的分层取水口主要有竖井式和斜涵卧管式两大类。竖井式采用进水塔或闸门井,通过启闭机启闭控制流量和水温。我国广西壮族自治区的西云江水库(最大坝高 21.5m)就采用了竖井加 3 层闸门的分层取水塔布置形式;四川省的冷家沟水库与总岗山水库则采用了竖井+多层翻板门的分层取水塔布置形式,可以适应水库水位的变化,完全取用表层水。斜涵卧管式沿梯级斜管在不同高程设置进水口,以盖板塞作启闭;江西省的枫溪水库(最大坝高 17.5m)采用了斜涵天桥盖板的分层取水布置形式,在斜涵上设置了 4 个取水口以实现分层取水。相比而言,斜涵卧管式只能适用于取水深度、流量较小的水库,而竖井式则可运用于取水流量较大的水库。进入 21 世纪以后,随着国内高坝大库的不断增多,基于下游水生生态保护和灌溉农业发展为目标的大中型水库分层取水措施的研究和设计成为重点。目前,国内对大中型水电站分层取水设计多采用叠梁门分层取水或多层取水口分层取水模式。我国已建、在建或拟建的坝高 200.5m 的北盘江光照水电站、坝高 162m 的滩坑水电站、坝高 305m 的雅砻江锦屏一级水电站、坝高 261.5m 的澜沧江糯扎渡水电站、坝高 219m 的湖北江坪河水电站、溪洛渡工程、坝高 289m 的白鹤滩水电站、坝高 115m 的嘉陵江亭子口水电站等也均采用了这类分层取水模式。其中,光照水电站还是我国第一个建成并已投入使用的具有水电站叠梁门分层取水结构的大型水利工程,开创了我国大中型水电工程通过工程措施解决环境保护难题的先河,对推动我国水电站建设领域环保事业的发展具有十分重要的意义。

从工程实施角度,国内外已提出多种分层取水方案,其中以叠梁门的应用和研究最多。其原理是根据库水位和出库水温的基本要求,以一层一层叠梁门的方式,开启或关闭相应高程闸门,达到控制取水的目的(见图 1.2 - 7)。它具有水温改善效果好、稳定性高、安全性好等特点,目前已有大量对叠梁门分层取水方案的研究。张少雄[66]、陈弘[67]结合物理模型试验与数值模拟,研究了糯扎渡水电站水库分层取水的出库水温,得出了库区水温分布、叠梁门高度、出库水温三者之间的关系,探讨了分层取水下的坝前取水机理,并总结了出库水温规律。除叠梁门外,目前已提出并研究了多种不同形式的分层取水设施。徐茂杰[68]表明叠梁门分层取水方案可有效提高出库水温,来满足下游河道对出库水温的要求。常理等[69]提出采用叠梁门分层取水措施来避免出库低温水对下游的负面影响,得出叠梁门布置后的出库水温比原方案提高了 3.1℃。Sherman[70]论述了 7 种缓解出库低温水工程措施的原理、效果和成本,包括多层取水设施、去分层设施、浮式取水口、表层水泵、漂浮式圆管搅拌器、水温控制幕和蓄水池,针对布伦东(Burrendong)水库,对比上述方法表明漂浮式圆管搅拌器的成本与效果提高的比值最低,其工程成本不及多层取水设施的 1/10。Bartholow 等[71]以湖泊型沙斯塔(Shasta)水库为研究对象,评估了钢框架温控分层取水设施 TCD 对大型水库水温、水动力和湖泊属性的影响,结果表明 TCD措施使夏季水温分层提前、总历时缩短,对 Shasta 水库的营养物浓度影响较小,但库区浮游植物产量峰值时间提前,并且在夏季可能增加。王冠[72]分析了放流洞方案对库区水动力场、温度场及出库水温的影响，证明了放流洞放水对控制出库水温的有效性。张仙娥[73]以糯扎渡水库为例，建立了纵竖向二维水温概念模型，进行了 BOD、DO 预测分析，得出了水温产生分层，溶解氧也产生分层，溶解氧随深度增加而浓度大幅下降的变化规律，并将模型应用在巴肯（Bakun）水电站，计算在不同的水位和不同的叠梁高程组合下，泄水流的溶解氧变化情况，结果表明叠梁门应用可达到控制取水的目的。美国内政部（U. S. Department of the Interior）对各种出库水温控制方案（泵站抽水、坝上直接引水、加高坝高、增加流量等）进行了原理阐述和费用评估[49]。高学平等[74-75]分别推荐采用浮式管型取水口和侧边孔口来灵活控制出库水温。谢玲丽等[76]针对聚仙庙水库提出了"平面交错、立面分层、一电多控"的平面钢闸门分层取水方案，该方案能有效提高出库水温，而且上下各取水口之间不会相互牵制和影响。

国内部分大中型分层取水电站实例见表 1.2-1。

表 1.2-1　　　　　　　　　国内部分大中型分层取水电站实例

电站名称	地区	库容/亿 m³	坝高/m	装机容量/MW	正常蓄水位/m	进水口底板高程/m	单机引水流量/(m³/s)	取水形式	叠梁门层数-单层高	备注
光照	贵州	32.45	200.5	1040	745.00	670.00	432	叠梁门	20 层-3m	已建
白鹤滩	云南	206	289	16000	825.00	734.00	548	叠梁门	6 层-6m	在建
乌东德	四川	74.08	270	10200	975.00	885.00		叠梁门		在建
亭子口	四川	34.68	115	1100	458.00	415.00	432	叠梁门	10 层-2.8m	在建
董箐	贵州	9.55	150	880	490.00	455.00	234	前置挡墙	—	已建
糯扎渡	云南	237	261.5	5850	812.00	736.00	389	叠梁门	3 层-12.7m	在建
锦屏一级	四川	77.6	305	3600	1880.00	1779.00	350	叠梁门	3 层-14m	已建
江坪河	湖北	13.66	219	450	470.00	406.80				在建
三板溪	贵州	40.94	185.5	1000	475.00					已建
滩坑	浙江	41.55	161	600	160.00					已建
溪洛渡	云南	116	278	12600	600.00	518.00	431	叠梁门	4 层-12m	已建
双江口	四川	31.15	314	2000	2500.00					在建
两河口	四川	101.5	293	3000	2865.00					在建
乐昌峡	广东	3.4	81.2	132	154.50	124.90	—	叠梁门	3 层-3.5m	已建
喀拉克	新疆	24.2	123.5	140	739.00	665.00	207.8	上、中、下 3 层	—	在建

迄今为止，世界各国仍在致力于各种不同型式分层取水装置的研究和设计。根据不同水库类型和不同取水目的、方式及规模等，分层取水装置基本可分为以下几种类型。

1. 铰接式分层取水装置

由浮于水面的浮子和管臂铰接组成，水从水面流入管臂，浮子随水库水位升降，可连续地取得表层水，但取水量不大，一般均在 2m³/s 以下，且这种装置适于水深在 10m 以内时采用，如图 1.2-1 所示。

2. 多层水力自动翻板式分层取水塔

由进水塔、竖向安装在塔上游面的若干层翻板门及其他部件组成。进水塔壁与翻板门组成一个封闭井。每扇翻板门在门的某一高度上设一转动轴，利用放水时产生的塔内外水

头差 Z，从上到下逐个开启，以放取水库表层水。四川总岗山水库采用了这种型式，如图 1.2-2 所示。

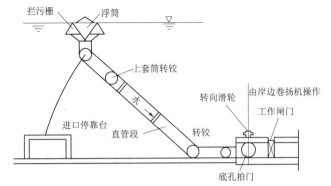

图 1.2-1 铰接式分层取水装置示意图

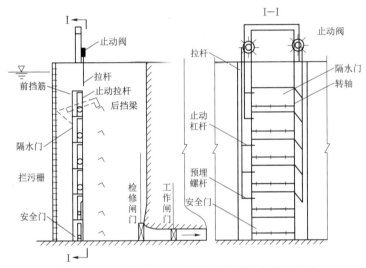

图 1.2-2 多层水力自动翻板式分层取水塔示意图

3. 浮子式取水塔

取水管身（圆筒）由若干节直径不同的钢管套叠而成，一节套一节，越向下管节直径越大。浮筒随库水位涨落，带动管身伸缩，维持取水口在水下一定深度处，能汲取水库有效取水范围内的表层水，配上起吊设备后，还可进行选择取水，型式如图 1.2-3 所示。

日本自 1965 年至 2020 年，已有多处水库采用这种型式，其中北海道暑寒水库取水流量为 $6.8m^3/s$，金山水库取水流量为 $48m^3/s$。我国的升钟、扬角坝、刘兰、大龙洞等水库采用了圆筒多节式表层取水设施，但流量均不超过 $20m^3/s$。

4. 多孔式分层取水装置

在取水范围内设置标高不同的多个孔口，每个孔口分别由闸门控制。其缺点是不能连续取得表层水。

日本的鸭川坝即采用这种型式，在取水塔周壁上设置了直径为 60cm 的 9 个圆形取水孔，各取水孔间的垂直距离为 $2\sim3m$，计划取水流量为 $4.0m^3/s$，如图 1.2-4 所示。据

1959 年 8 月测定的鸭川坝取水温度，3 号取水孔和 4 号取水孔的取水温度有显著差别，当取水流量大时，必须多开取水孔，然而多开取水孔就不能达到取表层温水的预期效果。

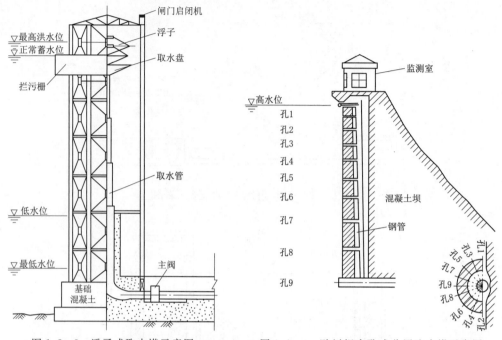

<table>
<tr><td>图 1.2 - 3　浮子式取水塔示意图</td><td>图 1.2 - 4　鸭川坝多孔式分层取水塔示意图</td></tr>
</table>

为了保护美国科罗拉多河流的本土和濒危鱼类，美国垦务局改造了格伦峡谷坝（Glen Canyon Dam）的取水结构，在取水塔顶部增加了一个表层取水装置，如图 1.2 - 5 和图 1.2 - 6 所示，取水最大引用流量为 113m³/s。1999 年的评估报告显示，表层取水装置运行后，下泄水温提高了近 10℃，明显改善了下游鱼类的生存环境。

图 1.2 - 5　表层取水装置示意图

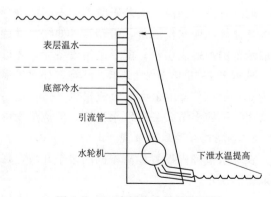

图 1.2 - 6　表层取水设施剖面图

5. 叠梁式（多层式）分层取水装置

由取水塔、取水闸门等结构物组成，如图 1.2-7 所示。该装置可依据库水位变化，随时调节闸门总高，以保持一定的取水深度，连续地取得表层水，取水量较大。一般来说，叠梁式取水设备多，投资大，管理较复杂，但安全稳定性高，对库水位变化适应性强，运行操作灵活，能适用于深水大型取水建筑物。

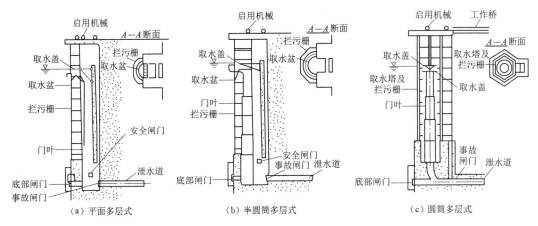

（a）平面多层式　　　　（b）半圆筒多层式　　　　（c）圆筒多层式

图 1.2-7　叠梁式（多层式）分层取水装置

位于日本群马县多野郡、利根川水系神流川上的下久保坝，1968 年完建，最大坝高 129m，水库总库容为 113 亿 m^3。表层引水口的闸门形式，采用多节式半圆形定轮门，顶部为喇叭口，喇叭口装有拦污栅，闸门高度可调整，以使喇叭口随库水位变动经常处在水下 2m 的位置。取水流量为 12m^3/s。另有底部放水孔，装有锥形闸门。当库水位下降到 239.70m 时，从底部放水孔取水，取水流量也为 12m^3/s。

光照水电站是我国第一座采用叠梁门方式实施分层取水的电站[77]，2007 年 9 月建成分层取水进水口，同年 12 月下闸蓄水。研究表明，光照水电站采用分层取水方案以后，水库全年平均下泄水温为 14.6℃，比常规取水方案提高 3.1℃，汛期下泄低温水恢复距离最大比常规取水方案缩短 180km（发生在 7 月、8 月），水温恢复效果明显[78]。

我国西部大型水电站锦屏一级和双江口均进行了平面叠梁式取水口的方案设计，取水流量较大，水温预测结果表明下泄低温水改善效果明显，其中锦屏平水年 3 层叠梁门较单层进水口在 3 月、4 月升高了约 1.2℃、1.5℃。

叠梁门分层取水改善坝下游河道水温特性的同时，叠梁门的放置使得电站进水口前的水流结构更加复杂。其不利影响主要包含两个方面：恶化进口局部流态，可能诱发危害性吸气旋涡进入管道；显著增加水头损失，降低机组发电效率和经济效益。汤世飞[77]结合光照水电站分层取水运行实践，指出进水口叠梁门会造成 1~2m 的水头损失。发电耗水率相差 0.02~0.03m^3/(kW·h)，以 0.025m^3/(kW·h) 的耗水率计算，每年电站设计发电量为 27.5 亿 kW·h，则由叠梁门造成的水量损失为 0.69 亿 m^3，电量损失约为 0.26 亿 kW·h。认为叠梁门的使用造成的电站经济损失是一个不可忽略的问题，在满足生态环境要求前提下，尽量减小叠梁门水头损失，以争取发电效益最大化。

有鉴于此，若能提出一种减小附加阻力的叠梁门体型或者调整优化其布置，既可提高电站下泄水温，又不明显降低机组发电效率，使得公众生态需求和机组发电经济效益兼得，其应用前景将十分广阔。

6. 水温控制幕分层取水装置

在取水口前布置一道控制幕布，通过幕布可以实现挡住不适宜温度层的水，放流需要温度层的水。水温控制幕设计与安装都较为简单，费用也较低，造价仅为常规分层取水结构的 $1/3 \sim 1/4$[79]，对发电的水头损失也较小，减少了发电量损失，堪称兼顾发电和生态恢复的典范。水温控制幕分层取水维修费用低，在以后的水温调控中，可以根据水温需求来重新布置。特别适用于对已建工程的生态修复改建。

水温控制幕由幕布、浮筒、缆绳以及其他附属结构构成，如图 1.2-8 所示。幕布采用高分子材料（橡胶、尼龙等），幕布顶端由固定梁或漂在水面浮筒固定在一定水位，底部固定在水底，这样表层温度较高的水可以经过幕布顶端进入取水口，底部低温水层被幕布挡在取水口外，由此达到取高温水的目的。同样将底部固定在一定水位，也可以达到取低温水的目的。在国外以生态修复为目的的工程改建措施中，水温控制幕使用比较多，如美国加利福利亚州的特里尼蒂河（Trinity）流域与萨克拉曼多（Sacramento）流域的水利工程中就大量使用了这种结构。Trinity 流域的里维斯顿大坝[80-81]最大水深 20m，在夏季洪水期的最大流量为 110m³/s，库区和取水口就分别建了两个水温控制幕布：库区幕布和取水口可调节幕布。库区控制幕的主要作用是为了降低夏季水温，于 1992 年 8 月安装完成，幕布长 250m，高 10m，下泄水温降低 1.25℃。在库区幕布调节的基础上，在一取水口附近又设置了调节幕，用于调节下游鱼类产卵场的水温，来满足鱼类不同季节的水温要求，调节幕长 90m，深 13m。当流量在 30～110m³/s 时，这两个幕布组合能达到最佳温度的调节效果。在日本，这种控制幕曾被安装在水库表层（水下约 5m），用来有效地阻止水库表层蓝藻的蔓延。在澳大利亚，对取水塔采用了水温控制幕，从运行效果来看，能够显著提高下泄水温，但是对库区和下游生态环境的影响还需要进一步研究。同时水温控制幕还是存在着一些缺陷，例如材料的寿命、泥沙淤积以及洪水冲击。

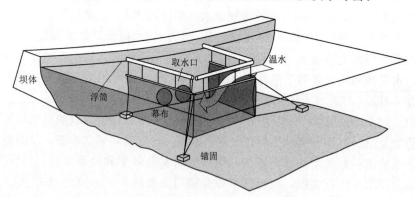

图 1.2-8　水温控制幕取表层水结构示意图

7. 百叶窗式取水塔分层取水系统

该系统由美国垦务局设计和建造，并应用于沙斯塔水库的水温控制。

自 20 世纪 70 年代以来，美国加利福尼亚州的萨克拉曼多河（Sacramento River）的大马哈鱼的数量下降很大，较高的电站下泄水温是主要原因之一。由此美国垦务局在沙斯塔电站设计并建设了百叶窗式取水塔（图 1.2-9），取水塔为宽 76.2m、高 91.44m 类似百叶窗的巨型钢框架结构，是目前世界上最大的用于保护鱼类的人工钢结构，设计流量为 550m³/s。监测结果显示：经百叶窗式取水塔下泄的水流几乎在所有时间都能满足河道水温要求，运行后大马哈鱼的数量是不断增加的。

图 1.2-9 美国沙斯塔（Shasta）电站百叶窗式取水塔

此外，还有一些分层取水装置（见图 1.2-10），如通过可旋转的水管来调节出水位置，采用可变换位置的取水塔在稳定的水层取水等，用来调节取水口位置，进而调节水库水下泄温度。

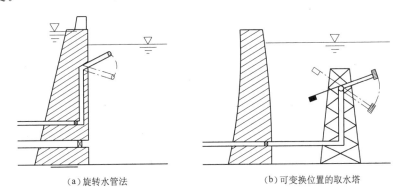

（a）旋转水管法　　　　　　　　　（b）可变换位置的取水塔

图 1.2-10 其他取水装置

1.2.3.2 破坏温跃层改善水库水温分层措施

破坏温跃层则是一种主动改善水温分层、保护下游河流水生生态环境的方法。具体的实施方法就是在取水口前面的一定范围内，用动力搅动或向深层输气，促进水库水体的上下对流，破坏水质的分层结构，从而提高水库底层水温。水流从底层向表层或水面喷射，产生充足的溶解氧，改善深层水缺氧，加速库底沉积物质的氧化分解，从而改善水质。由于表层水温降低，还可更多地吸取太阳能和氧气。美国、英国采用过这种方法，效果不错，目前仍在研究中。

爱尔兰邮电部所属的恩尼斯加水库，1957 年安装了 6 台气压水枪，使上下层水体产生不断对流，从而制止了水质分层的形成，解决了电站尾水低温、缺氧对下游鲑鱼等珍贵鱼类所造成的影响。美国的研究表明，采用向深层输氧以直接增加深层水体溶解氧的方法，比输气更加经济。

破坏温跃层主要的示意图如图 1.2 - 11～图 1.2 - 14 所示。

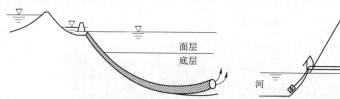

图 1.2 - 11　将表层低密度水用水泵注入到底层　　图 1.2 - 12　通过水泵抽水在底层喷射

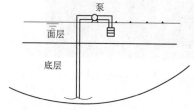
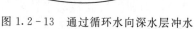
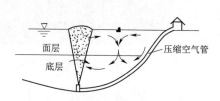

图 1.2 - 13　通过循环水向深水层冲水　　图 1.2 - 14　向水底层注入压缩空气

1.2.3.3　水利生态调控改善水库水温分层措施

水利生态调控是通过对水库的流量进行调节以消除温跃层，对于已建大坝合理的泄洪调度能有效地提高下泄水流的水质。

水库泄洪，多在每年的汛期，正是水库水温分层明显的时期，用溢洪道泄洪，刚好将水库表层的宝贵热源和清水外排。如在不影响水库安全的前提下，在运行中尽可能多地发挥底孔的排洪作用，以减少从溢洪道泄洪。在不改变工程设施的情况下，对优化生态环境产生以下两个好处：①可将积在库内的底层水先排出以减少冷水、污水和浊水的积累，从而将表层优质温水和清水保存下来；②底孔排洪时，由于流量巨大，水流紊动较剧烈，可促进上下层水体的掺混和对流，从而在一定程度上扰动分层结构，提高底层水温和含氧量。

另外，为使下泄水温在升温期能达到鱼类产卵的要求，可考虑提前降低水库运行水位。水库水位提前降低后，升温期前期入库冷水在库区移动较快，下泄水温也略有降低，升温期内入流水温升高，并沿表层进入库区，同时太阳辐射增强、气温大幅升高都使表层水体迅速升温，并在上层水体形成温度梯度较大的斜温层，从而阻止了热量向下传递，由于调整调度方式后水位下降幅度更大，出水口至表层温水的距离缩短，下泄水温有所提高。

1.2.4　小结

水库水体水温分层对河流水环境、水生态及工农业生产等均会产生不同程度的影响，寻求合理有效的水温分层改善措施对生态环境友好型水利工程的建设具有重大意义。目前，分层取水作为调控水库下泄水温的有效手段之一，已被国内外广泛采用，已成为水电生态友好实践的重要组成部分。但考虑到各国水库的类型、地域及自然特点不同，使用的目的不同，在选择水库分层取水措施时并不能生搬硬套。例如美国的主要农作物是小麦，水稻较少，所以水库设置分层取水口的目的是使鱼类等水生生物的生境得到恢复，以适应下游的旅游、环境保护等要求。但是，我国分层取水水库绝大部分以灌溉为主要目的，主要着眼于提高灌溉水温，解决冷害问题。近年来，随着我国水利水电工程的蓬勃发展和国民环保意识的不断增强，各界已经充分认识到保护环境和维持生态平衡对人类生存与可持续发展的极端重要性，改善河流生境条件，维护河流健康的呼声越来越高，以单一目标为目的的分层取水工程已越来越难以满足现实需要。因此，如何选择适应我国水库特点的分层取水模式是当务之急，其定量研究也刻不容缓。

　　总体来说，我国水库分层取水还面临着以下诸多迫切需要解决的问题。从分层取水方式选择来看，我国已建的大量单一分层取水工程限于当时认识水平、治水理念和经济实力等原因，在运行中也逐渐暴露出诸多环境和生态问题，造成了难以挽回的损失，亟须改建。但实践表明，单项建筑物的改建费用要比一次建成的费用高很多[63]，因此，亟须探索出投资经济、运行灵活、布置合理、效果显著的分层取水结构型式。另外，我国在建、拟建采用分层取水方式的水利工程也日益增多，特别是一些大中型水利水电工程，在分层取水结构型式、施工方便性、操作简易性、运行可靠性、经济性等方面缺乏深入系统的科学研究和论证，动辄采用昂贵的叠梁门分层取水，发电水头损失较大，降低机组发电效率，且运行维护费用较高。因此，在分层取水措施的选择上存在一定的盲目性。从分层取水设计研究上来看，我国分层取水措施的结构设计和效果评估研究尚处于初级阶段。如叠梁门分层取水，其研究主要集中在水库下泄水温、进口水流流态、水头损失以及甩负荷对叠梁门冲击荷载，且研究成果较多，但对于如何减小叠梁门水头损失的设计和研究还鲜见报道。又如水温控制幕分层取水，能够兼顾发电水头损失和河流生态恢复，具有较好的经济性、有效性、灵活性，是值得借鉴的一种分层取水模式，但在国内还鲜见研究和报道，其布置形式、运行方式、作用机理还有待进一步探索和研究。从分层取水研究手段上来看，原型观测法和经验类比法具有一定的局限性，一般难以满足实际需要；数值模拟法经济易行，但在模型的通用性、稳定性、经济性方面还需要继续深入研究；试验研究在水温分层取水的应用效果方面发挥了不可替代的重要作用，但水温模型相似理论、分层流掺混特性、水温分布控制等仍然是研究中的难点。另外，结合水利生态调控等技术，综合开展水库分层取水研究，也是一个重要的研究手段。

第 2 章

水库水温分层机理研究

本章主要介绍水库水温分层特征、判断依据、影响因子和不同时间尺度下的变化规律。

2.1 水库水温分层特征及判据

2.1.1 水库水温分层特征

由于建坝后大中型水库水深加大，垂向温度分布呈三个层次：上层温度较高称为温水层；下层温度较低称为深水层；中间的过渡段称为温跃层。冬季表面水温不高，没有显著的温跃层；夏季水面温度较高，温跃层就比较显著。深水层中温度低，溶解氧含量低，同时二氧化碳浓度增加，形成还原环境。因此，单一从库区深层取水会给下游农业和其他生态环境带来许多不利的影响。水库由于地理位置、管理方式的不同，加之入流水温、气象条件等影响，在垂直方向上呈现出有规律的水温分层现象，并且以年为周期循环变化。初春前，水温低，库区内水体由于前期的冰冻、冷却作用，上下对流混合，故上下层水温基本一致。入春以后，由于日照增强，气温升高，表面水体吸收了大量的热量之后温度上升，而水库深层的水体，温升较慢，仍然保持较低的水温，形成了明显的温度分层结构。根据水的物理特性，表层水温高，所以密度小，如无外力扰动，只留在上层；而4℃以上的水体，水温越低，密度越大，越是沉在下层，所以虽然表层水温已经达到20～30℃，但底层水温依旧保持冬天的温度，上下层最大温差可以达到20℃。进入秋季，日照和气温都有所降低，水库水温由表层依次冷却下来。由于上层水冷却后下沉与下层水体不断掺混，使下层水温升高。加之下层水长期的热传导、辐射和对流，本身温度已经有所上升。从而使上下层水温逐渐趋于一致，并随着气温的下降而冷却，恢复到初春前的状态，完成一个循环。

按垂直方向上的水温结构，水库可分为三种类型：混合型、分层型和过渡型。

（1）混合型。一年中水库不同深度的水温分布均匀，水温差别较小，水库底部水温随表层水温的变化而变化，变化幅度最大超过20℃，底部水体与库底有较为明显的热量交换。水深较浅、调节能力低、采用底部取水的水库多属于这一类。如苏联的齐姆良水库，我国的官厅、富春江、黄坛口和西津等水库。

（2）分层型。在水库升温期，水库表层水温明显高于中下层水温，呈现出温度分层状态，在水面以下的一定范围内存在水温剧烈变化的温跃层，其温度梯度甚至可以达到1.5℃/m，库底水温的年变化不超过10℃，甚至小于1℃。水深在40m以上，调节能力较大的水库多属于这种类型。如美国的鲍尔德、福特纳、诺里斯、希瓦西等水库，苏联的克拉斯诺雅斯克水库，我国的二滩、糯扎渡、新安江、丹江口和新丰江等水库。

（3）过渡型。一些水温结构上兼有混合型和分层型水温分布特征的水库，称为过渡型水库。这些水库在水库的升温期，表层水温上升较快，在库内形成明显的温跃层，但受到深孔季节性的取水或者泄洪的影响，其底部温度变化较大，与混合型类似。如我国的柘溪水库、古田一级水库和金沙河水库等都属于过渡型水库。

对于温度分层型水库，根据库区内不同深度水体的温度变化情况（见图 2.1-1），可以将水库内的水体沿垂向分为以下三个部分：

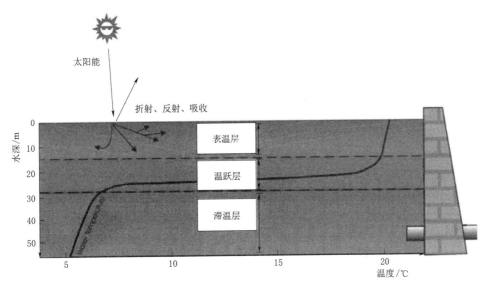

图 2.1-1 水温分层示意图

（1）表温层。也称为表面混合层。位于水面以下 0～4m 范围内。该部分水体与空气直接接触，吸收热能多，温度高。同时受风浪剪切、垂直环流、竖向对流等影响，水体热量交换充分，水温基本一致。

（2）温跃层。存在于水面以下 4～15m 范围内，一般不超过 20m，在垂直方向上水温变化剧烈，是水库中温度梯度最大的部分。

（3）滞温层。从温跃层底至库底，层内水温变化很小，基本上全年保持或接近初春的最低温度。

2.1.2 水库水温分层判据

由于水库水温和水质对农田灌溉、工业供水、生活用水、下游河流的水质和生态平衡以及库区水的利用等方面都有重要影响，所以许多国家都非常重视水库的水温和水质研究工作。

英国和苏联在 20 世纪 30 年代就开始重视水库的水温和水质研究，并进行了水温的实地监测分析。在这以后的发展过程中，美国在水温数学模型的建立和应用方面一直处于世界前列；苏联在现场试验研究方面做了大量深入细致的工作；日本在水库低温水灌溉对水稻产量的影响及水库分层取水方面进行了很多研究。我国从 20 世纪 50 年代中期开始进行水库水温观测；60 年代进行过水库水温特性的分析研究工作，70 年代有部分生产单位在水库水温估算方面取得了进展；进入 80 年代以来，有更多的单位开展水库水温研究工作，并取得了一批有价值的研究成果。

水温预测方法大致可分为两大类：经验法和数学模型法。由于在第 4 章将详细介绍水库水温数学模型，本节主要介绍水温预测的经验方法。

2.1.2.1　水库温度分层的判别方法

为了快速简易地判断水库是否分层及分层强度，我国现行的水库环境影响评价中普遍采用两种经验公式方法 $\alpha - \beta$ 法[3]和密度弗劳德数法[4]。

$\alpha - \beta$ 法，又称为库水交换次数法，其判别指标为

$$\alpha = \frac{多年平均入库径流量}{总库容} \qquad (2.1-1)$$

$$\beta = \frac{一次洪水总量}{总库容} \qquad (2.1-2)$$

从公式定义可以看出 α 值越大说明水库的来水量越大，水体交换的可能性就越大，水温分层的可能性越低。当 $\alpha \leqslant 10$ 时，水库水温为稳定分层型；$10 < \alpha < 20$ 时，水库水温为不稳定分层型或过渡型；$\alpha \geqslant 20$ 时，水库水温为混合型。对于分层性水库，如遇 $\beta \geqslant 1$ 的洪水，洪水对水库水温结构有影响，将会出现临时混合现象，则为临时性的混合型；遇到 $\beta \leqslant 0.5$ 的洪水时，洪水对水库水温结构没有影响，则水库仍稳定分层；当遇到 $0.5 < \beta < 1$ 的洪水的影响介于二者之间。

密度弗劳德数法是 1968 年美国 Norton 等提出的，用密度弗劳德数作为标准，来判断水库分层特性的方法，密度弗劳德数是惯性力与密度差引起的浮力的比值，即

$$F_d = u / \sqrt{\Delta \rho g H / \rho_0} \qquad (2.1-3)$$

式中：u 为断面平均流速，m/s；H 为平均水深，m；$\Delta \rho$ 为水深 H 上的最大密度差，kg/m³；ρ_0 为参考密度，kg/m³；g 为重力加速度，m/s²。

在资料有限的情况下，密度弗劳德数可以采用其简化形式：

$$F_d = 320 \frac{LQ}{HV} \qquad (2.1-4)$$

式中：L 为水库长度，m；Q 为入流量，m³/s；V 为蓄水体积，m³。

当 $F_d \geqslant 1/\pi$ 时，水库为混合型，当 $0.1 < F_d < 1/\pi$ 时，水库为过渡型；当 $F_d \leqslant 0.1$ 时，水库为分层型。

国内部分学者根据实际工作经验，也总结了一些判别方法。蔡为武[82]认为水库水温分层类型与水库调节性能、泄水孔口相对位置和泄水状况有关。径流式调节水库不能调节洪水，季调节水库能调蓄洪水，年调节水库可将洪水储存至当年的枯水期使用，多年调节水库可以将丰水年的水量储蓄到枯水年使用。泄水孔口可分为表层、上中层和底层。表层泄水对深层水体扰动小，上中层泄水会使上游大范围内水温分层有所不同，底层泄水则使

水库水温分布成为混合型，建议按照表2.1-1对水温分布结构进行判断。

表 2.1-1　　　　　　　　　　　分层取水水库水温分类判别

水库调节类型	孔 口 类 型 与 功 能						
	表孔取水	表孔泄洪	深孔泄洪	深孔季节性取水	深孔常年取水	底孔季节性取水	底孔常年取水
年调节水库	稳定分层型	短期过渡型	过渡型	过渡型	稳定分层型	过渡型	混合型
季调节水库	过渡型	过渡型	过渡型	过渡型	过渡型	过渡型	混合型
径流水库	过渡型	混合型	混合型	混合型	混合型	混合型	混合型

2.1.2.2　水库水温分布的经验公式法

我国对水库内水温分布规律的研究起步较早，20世纪70年代以来，为了解决生产实际问题，国内提出了许多经验性水温估算方法。这些方法都是在综合分析大量实测资料的基础上提出的，具有简单、实用的优点。其中具有代表性的有水电部东北勘测设计院张大发[5]和水科院朱伯芳[6]提出的方法，已分别编入水电部的水文计算规范和混凝土拱坝设计规范，被国内生产建设单位广泛应用。这两种方法都可计算月平均水库水温分布。

（1）张大发法。该方法是东北勘测设计研究院张大发在1982年总结国内实测水温资料时提出的，该方法只需给定库底水温和库表水温就可计算各月垂向水温分布，而库底水温可由纬度水温相关估算，库表水温由气温相关或纬度相关推算。该法计算公式为

$$\left.\begin{aligned}
T_z &= (T_0 - T_b)\mathrm{e}^{(-z/x)^n} + T_b \\
n &= \frac{15}{m^2} + \frac{m^2}{35} \\
x &= \frac{40}{m} + \frac{m^2}{2.37(1+0.1m)}
\end{aligned}\right\} \tag{2.1-5}$$

式中：T_z 为水深 z 处的月平均水温，℃；T_0 为月平均库表水温，℃；T_b 为月平均库底水温，℃；m 为月份。

（2）朱伯芳法。在混凝土拱坝设计中需要确定水库水温分布，朱伯芳于1982年提出了关于库表水温、库底水温、水温垂向分布的估算方法：

$$T(z,t) = T_m(z) + A(z)\cos\omega(t - t_0 - \varepsilon) \tag{2.1-6}$$

式中：z 为水深，m；t 为时间，月；$T(z,t)$ 为水深 z 处在时间 t 的温度，℃；$T_m(z)$ 为水深 z 处的年平均温度，℃；$A(z)$ 为水深 z 处的温度年变幅，℃；ε 为水温与气温变化的相位差；$\omega = 2\pi/P$ 为温度变化的圆频率，P 为温度变化的周期（12个月）。

需要指出的是，由于经验法是根据实测资料综合得到的，反映的是水温变化的一般规律，所以对于一些具体问题（如水库特征、水库调度方案、泥沙异重流等对水温分布的影响）和较短时段（日、月内变化）的信息还无法给出。这就要利用具有明确物理机制的精细数学模型。

（3）李怀恩[83]认为典型分层型分布可用幂函数来表示，为此提出了下述垂向水温分布公式：

$$T(z) = T_C + A|h-z|^{\frac{1}{B}} \mathrm{sgn}(h-z) \tag{2.1-7}$$

式中：$T(z)$ 为水深 z 处的水温，℃；$\mathrm{sgn}(h-z) = \begin{cases} 1 & (h>z) \\ 0 & (h=z) \\ -1 & (h<z) \end{cases}$ 为符号函数；h 为温跃

层中心点的水深，m；T_C 为温跃层中心点处的水温，℃；B 和 A 为反映水温分层的强弱，分层越强 A 值越大。

（4）统计法。岳耀真等[84]以国内外 26 个已建工程的坝址气温和坝前水温的多年实测资料为基础，建立了水库水温统计分析的数学模型，坝前水温随时间的变化用余弦函数表示，水温沿水深的分布用指数曲线表示，并根据对各工程实测资料的统计分析结果，提出了一套简明实用的计算水库坝前水温的公式。

水温 T 以年为周期变化，其年内变化可近似用余弦函数表示为

$$t = a + b\cos\omega(\tau - c) \tag{2.1-8}$$

式中：$\omega = 2\pi/12 = \pi/6$；τ 为月平均水温对应的时间，约定月平均温度对应的时间为月中，即 $\tau_i = i - 0.5$，$i = 1 \sim 12$；a 为年平均水温，℃；b 为水温年变幅，℃；c 为水温年内变化的相位。

a、b、c 受多种因素的影响，采用以下方式来描述 a、b、c 沿水深的分布：

$$\left.\begin{array}{l} a = C_1 e^{d_1 y} \\ b = C_1 e^{d_2 y} \\ c = C_a + C_3 + d_3 y \end{array}\right\} \tag{2.1-9}$$

式中：y 为水深，m；C_a 为气温变化的相位，一般取 $C_a = 6.6$；C_1、C_2、C_3、d_1、d_2、d_3 为待定参数。

李德水等[85]应用水库水温统计数学模型模拟了小浪底水库水温分布，并运用最小二乘法对模型参数进行了拟合，计算结果表明利用该统计方法的结果精度较高。孙万光等[86]选取严寒地区 3 座典型水库，应用统计法计算水库坝前水温，并与朱伯芳法进行了比较，在此基础上改进提出了修正计算方法与步骤。

2.2　水库水温分层变化规律

2.2.1　水库水温关键影响因子研究

库区水温分层对水环境和水生态有重要影响，目前已有大量对其演变规律的研究。库区水温分层受气候条件和人为调控的共同影响，前者包括水库的水文条件和气象条件，如入库径流、降雨、风切变、太阳辐射等，后者则包括水工建筑物布置、出库流量、库水位等[87-90]。Wang 等[91]分析了广东省流溪河水库过去 51 年的水温结构变化，表明在气候变化和人为调控下，水库的水温结构发生了明显变化，无规律的大洪水可引起库区的混合加剧，从而引起秋季水体混合的提前。Milstein 等[92]基于实测资料研究了水库取水口的水温分布对鱼类生长和农业灌溉的影响，研究结果表明水库季节分层形成了暖和而氧气充足的变温层，对鱼类生活有益，而寒冷缺氧、有毒物质富集的均温层不利于鱼类生长。薛

联芳和颜剑波[93]根据水库坝前垂向水温分布，将库区水温结构细分为分层型、过渡型和混合型，结果表明水库水温结构的影响因素主要是入库水温、气象条件、径流特征、水库特性和运行方式。Zhang 等[94]研究了过去 60 年千岛湖水库溶解氧（DO）的分层情况及其受温度和长期气候变化的影响，结果表明气候变化对库区溶解氧垂向分布有明显影响。宋策等[95]分析了龙羊峡水库 1988—2008 年的水温实测序列，结果表明 12 月至次年 3 月库区水温为无分层或弱分层，高水位下的蓄热增温效应显著，5—10 月水库处于水温分层状态，库水位是决定分层形态变化的最主要因素。脱友才等[96]基于 2010 年 6 月至 2011 年 8 月丰满水库的原型观测数据，分析了不同季节库区水温结构的变化规律，并着重解析了汛期入库洪水的影响。Huang 等[97]基于实测资料分析了暴雨径流对中国陕西省金盆水库的水温结构和水库的影响。Han 等[90]基于一维水库动力学模型 DYRESM 研究了入流、光消散系数、出水口高程等因素对山谷型 Sau 水库水温分布的影响，结果表明水库的高温入流是水库水温分层的主要控制因素，水库水温分层的持续时间主要受温跃层深度影响。Dai 等[89]基于立面二维 CE－QUAL－W2 模型，研究结果表明三峡水库的巨大水深、挡风的树突形状会引起春夏季节的温度分层，水库在全年无稳定的水温分层，在 4—6 月出现弱分层。Lindim[98]基于三维有限元水动力模型 RMA10，得出阿尔克瓦（Alqueva）水库的入流大小对水温和水质的重要影响。陶美等[99]以洪家渡水库——东风水库为对象，研究结果表明水库库容越大、洪水量越小、历时越长，洪水对库区水温结构的影响就越小。Modiri－Gharehveran 等[100]基于温度工况和三维水动力和水文模型，研究结果表明在气候变化 S2 工况下（最高气温上升 5～7℃），Latin 水库最大表层水温升高了 2℃。

2.2.2　水库水温分层演化规律

受季节规律影响，水库在沿水深方向上呈现出有规律的水温分层，并且水温分层情况在一年内周期性地循环变化着。冬季，由于气温较低，水库水体表面温度也较低，上部水体密度较大，向下流动，水体内部的对流掺混较好，这一时期水体温度基本上是呈等温状态分布的。春季，由于气温逐渐升高，太阳辐射和大气辐射对水体表面的加热量也逐渐增加，再加上水体表面对太阳辐射能的吸收、穿透作用，库面水体逐渐变暖；同时，在这个时期内入库河水的温度比水库原有水体的温度高，密度较低，这样，它们从库表面流入水库，并与靠近水体表面的涡流进行对流掺混，在以上诸因素的综合作用下，库面温水层向平面方向扩展，随着时间的推移也向垂直的方向延伸，使温水层的厚度加大，而且在温水表层内进行着均匀的掺混作用，最后形成表温层。在表温层下，由于水体对太阳辐射的吸收、穿透和水体内部的对流热交换、热传导作用，库水体温度随水深加大而发生水体表面受热多、放热少、水温升高较快的现象。这样一来，在水体内就形成冷却和加热的交替过程，加上风的掺混作用，使得表面温水层与深水层出现明显的温差，出现明显的季节性变化激烈的温度突变层，即为温跃层。在温跃层之下为滞温层，这一层水体由于受外界条件的影响较小，故水体温度的变化较为缓慢，但由于水体储热累积效应的影响，深水层的水温较冬季有所提高。夏季随着气温的持续上升，水体表面温度也随着升高，上述的水体温度的分层现象加剧，从而使整个水体处于温度的高度分层状态，在此时期内，表温层与滞温层水温相差较大，有时表层水温可超出底部水温 20℃。从夏季到秋季，水体表面温度又随着气温的逐渐下降而冷却，水体开始了降温的变化过程：表面冷却了的水逐渐下沉，并与下层温水进行对流掺混，直到整个影响区中水的密度均匀为止，此时库表又形成了新的等温层，该层的厚度随时间的推移而变化。此时入库水流流向与其本身密度相同的水层，该水层的位置取决于入库水流和库水之间的相互掺混情况。在秋季和冬季，水库水体不断地进行着水体的上下对流换热，直至再一次形成全库等温状态。

第 3 章

水温分层取水物理模型试验相似理论研究

水温分层物理模型试验，主要包括模型设计应遵循的相似准则、建立模型与原型换算关系和确定相似比尺等方面的内容。由于研究的复杂性，在开展相关试验研究时可根据试验关注的重点不同对相似律进行取舍。在开展叠梁门等分层取水措施相关试验时关注水流流态、压力值、流速分布等，可忽略温度相似准则；在开展水温控制幕分层取水概化水槽试验时，着重研究温度分层水体在控制幕作用下水温及温跃层的分布变化情况，可适当忽略重力相似。

3.1 水动力学相似理论

为了能够使模型流动（以下标"m"表示）表现出原型流动（以下标"p"表示）的主要现象和物理本质，并能从模型流动上预测原型流动的结果，必须使模型流动与原型流动保持力学的相似关系，所谓力学相似是指模型流动和原型流动在对应部位上的对应物理量都应该有一定的比例关系，具体包括下列三个方面的内容。

3.1.1 几何相似

几何相似指原型与模型之间保持几何形状和几何尺寸的相似，也就是原型和模型的对应边长保持一定的比例关系，对应角相等。设原型的线性长度为 l_p，模型的线性长度为 l_m，两者的比值用 λ_l 表示，称为尺度比例系数，即

$$\lambda_l = \frac{l_p}{l_m} \tag{3.1-1}$$

而面积比例系数和体积比例系数可分别表示为

$$\lambda_A = \frac{A_p}{A_m} = \lambda_l^2, \lambda_V = \frac{V_p}{V_m} = \lambda_l^3 \tag{3.1-2}$$

3.1.2 运动相似

运动相似是指原型流动与模型流动的流线几何相似，而且对应点上的速度成比例，或者说，两个流动的速度场是几何相似的。设时间比例系数为

$$\lambda_t = \frac{t_p}{t_m} \tag{3.1-3}$$

则速度比例系数 λ_v 可以写为

$$\lambda_v = \frac{v_p}{v_m} = \frac{\lambda_l}{\lambda_t} \qquad\qquad (3.1-4)$$

运动相似是建立在几何相似基础上的，在尺度比例系数一定的情况下，运动相似只要确定时间比例系数 λ_t 就可以了，所以运动相似也称为时间相似，几何相似也称为空间相似。这样，其他一些运动学物理量的比例系数均可表示为尺度比例系数和时间比例系数的不同组合，例如，加速度比例系数 λ_a 和角速度比例系数 λ_ω 可以分别表示为

$$\lambda_a = \lambda_l / \lambda_t^2 \qquad\qquad (3.1-5)$$

$$\lambda_\omega = 1/\lambda_t \qquad\qquad (3.1-6)$$

运动黏度系数、流量都具有运动学的量纲，因此运动黏度比例系数 λ_v、流量比例系数 λ_q 可以分别表示为

$$\lambda_v = \frac{v_p}{v_m} = \lambda_l^2 / \lambda_t \qquad\qquad (3.1-7)$$

$$\lambda_q = \frac{q_p}{q_m} = \lambda_l^3 / \lambda_t \qquad\qquad (3.1-8)$$

3.1.3　动力相似

动力相似是指原型流动和模型流动中对应点上作用着同名的力，各同名力的方向相同且具有同一比例。设 λ_F 为力比例系数，有

$$\lambda_F = \frac{F_p}{F_m} \qquad\qquad (3.1-9)$$

力比例系数也可写成

$$\lambda_F = \lambda_m \lambda_a = (\lambda_\rho \lambda_l^3)(\lambda_l / \lambda_t^2) = \lambda_\rho \lambda_l^2 \lambda_v^2 \qquad\qquad (3.1-10)$$

同样，可以写出其他力学量的比例系数，如力矩 M、功率 P、压强 p、动力黏度 μ 的比例系数可分别表示为

$$\lambda_M = \frac{(Fl)_p}{(Fl)_m} = \lambda_\rho \lambda_l^3 \lambda_v^2 \qquad\qquad (3.1-11)$$

$$\lambda_P = \lambda_M / \lambda_t = \lambda_\rho \lambda_l^2 \lambda_v^3 \qquad\qquad (3.1-12)$$

$$\lambda_p = \frac{p_p}{p_m} = \frac{\lambda_F}{\lambda_A} = \lambda_\rho \lambda_v^2 \qquad\qquad (3.1-13)$$

$$\lambda_\mu = \frac{\mu_p}{\mu_m} = \lambda_\rho \lambda_l \lambda_v \qquad\qquad (3.1-14)$$

上述公式表明，要使模型流动和原型流动相似，需要这两个流动在几何相似和运动相似的条件下受力相似，后者又可以用相似准则（相似准数）的形式来表示，即：要使模型流动和原型流动动力相似，需要这两个流动在时空相似的条件下各相似准数都相等。

一般在水库水动力物理模型试验中，要保证重力和弗劳德相似。

弗劳德（Froude）相似准数

$$Fr = v^2/gl \tag{3.1-15}$$

由此

$$\frac{\lambda_v^2}{\lambda_g \lambda_l} = 1 \tag{3.1-16}$$

$$\frac{v_p^2}{v_m^2} = \frac{g_p l_p}{g_m l_m} \tag{3.1-17}$$

令 $Fr = v^2/gl$，动力相似中要求 $Fr_m = Fr_p$

弗劳德相似准数是一个无量纲的量，它是由 v、g、l 这三个物理量以上述形式组合的一个物理量。它代表了流动中惯性力和重力之比，反映了流体中重力作用的影响程度，也称为重力相似准数。

3.2 水温分层的相似理论

3.2.1 水温分层相似律

对于水库坝前水体运动，若所研究的对象是均质水体，重力对坝前水体流动起主导作用，因此保证几何相似，同时遵循重力相似准则即可。但由于水库处于一种明显的水温分层状态，重力和由密度差产生的浮力对坝前水体流动均起主导作用，因此理论上需保证模型与原型的流速和水温场均相似。对于考虑温度的黏性流体运动，控制方程主要有连续性方程、$N-S$ 运动方程和能量方程。根据已有文献推导[101-104]，流速场和温度场均相似需保证原型和模型的诸多参数相似，包括弗劳德数 Fr、欧拉数 Eu、雷诺数 Re、密度弗劳德数 F_d 和贝克来数 Pe，但在水工模型试验中同时满足这些条件是十分困难的，因此可根据所研究问题的特点，进行适当取舍，保证模型与原型的主要流动特性相似。

在上述相似参数中，欧拉数 Eu 反映压力与惯性力的相互关系，对于重力起主要作用的库区水体流动，属非决定性准数，通常不予考虑。雷诺数 Re 反映水体黏性效应，对于库区水体流动，黏性效应主要作用于紧贴壁面的边界层内，边界层外的流动区域黏性效应可以忽略。贝克来数 Pe 用来表示对流与扩散的相对比例，对于大型分层水库，电站在进行小流量泄水时，坝前水域受进水口牵引形成水温分层流，水体流速较低，流线基本呈水平直线，水体垂向掺混较少，层间对流较弱，因此贝克来数 Pe 可以忽略。在稳定的水温分层条件下，分层流所输送的热量取决于流速分布。因此，对于两个系统的热运动，表征水体重力的弗劳德数 Fr 和表征浮力的密度弗劳德数 F_d 相等将保证水温分层的相似，同时，弗劳德数 Fr 相等可保证流动相似。

3.2.2 模型与原型温度换算关系

分层型水库取水流动的相似条件归纳为：在几何相似的前提下，保证研究区域内的弗劳德数 Fr 和密度弗劳德数 F_d 相等。满足上述条件时，坝前分层水体经进水口出库的水温是相似的。得出在保证模型与原型的弗劳德数 Fr 和密度弗劳德数 F_d 相等的相似条件

下，模型与原型出库水温的换算关系为

$$T_H = T_M + (T_{BH} - T_{BM}) \tag{3.2-1}$$

式中：T_H 为原型出库水温，℃；T_M 为模型出库水温，℃；T_{BH} 为原型基础水温，℃；T_{BM} 为模型基础水温，℃。即需保证原型和模型中的垂向水层温差相似。

第 4 章

水 库 水 温 数 学 模 型

4.1 垂向一维水库水温数学模型

20 世纪 60 年代美国水资源工程公司的 Orlob 和 Selna，麻省理工学院的 Harleman 和 Huber 分别提出了 WRE 模型[7]和 MIT 模型[8]，实现了水库的垂向温度分层模拟，这两种模型都采用经验公式模拟了进、出流的速度分布，并在方程中考虑了垂向对流、进流带来的水体混合等作用。Hondzo[65]通过将模型的参数如短波衰减系数、风拖曳系数、垂向紊动扩散系数进行函数化，推广了模型的适用范围。国内的许多学者也采用类似的一维水温模型进行水库水温的模拟与预测。李怀恩等[10]、陈永灿等[12]和李钟顺等[105]、戚琪等[106]分别对黑河水库、密云水库、丹江口水库采用垂向一维模型进行了水温、水质的模拟和预测，结果显示模型能够较好地模拟出水库垂向水温的变化规律。

4.1.1 控制方程

1. 热平衡方程

垂向一维水库水温模型是把水体划分为一系列水平薄层，忽略水平薄层的水温变化，假设热交换只沿垂向进行，水平面温度均匀分布。控制方程包括水量平衡方程和水温方程。

$$\frac{\partial T}{\partial t} + \frac{\partial}{\partial z}\left(\frac{TQ_v}{A}\right) = \frac{1}{A}\frac{\partial}{\partial z}\left(AD_z\frac{\partial T}{\partial z}\right) + \frac{B}{A}(u_iT_i - u_oT) + \frac{1}{\rho AC_p}\frac{\partial(A\varphi_z)}{\partial z} \quad (4.1-1)$$

式中：T 为单元层温度，℃；T_i 为入流温度，℃；A 为单元层水平面面积，m^2；B 为单元层平均宽度，m；D_z 为垂向扩散系数；ρ 为水体密度；C_p 为水体比热；φ_z 为太阳辐射通量；u_i 为入流速度，m/s；u_o 为出流速度，m/s；Q_v 为通过单元上边界的垂向流量，m^3/s。由单元内的质量守恒可得

$$\frac{\partial Q_v}{\partial z} = (u_i - u_o)B \quad (4.1-2)$$

由于水库的调蓄作用，水库的入库流量与出库流量不等时，水库水位上涨或跌落，水库蓄水量发生变化

$$\frac{\partial V}{\partial t} = Q_i - Q_o \quad (4.1-3)$$

式中：V 为水库蓄水体积，m^3；Q_i 和 Q_o 分别为水库入流流量和出流流量，m^3/s。

2. 水气热交换

水气界面的热交换是水体的主要热量来源，也是引起水库分层的主要原因之一。水面热交换主要包括辐射、蒸发和传导三部分。通过水面进入水体的热通量为

$$\varphi_n = \varphi_{sn} + \varphi_{an} - \varphi_{br} - \varphi_e - \varphi_c \tag{4.1-4}$$

式中：φ_{sn} 为水面吸收的净太阳短波辐射；φ_{an} 为大气长波辐射；φ_{br} 为水体长波的返回辐射；φ_e 为水面蒸发热损失；φ_c 为热传导通量。

3. 水库入、出流

当入流层水温低于表层水温时，入流下沉与其水温相等的层面形成入流层。入（出）流的流动层厚度取决于入（出）流流速和分层区的垂向密度梯度，入流区流速假定为均匀分布，出流区域近似为三角余弦分布。

4. 风混合模型

风对加深混合层深度、加剧上层水体混合具有较大的影响。在求解热平衡方程后，将风拖曳力产生的动能与上下层水体位置交换所需势能相对比，当风动能大于势能，说明风力足以卷吸下层水体，垂向对流过程发生，上下层水体混掺均匀，继续对比下一层，直至风的掺混动能小于上下层水体交换所需势能。

4.1.2　数值计算方法

首先，由上时段末的温度估算水面热通量，然后求解热平衡方程；当表层水温低于下层水体水温时，将发生热对流，上层水体混合均匀；最后再用风混合模型进行修正。用计算出的温度分布重复计算，并考察相邻两次表层计算温度差是否小于 0.01，若满足要求则进行下一时段的计算，否则重复上述计算步骤直至最近的两次计算结果满足误差要求。

当方程有关中间变量，如热通量、入流、出流、扩散系数、初始条件和边界条件确定后，热量方程可写成差分形式，采用显式差分法求解。

4.1.3　初始和边界条件

模型初始条件可以为热启动和冷启动，冷启动初始条件可以给任意合理条件。边界条件根据模型需要给定水库入流和出流条件、水气热交换条件和太阳辐射条件等。

4.1.4　模型验证

1. 丹江口水库一维水温模拟[106]

采用丹江口水库 1963—1990 年的气象、水文条件，计算水库逐月水温沿水深的变化过程，与其 1970—1978 年水库水温实测平均值进行比较，比较结果如图 4.1-1 所示。由图 4.1-1 可以看出，计算模拟值与实测值所表现的规律是一致的，有 91% 的相对误差小于 15%，其中 76% 的相对误差小于 10%。这说明此次研究所建立的垂向一维水库水温模型，可以表征丹江口水库水温变化特点，能满足此次研究的需要。

2. 湖南东江水库一维水温模拟[107]

采用垂向一维水温模型模拟计算了东江水库的坝前垂向水温分布结构和下泄水温，并利用实测水温值进行模型验证和参数率定。

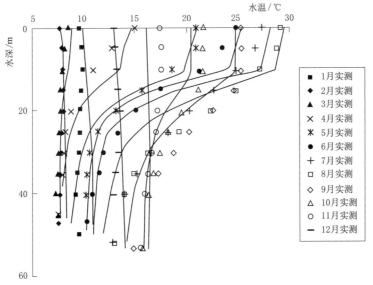

图 4.1-1　丹江口水库水温模型计算与实测值比较

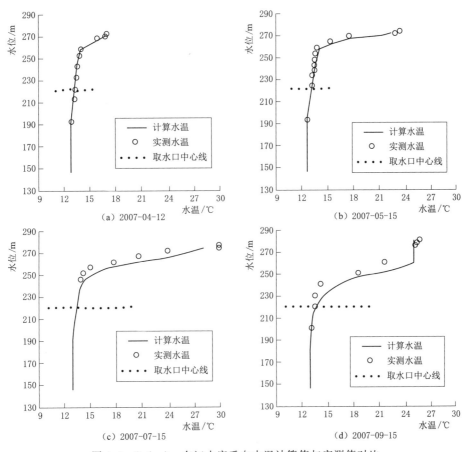

图 4.1-2 (一)　东江水库垂向水温计算值与实测值对比

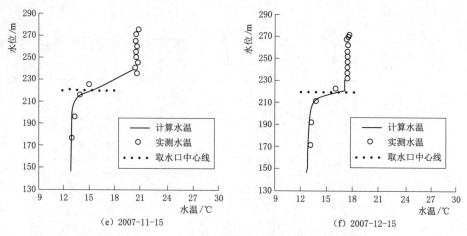

(e) 2007-11-15　　　　　　　　　　　(f) 2007-12-15

图 4.1-2（二）　东江水库垂向水温计算值与实测值对比

　　图 4.1-2 为东江水库垂向水温计算值与实测值对比图，模型较好地模拟出东江水库坝前年内水温的分布特征，表温层、斜温层厚度及低温层范围均与实测相吻合，斜温层的温变率也基本一致。与实测成果相比，表层水温计算值略有偏低，可能与局部时段的气象变化相关，差异主要存在于表层 5m 范围内，而对深水库的整体水温结构没有影响。从验证结果看，湖泊型水库库区水温基本符合水平面水温均匀的假定，忽略纵向变化不会带来较大的误差，同时由于流动弱，出入流对温度场的扰动小，从而流场假定带来的误差较小，因此垂向一维模型对类似东江水库的湖泊型水库坝前水温分层结构的模拟精度较高。

　　图 4.1-3 对比分析了计算下泄水温与实测水温过程，东江水库平均实测下泄水温为 13.4℃，年内变化幅度为 10.9～15.9℃，与入库水温过程相比有较大变化，最大相差 15.1℃（7 月和 8 月），模型的计算结果较好地模拟出这一变化趋势，计算值与实测值的平均误差仅为 0.3℃。

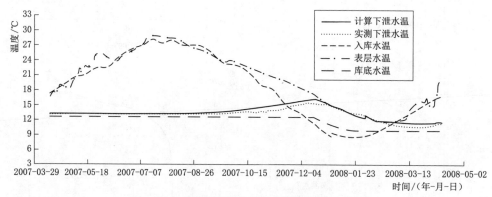

图 4.1-3　计算下泄水温与实测水温对比分析

4.2　立面二维水库水温数学模型

　　CE-QUAL-W2 模型是由美国陆军工程兵团和波特兰州立大学（Portland State

University）开发的垂向二维横向平均的水动力和水质数值模型，适用于相对狭长的水体[108-109]。CE－QUAL－W2 模型具有代码分类合理、计算模块齐全、方便汇编和优化、预处理器完善，便于变量检查和修复、算法改进、运算速度快、编译界面友好等优点。在主控制文件中，使用者可以根据研究区域的特点与复杂程度，自由选取计算模块、控制参数的类型和数值，以及不同的平衡计算方程和求解方法。该模型擅长求解物理量的纵垂向分布，如流速、水温、密度、保守示踪剂浓度、营养盐浓度、泥沙、冰盖等，可以较为准确地模拟出上下层水体之间的物质和能量交换。

4.2.1　控制方程

（1）连续性方程：

$$\frac{\partial UB}{\partial x}+\frac{\partial WB}{\partial z}=qB \tag{4.2-1}$$

式中：U 为纵向流速，m/s；W 为垂向流速，m/s；B 为 y 方向上的河宽，m；q 为单宽流量，m^2/s。

（2）x 方向（纵向）动量方程：

$$\frac{\partial UB}{\partial t}+\frac{\partial UUB}{\partial x}+\frac{\partial WUB}{\partial z}=gB\sin\alpha+gB\cos\alpha\,\frac{\partial\eta}{\partial x}-\frac{gB\cos\alpha}{\rho}\int_{\eta}^{z}\frac{\partial\rho}{\partial x}dz$$
$$+\frac{1}{\rho}\frac{\partial B\tau_{xx}}{\partial x}+\frac{1}{\rho}\frac{\partial B\tau_{xz}}{\partial z}+qBU_x \tag{4.2-2}$$

式中：α 为河道倾角，（°）；g 为重力加速度，m/s^2；τ 为切应力，N/m^2；ρ 为密度，kg/m^3；U_x 为纵向流速在 x 方向上的分量，m/s；η 为自由水面高程，m。

（3）z 方向（垂向）动量方程：

$$0=g\cos\alpha-\frac{1}{\rho}\frac{\partial P}{\partial z} \tag{4.2-3}$$

式中：P 为大气压，Pa。

（4）水位波动方程：

$$B_\eta\frac{\partial\eta}{\partial t}=\frac{\partial}{\partial x}\int_\eta^h UBdz-\int_\eta^h qBdz \tag{4.2-4}$$

式中：B 为河宽，m；U 为纵向流速，m/s；q 为单宽流量，m^2/s；η 为自由水面高程，m。

（5）状态方程：水的密度和温度、压强有关，在低速流体中，流体压强变化不大，因此水的密度主要受温度影响，其方程为

$$\rho=(1.02027692\times10^{-3}+6.77737262\times10^{-8}\times T_w-9.05345843\times10^{-9}\times T_w^2$$
$$+8.64372185\times10^{-11}\times T_w^3-6.42266188\times10^{-13}\times T_w^4$$
$$+1.05164434\times10^{-18}\times T_w^7-1.04868827\times10^{-20}\times T_w^8)\times9.8\times10^5 \tag{4.2-5}$$

式中：T_w 为水的温度，℃。

（6）质量/热量守恒方程：

$$\frac{\partial B\Phi}{\partial t}+\frac{\partial UB\Phi}{\partial x}+\frac{\partial WB\Phi}{\partial z}-\frac{\partial\left(BD_x\frac{\partial\Phi}{\partial x}\right)}{\partial x}-\frac{\partial\left(BD_z\frac{\partial\Phi}{\partial z}\right)}{\partial z}=q_\Phi B+S_\Phi B \qquad (4.2-6)$$

式中：Φ 为各组分浓度，kg/m^3；D_x 为纵向扩散系数，m/s^2；D_z 为垂向扩散系数，m/s^2；q_Φ 为侧向来流中的组分浓度，$kg/(m^3 \cdot s)$；S_Φ 为横向平均的源/汇，$kg/(m^3 \cdot s)$。

（7）湍流模型：采用垂向紊流闭合方程，垂向涡动黏滞系数 A_z 主要影响水体垂向流速和水温的计算。对于有垂向水温分层的深水水库，一般采用 W2 公式进行计算，见式 （4.2-7）～式 （4.2-9）。

$$A_z=\kappa\left(\frac{l_m^2}{2}\right)\sqrt{\left(\frac{\partial U}{\partial z}\right)^2+\left(\frac{\tau_{wy}e^{-2kz}+\tau_{y\text{-}tributary}}{\rho v_t}\right)^2}\,e^{-CR_i} \qquad (4.2-7)$$

$$l_m=\Delta z_{\max} \qquad (4.2-8)$$

$$R_i=\frac{g\,\frac{\partial\rho}{\partial z}}{\rho\left(\frac{\partial U}{\partial z}\right)^2} \qquad (4.2-9)$$

式中：κ 为卡曼常数；l_m 为混合长度，m；τ_{wy} 为风剪切力，N/m^2；R_i 为理查德数；k 为波动数；C 为常量，取 0.15；$\Delta z_{\max}$ 为最大垂向网格间隔，m。

4.2.2　数值离散格式

对于 CE-QUAL-W2 模型的求解，可根据研究对象特征、数值模拟需求和计算量确定求解方法。本模型在水量平衡计算中考虑体积平衡、能量平衡和物质平衡。来流分配方式为密度流分配方式，即水库来流汇入与其水体密度最接近的水层。垂向紊流闭合方程为适用于分层水库的 W2 方程。在纵向动量方程中，对垂向涡动黏滞系数进行隐式处理。输移方程求解选择 ultimate 格式。垂向平流格式的时间权重系数为 0.55，以确保垂向输移计算的无条件稳定。模型求解完成后，主要输出物理量包括库水位高程、纵向流速、垂向流速、水温、密度、保守示踪剂浓度等。

4.2.3　初始和边界条件

1. 初始条件

（1）速度。流场内水体的初始速度。

（2）温度和浓度。流场内水体的初始温度和成分浓度。

（3）水体含盐量、咸度等。流场内水体的含盐量、咸度，水体可以指定为咸水或淡水。

2. 边界条件

（1）入流边界。

1）上游流入量。上游流入量只发生在一个分支的当前上游段，模型还提供了将流入量均匀分布在整个流入段或根据密度放置流入量的选项。

2）支流流入量。支流流入量或点源负荷可以进入计算网格的任何一段。

3）分布式支流流入量。可为任何支流指定分布式支流流入量或非点源负荷。

4）降水。可以为每条支流指定降水量，并按断面面积分配。

5）内部流入量。从闸门、管道、泵以及溢洪道和堰塞的流量可以进入计算网格的任何一段。

（2）出流边界。

1）下游流出。下游出流只发生在支流的下游段。

2）侧向取水量。可以为任何活动单元指定侧向取水。

3）蒸发量。蒸发量由模型根据空气和露点温度和风速计算。

4）内部流出量。从闸门、管道、泵以及溢洪道和堰塞的流量可以进入计算网格的任何一段。

（3）大气边界。主要包括大气辐射、气温、降雨、风场等气象边界条件。

4.2.4　模型验证

Bluestone 水库位于美国西弗吉尼亚州的山区。在夏季，水库水体平均水力停留时间不到一周。最初用该模型计算 Bluestone 水库水温分布情况时，计算结果显示水库夏季基本上没有温度分层。然而，观测数据显示在水深约 8m 处开始有强烈的分层现象。鉴于夏季短暂的停留时间，通过 AME 误差平均值和 RMS 均方根值，可以看出模型计算结果与实测值差异在 1℃以内，模型计算结果合理。但在 1981 年和 1983 年均观测到了温度分层现象，说明现实中分层现象并不罕见。

为此学者提出许多机理来解释观测到的分层现象，包括地下水渗流、极端风暴天气等。在模型中考虑这些因素并没有改变模型计算的结果。最终，将分层取水下泄水体下限设定在出口标高对应的深度处，计算结果如图 4.2-1 和图 4.2-2 所示。随后对水库进行的调查发现，拦污栅断面堆积的杂物就像一个潜流堰，将取水区的底部限制在拦污栅的高度。

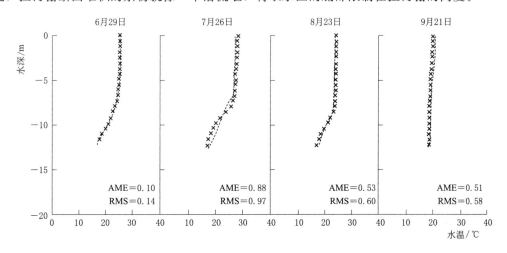

图 4.2-1　1981 年 Bluestone 水库计算与实测水温比较

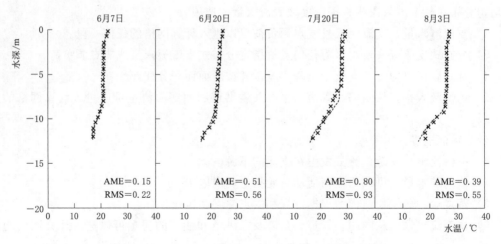

图 4.2 - 2　1983 年 Bluestone 水库计算与实测水温比较

4.3　三维水库水温数学模型

4.3.1　控制方程

控制方程包括水动力学及水温方程。状态方程对于常态下的水体，可忽略压力变化对密度的影响。采用 Boussinesq 假定，即在密度变化不大的浮力流问题中，只在重力项中考虑密度的变化，而控制方程中的其他项不考虑浮力作用。

1. 质量守恒方程

任何物理的守恒定律都必须要满足质量守恒，所谓质量守恒就是构成整个流场的所有流体微元粒子之间可以产生质量交换，在流场的某一部分之间可以有质量的增加和减少，但是整个流场的质量在衡量的一段时间之内必须满足恒定不变，则可写出质量守恒方程：

$$\frac{\partial \rho}{\partial t} + \frac{\partial}{\partial x_i}(\rho u_i) = 0 \tag{4.3-1}$$

式中：ρ 为流场中流体的密度，kg/m^3；x 方向的速度矢量用 $\boldsymbol{u}$ 来表示。

当所研究的流场内部的流体为不可压缩性流体之时，流场内部流体的密度就是一个恒定的量，则式 (4.3 - 1) 可写成：

$$\frac{\partial u_i}{\partial x_i} = 0 \tag{4.3-2}$$

2. 动量守恒方程

对于流场内的流动液体除了要满足质量守恒之外，还必须要满足动量守恒。动量守恒就是构成整个流场的所有流体微元粒子之间可以产生动量的交换，在流场的某一部分之间可以有速度的增加和减少，但是整个流场的动量在衡量的一段时间之内必须满足恒定不变，则可写出动量守恒方程：

$$\frac{\partial(u_i)}{\partial t} + \frac{\partial(u_i u_j)}{\partial x_j} = -\frac{1}{\rho}\frac{\partial p}{\partial x_i} + \frac{\partial}{\partial x_j}\left[\nu\left(\frac{\partial u_i}{\partial x_j} + \frac{\partial u_j}{\partial x_i}\right)\right] \tag{4.3-3}$$

式中：p 为压力，Pa；ρ 为流体密度，kg/m^3；ν 为流体的运动黏度，m^2/s；$x_i(i=1,2,3)$ 为空间直角坐标 x、y、z；$u_i(i=1,2,3)$ 为流体速度在方向上的分量；t 为时间。

3. 能量守恒方程

对于流场内的流动液体还应当满足能量守恒方程，能量守恒就是构成整个流场的所有流体微元粒子之间可以产生能量的交换，流场内的微元粒子也可能同流场域外部存在能量的交换，但是整个流场的能量在衡量的一段时间之内必须满足恒定不变，则可写出能量守恒方程：

$$\frac{\partial}{\partial t}\left(\frac{\rho}{2}u_i u_j\right)+\frac{\partial}{\partial x_j}\left(u_j \cdot \frac{\rho}{2}u_i u_j\right)=-\frac{\partial}{\partial x_j}\left[u_i(p+\gamma h)\right]+\frac{\partial}{\partial x_j}\left[u\left(\frac{\partial u_i}{\partial x_j}+\frac{\partial u_j}{\partial x_i}\right)u_i\right]$$

$$(4.3-4)$$

4. 湍流模型

目前应用的湍流流动模拟主要有直接模拟、大涡模拟与统观模拟。

直接模拟方法在细小网格尺寸下不加入封闭模型而对 $N-S$ 方程进行直接求解，需要选用很短的时间及空间步长才能对湍动过程中细致的空间结构以及剧烈变化的时间特性进行描述，这就要求所采用的计算工具具有相当高的运算性能，因此在工程数值运算的应用方面具有较大难度。大涡模拟是按湍流尺度把旋涡分为大涡与小涡，通过对修正后的纳维-斯托克斯方程进行求解以得出湍动过程中较大旋涡的运动特性；它的网格尺度大于湍流尺度，主要适用于对湍流过程的部分细节进行模拟，但仍然具有很大的计算量，常运用于相对简单的管内流动等。统观模拟是采取低阶关联量以及平均流性质对所求高阶关联项进行模拟，实现平均或者关联项方程组封闭；它从湍流的统计结构出发，对流场中的旋涡进行统计平均处理。在选择湍流模拟方法时需要分析所研究问题的具体特点，并以此为依据，结合算法精度、运算时间成本以及通用性的基本考虑进行选用。对实际工程问题进行的大量研究表明，统观模拟方法具有良好的经济性与有效性。湍流统观模拟方法是直接模拟时均方程相关项或者各项方程中的湍流黏性系数 μ_t，依据所需求解的微分方程数量通常将湍流黏性系数模型分为零方程模型、单方程模型、双方程模型、四方程模型、七方程模型等。在通常情况下，所需求解方程数量越多，则得到的解值精度越高，与此同时计算量也会显著增大，数值的收敛性也会变差。在双方程模型中，$k-\varepsilon$ 模型是从大量科学实践中总结提出的双方程湍流模型，也是目前应用最广泛的一种湍流模型，关于湍动能 k 的输运方程是通过精确的数学方程推导得到的，耗散率 ε 的方程则是通过物理推理与数值模拟的相似原型方程结合得出，属于半经验公式。$k-\varepsilon$ 模型自从被提出后就成为工程应用中计算流场问题的最主要工具之一。大量的工程实践经验证明，$k-\varepsilon$ 模型具有适用范围广、精度合理、经济高效等特点，在计算不可压缩流动时误差较小。考虑到水库内实际三维流场的流动特点，本书研究选用的湍流模型是重整规划群 RNG $k-\varepsilon$ 模型。

RNG $k-\varepsilon$ 模型来源于严格的统计技术。它和标准模型很相似，但是 RNG $k-\varepsilon$ 模型在 ε 方程中加了一个条件，从而有效地提高了精度。RNG $k-\varepsilon$ 模型考虑了湍流旋涡，提高了在这方面的精度。RNG 理论为湍流 Prandtl 数提供了一个解析公式，而标准 $k-\varepsilon$ 模型使用的是用户提供的经验常数。而且标准 $k-\varepsilon$ 模型是一种高雷诺数的模型，RNG 理论提供了一个考虑低雷诺数流动黏性的解析公式。这些公式的效用依靠能否正确处理近壁区域。这些特点使得 RNG k-ε 模型比标准 k-ε 模型在更广泛的流动中有更高的可信度和精度。

在 RNG k-ε 湍流模型中，其方程中的常数由重整规化群理论得到，并包含低 Re 流动效应和旋流修正的子模型。RNG k-ε 湍流模型在复杂剪切流动、含高剪切率的流动、旋流和分离流场合中的预测比标准湍流模型要好。

在湍动能 k 方程的基础上，引入一个湍动能耗散率 ε 的方程，形成了标准 k-ε 模型。湍流动能 k 方程为

$$\frac{\partial(\rho k)}{\partial t}+\nabla\cdot(\rho U k)=\nabla\cdot\left[\left(\mu+\frac{\mu_t}{\sigma_k}\right)\nabla k\right]+P_k-\rho\varepsilon \qquad (4.3-5)$$

其中 $P_k=-\overline{u_i'u_j'}\dfrac{\partial\overline{u_i}}{\partial x_j}$ 是湍流生成项。湍动能耗散率 ε 方程为

$$\frac{\partial(\rho\varepsilon)}{\partial t}+\nabla\cdot(\rho U\varepsilon)=\nabla\cdot\left[\left(\mu+\frac{\mu_t}{\sigma_\varepsilon}\right)\nabla\varepsilon\right]+\frac{\varepsilon}{k}(C_{\varepsilon1}P_k-C_{\varepsilon2}\rho\varepsilon) \qquad (4.3-6)$$

其中，模型常量从湍流试验中得到：$C_{\varepsilon1}=1.44$，$C_{\varepsilon2}=1.92$；湍动能 k 与耗散率 ε 的湍流普朗特数分别为 $S_k=1.0$，$S_e=1.3$。

RNG k-ε 模型是对瞬时 N-S 方程用重整化群的方法推导出。其湍流生成和耗散的输运与标准 k-ε 一致，仅于模型常数不同。ε 的输运方程为

$$\frac{\partial(\rho\varepsilon)}{\partial t}+\nabla\cdot(\rho U\varepsilon)=\nabla\cdot\left[\left(\mu+\frac{\mu_t}{\sigma_{\varepsilon\mathrm{RNG}}}\right)\nabla\varepsilon\right]+\frac{\varepsilon}{k}(C_{\varepsilon1\mathrm{RNG}}P_k-C_{\varepsilon2\mathrm{RNG}}\rho\varepsilon) \qquad (4.3-7)$$

其中，$\sigma_{\varepsilon\mathrm{RNG}}=0.7179$，$C_{\varepsilon1\mathrm{RNG}}=1.42-f_h$，$C_{\varepsilon2\mathrm{RNG}}=1.68$，且

$$f_\eta=\frac{\eta(1-\eta/4.38)}{1+\beta_{\mathrm{RNG}}\eta^3} \qquad (4.3-8)$$

其中，$\eta=\sqrt{\dfrac{P_k}{\rho C_{\mu\mathrm{RNG}}\varepsilon}}$，$\beta_{\mathrm{RNG}}=0.012$，$C_{\mu\mathrm{RNG}}=0.085$。

4.3.2 数值离散格式

采用有限体积法（finite volume method，FVM）对所建立的控制方程组进行离散。它是计算流体力学与计算传热学中应用最为广泛的离散方法，以描述流动与热传递问题的守恒方程组为基础，在每个控制容积上分别进行积分运算。为了获得控制体积积分，必须对数值在体积中网格点间的变化规律进行假定，即假定数值在分段分布中的分布剖面。在选取积分区域方面，有限体积法是加权剩余法类别中的子区域方法；在未知解的近似方面，有限体积法属于局部近似的离散方法。FVM 方法的基本思路相比于其他复杂方法更易于理解，且具有能得出直接物理解释的优势。

在数值的离散方法方面，有限体积法介于有限单元法与有限差分法之间。有限单元法需要对网格点之间的数值变化规律进行假定（插值函数），并将这种假定作为近似解；有限差分法的特点是只考虑网格点上的数值而忽略数值在网格点之间的变化。有限体积法注

重寻求节点值，在这方面与有限差分法比较相似；应用有限体积法对单个控制体积的积分进行求解时，必须对数值在网格点之间的分布进行假定，在这方面又与有限单元法比较相似。在有限体积法中，插值函数通常用于对控制体积进行积分运算，在得出所求离散方程之后，便可忽略插值函数；如有特殊需要，还可针对微分方程中的不同项选用不同的插值函数。将离散方程通过有限体积法导出，具有很好的守恒性（要求界面上选用的插值方法与位于界面两侧的控制体积相一致），且离散方程系数的物理意义明确，其区域形状与适应性相比有限差分法也有明显提高，因此在工程实践中取得了广泛应用。

有限体积法中建立离散方程主要是通过控制体积积分法将离散方程导出，主要步骤如下：首先，将守恒型的控制方程在每一个控制容积及时间间隔内对时间及空间做积分运算；其次，选定未知函数及其导数对时间及空间的局部分布曲线，也就是通过从相邻节点的函数值来确定所求函数在控制容积界面上的插值方式；最后，对各项按选定的插值方法作出积分，并整理成与节点上未知数值相关的代数方程。

计算流体动力学（Computational Fluid Dynamics，CFD）是要通过数值方法计算湍流控制方程式（4.3-2）和式（4.3-3），其通用形式为

$$\underbrace{\frac{\partial(\rho\phi)}{\partial t}}_{\text{瞬态项}}+\underbrace{\frac{\partial(\rho\phi u_i)}{\partial x_j}}_{\text{对流项}}=\underbrace{\frac{\partial}{\partial x_j}(\Gamma_\phi\frac{\partial\phi}{\partial x_j})}_{\text{扩散项}}+\underbrace{S_\phi}_{\text{源项}} \qquad (4.3-9)$$

式中：ϕ 为通用变量；Γ_ϕ 为广义扩散系数；S_ϕ 为广义源项。

采用数值方法计算上述方程组有两个关键问题需要解决：一是如何实现控制方程的离散；二是离散方程组的数值解法。下面将详细介绍这两方面的内容。

4.3.2.1　控制方程的离散

为了求解式（4.3-9）这类偏微分方程，首先要将计算域离散成为网格单元，对方程各项及边界条件进行转化，使之成为单元上的代数方程。目前最常用的离散方法有有限差分法、有限元法和有限体积法。由于有限体积法在计算单元上能满足守恒，所以在流体计算中被广泛使用。

本书采用有限体积法对控制方程进行离散，其基本思路是：将计算域划分为互不重复的控制体单元，将控制方程在控制体单元内进行积分，由高斯定理可得到控制体单元中变量与各个控制体单元界面上通量的代数关系，通过控制体单元变量值插值界面处的变量值计算界面上的通量。

4.3.2.2　离散方程组的数值解法

对于不可压缩流体常用的是分离式解法，压力修正方法是分离式解法最常用的方案，常用的压力修正方法有 SIMPLE、SIMPLEC、PISO 算法。其基本思想是：计算域被划分成一系列的空间不重复的控制体积，使围绕每个网格点有一个控制体积，对微分方程所要解决的每个控制量积分，就可以得到一组离散方程。

1. SIMPLE 算法

SIMPLE 算法，也被称为求解压力耦合方程的半隐方法，基本思想是：对于给定的压力场求解的离散化的能量方程，得到速度场。但给定的压力场被假设为不准确的值，因此获得的速度场不一定满足连续性方程，对于给定的压力场的速度场，须予以纠正。

2. SIMPLEC 算法

这是改进的 SIMPLE 算法之一，但与 SIMPLE 算法相比，SIMPLEC 算法不忽略一些其他附加项，因此得到的压力修正值 p' 是比较合理的。所以 SIMPLEC 算法可以不再对 p' 进行亚松弛处理

3. PISO 算法

在对 SIMPLE 算法中，每个迭代步获得的压强场与动量方程偏离过大，针对这一问题，PISO 算法在每个迭代步骤加入了动量修正和网格畸变修正过程，被称为邻近校正和倾斜校正。因此，虽然在计算量上，PISO 算法的每次迭代大于 SIMPLE 算法和 SIMPLEC 算法，但由于在每次迭代中获得的压力场更精确，所以使计算更快的收敛，即大大减少了一个收敛解所需的迭代次数。

纵观以上三种方法，对于稳态问题，SIMPLE 或 SIMPLEC 算法更合适；对于瞬态问题，PISO 算法有明显优势。动量方程与标量方程是非耦合关系时，采用 PISO 算法能够较好地达到收敛精度，且总体效率较高。

4.3.3　初始和边界条件

（1）入口条件：给定 5 月水温的垂向分布。

（2）出口条件：按照 5 个出水口流量均布原则，给定每个出水口流量 400m³/h。

（3）河道上表面条件：刚盖假定。

（4）河道底面条件：绝热壁面。

4.3.4　模型验证

1. 糯扎渡水电站三维水温模拟

采用糯扎渡水电站多层取水进水口水温物理模型试验对三维数值模型进行验证。物理模型几何比尺为 1∶50，模型包括坝前 3km 范围库区和水电站进水口，直接模拟水库水温分布，量测下泄水温。数学模型与物理模型模拟的区域相同，给定坝前 2.5km 断面水库水温垂向分布，在各运行条件下，计算水电站进水口的下泄水温。本节选取典型平水年 3 月、5 月、8 月、11 月为代表月，在相应水库水位及水温分布条件下，改变叠梁门运行方案，对比下泄水温的计算值和试验值（表 4.3-1）。对比结果表明，各月的下泄水温计算值与试验值吻合较好。该模型能较好地模拟水电站进水口前水库地形边界，充分考虑水流的三维流动特性，可以比较准确地模拟水电站进水口不同叠梁门运行方案的下泄水温。

表 4.3-1　　　　　　　　典型水平年各代表月下泄水温计算值与试验值

月份	水库水位/m	叠梁门运用方式	计算值/℃	试验值/℃	误差/℃
3	812.30	3 层叠梁门	16.96	17.10	−0.14
		2 层叠梁门	16.71	16.48	+0.23
		1 层叠梁门	16.27	16.07	+0.20
		无叠梁门	16.07	15.97	+0.10

月份	水库水位/m	叠梁门运用方式	计算值/℃	试验值/℃	误差/℃
5	808.39	3层叠梁门	17.18	17.15	+0.03
		2层叠梁门	16.38	16.64	−0.26
		1层叠梁门	15.89	16.08	−0.19
		无叠梁门	15.52	15.40	+0.12
8	803.20	3层叠梁门	22.53	22.77	−0.24
		2层叠梁门	21.52	21.36	+0.16
		1层叠梁门	18.52	18.09	+0.43
		无叠梁门	16.75	16.55	+0.20
11	810.27	3层叠梁门	21.46	21.65	−0.19
		2层叠梁门	20.95	21.11	−0.16
		1层叠梁门	20.85	20.76	+0.09
		无叠梁门	20.35	20.11	+0.24

2. **格伦峡谷大坝三维水温模拟**

计算范围包括格伦峡谷大坝坝前 5km 范围的河道。采用曲线正交网格对计算区域进行划分,网格大小为 5～50m,网格总数为 750 个,在垂向上分为 40 层进行计算。上游边界给定各月的水库水位和水温垂向分布,出流边界给定取水口流量。利用 1994 年格伦峡谷大坝实测下泄水温对数学模型进行验证,验证结果见表 4.3-2。由表 4.3-2 可知,计算值与实测值吻合较好,最大误差仅为 0.42℃。此模型能较好地模拟进水口前水库地形边界,充分考虑水流的三维流动特性,可以比较准确地模拟多层取水口的下泄水温。

表 4.3-2 下泄水温计算值与实测值

月份	计算值/℃	实测值/℃	误差/℃
3	8.35	8.51	−0.16
5	8.34	8.41	−0.07
8	8.36	8.55	−0.19
11	8.44	8.86	−0.42

4.4 模型的应用

模型的应用应根据实际工程研究目的选择合适的模型,例如湖泊型水库水温垂向分布宜采用垂向一维模型,对于河道型水库水温分层结构可采用立面二维模型,取水口附近的水流温度分布则需要采用三维模型。叠梁门分层取水措施研究时,水动力条件是研究中重点关注的问题,由于水温结构对水动力特征的影响较小,在建立模型时可以不考虑水温分布,如本书第 5 章中的做法。在水温控制幕分层取水措施研究时,最好采用水温水动力耦合模型。

第5章

叠梁门分层取水研究

本章介绍乌东德、白鹤滩、亭子口三个水电站叠梁门分层取水水动力学方面的成果，揭示叠梁门分层取水措施对取水口附近水流流态、水头损失等方面的影响。

5.1 乌东德水电站叠梁门分层取水研究

5.1.1 工程概况

乌东德水电站是金沙江下游河段（攀枝花市至宜宾市）4个水电梯级——乌东德、白鹤滩、溪洛渡、向家坝中的最上游梯级，坝址所处河段的左岸隶属四川省会东县，右岸隶属云南省禄劝县。

乌东德水电站的开发任务以发电为主，兼顾防洪，并促进地方经济社会发展和移民群众脱贫致富；电站建成后可发展库区航运，还具有改善下游河段通航条件和拦沙等作用。水库正常蓄水位 975.00m，设计洪水位为 979.38m，校核洪水位为 986.17m，防洪限制水位为 952.00m，正常蓄水位下总库容为 74.08 亿 m^3，调节库容 30.2 亿 m^3，电站装机容量 10200MW，保证出力 3271MW，多年平均年发电量 401.1 亿 kW·h。枢纽泄洪建筑物按 1000 年一遇洪水设计（$Q=33698m^3/s$），按 5000 年一遇洪水校核（$Q=37362m^3/s$）；消能防冲建筑物按 100 年一遇洪水设计（$Q=28800m^3/s$）。枢纽主体建筑物由混凝土双曲拱坝、左岸泄洪洞以及左、右岸地下式电站厂房等组成。根据坝址地形地质条件，枢纽布置格局为：大坝为混凝土双曲拱坝，坝顶高程 988.00m，最大坝高 265m；泄洪设施采用坝身泄洪加岸边泄洪洞分流，坝下为天然水垫塘消能，引水发电系统为两岸对称布置的地下式厂房。枢纽平面布置如图 5.1-1 所示。

5.1.1.1 进水口结构布置

两岸进水口均采用岸塔式，由引水渠、进水塔及交通桥组成。进水塔采用墩墙式钢筋混凝土结构。左、右岸进水塔前沿宽度分别为 220.0m、204.0m，分六段布置，左、右岸单塔宽分别为 37.0m、34.0m，渠底高程分别为 914.50m、911.00m。进水塔顺水流向长为 33.0m，依次布置拦污栅段、喇叭口段及闸门段，渐变段长度 18.6m，塔体内长6.1m，塔体外长 12.5m。左、右岸拦污栅段长均为 11.9m，每台机组拦污栅按 6 孔布置，左、右岸边墩厚均为 1.25m，中墩厚均为 1.5m，孔跨分别 4.5m、4.0m，栅后进水塔前沿贯通，引水流量可相互补给，平均过栅流速约 1.0m/s。按结构受力要求，左右岸布置了 6 层闸墩间支撑梁与进水塔上游挡墙连接，从下至上两层高程间距分别为 7.20m、7.50m、7.50m、7.50m、7.50m、7.50m、10.10m；闸墩间设两道联系梁，布置高程同

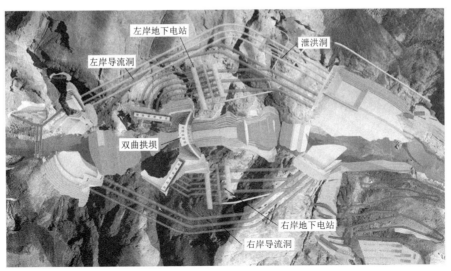

图 5.1-1　乌东德水电站枢纽平面布置图

支撑梁。拦污栅墩设两道拦污栅槽，由塔顶门机作机械清污及提栅清污。进水口俯视图如图 5.1-2 所示。

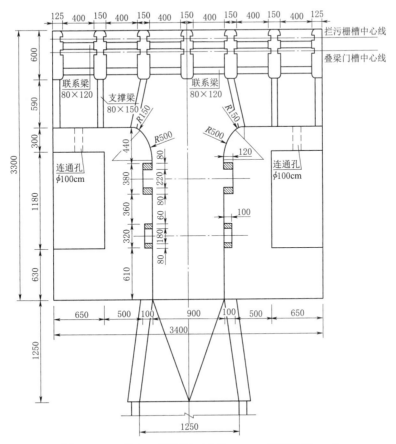

图 5.1-2　进水口俯视图（单位：cm；高程单位：m）

死水位 945.00m 水面下有 3 层支撑梁，水面距离第 3 层支撑梁 6.05m；汛限水位 952.00m 水面下有 4 层支撑梁，水面距离第 4 层支撑梁 4.50m；正常蓄水位 975.00m 水面下有 6 层支撑梁，水面距离第 6 层支撑梁 9.95m。

左右岸进水塔喇叭口段长度均为 4.4m，入口处底高程分别为 914.50m、911.00m，采用反弧段分别升至 916.50m、913.00m，左右岸断面尺寸均为 15.0m×23.4m～9.0m×17.35m。左、右岸闸门段底坎高程分别为 916.50m、913.00m，按单孔布置，设置一道平板检修闸门和一道快速闸门，检修闸门孔口尺寸 9.0m×16.8m，快速事故门孔口尺寸 9.0m×16.0m；检修门为上游止水，由塔顶平台上的门机操作，在静水中启闭。快速门为下游止水，由液压启闭机在动水中闭门，静水中启门。左右岸进水塔下游墙内分别对称布置两个直径为 2.0m、1.8m 的通气孔，进口设置钢格栅，防止杂物掉入。进水塔剖面图如图 5.1-3 所示。

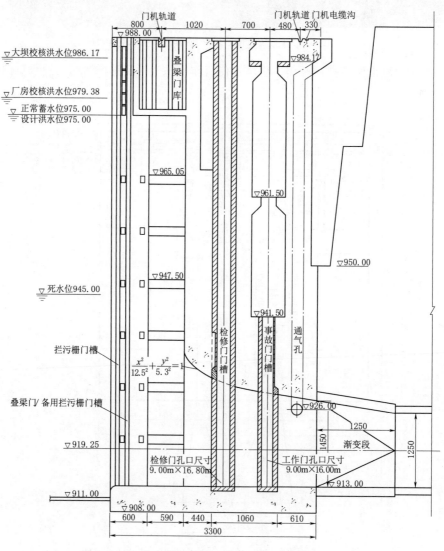

图 5.1-3　进水塔剖面图（单位：cm；高程单位：m）

5.1.1.2 分层取水运行参数

乌东德电站地下电站分层取水进水口采用叠梁门方案，利用备用拦污栅槽放置叠梁门，分层取水运行时间为 3—6 月，运行水位为 945.00～975.00m。叠梁门顶最大高程为 945.00m，最大门高左岸为 28.5m，右岸为 32m，单节门高 4m，左岸叠梁门分 7 节，右岸分 8 节。为满足进水口规范要求的过栅流速为 1～1.2m/s，取水深度应不小于 30m，即分层取水时，库水位与叠梁门顶高差应不小于 30m。

5.1.2 物理模型试验研究

5.1.2.1 试验目的

乌东德水电站单机容量 850MW，两岸机组台数众多，工程规模巨大，单机额定流量达 691.1m³/s，洞内平均流速达 5.6m/s，进水口结构设计复杂，水流条件复杂，分层取水效果流态更为复杂，机组甩负荷对叠梁门的作用难以估计。因此，有必要开展专门电站进水口分层取水模型试验研究，分析进水口水力条件基本规律，确定合理布置参数，为进水口结构设计提供支撑，为电站机组分层取水运行操作提供理论依据。

5.1.2.2 研究内容和试验条件

根据有关规范规程要求，结合本工程分层取水布置特点，研究内容主要包含以下几个方面：

（1）不放置叠梁门条件下，电站进水口水力特性研究。观测特征库水位条件下进水口前缘水流流态；观测进水口前缘水域的流速分布；观测进水口段（拦污栅墩前至渐变段末端）的水头损失；观测快速门井内的水面波动特性；测量进口段沿程时均压力值，分析时均压力分布特性，必要时对进口段流道局部边界及门井门槽体型进行优化。

（2）机组正常运行时叠梁门放置高度研究。研究机组不同特征水位条件下，不同叠梁门放置高度对进口流态的影响，重点关注吸气旋涡、叠梁门顶自由堰流等不利流态。在兼顾尽量多地获取表层水和保证进水口不出现危害性旋涡的前提下，通过试验确定叠梁门的最大放置高度。

（3）机组正常运行时进口流道的时均压力。在不同库水位、不同叠梁门放置高度条件下，观测叠梁门和进水口有压管段的时均压力特性。

（4）研究快速闸门井水面波动特性。在不同库水位、不同叠梁门放置高度条件下，观测快速门井水面波动情况。

（5）观测叠梁门和进口段的水头损失。在不同库水位、不同叠梁门放置高度条件下，观测进口段水头损失及水头损失系数，并与未放置叠梁门进行对比分析。

（6）观测引渠及叠梁门断面的流速分布。在不同库水位、不同叠梁门放置高度条件下，观测引渠、叠梁门顶流速分布特性。

（7）观测机组导叶突然关闭对叠梁门产生的附加水击压力。

（8）观测非额定流量时电站进水口特性的变化。

（9）观测相邻一侧机组不发电时电站进水口水力特性的变化。

乌东德水电站分层取水运行时间为 3—6 月，运行水位为 945.00～975.00m。为此，试验中选取死水位 945.00m、汛限水位 952.00m 和正常蓄水位 975.00m 三种特征水位进行试验。水轮机额定流量 $Q_r = 691.1\text{m}^3/\text{s}$。

模型试验工况列表见表 5.1-1。

表 5.1-1　　　　　　　　　　　**试 验 工 况 表**

组次	水位/m	流量/(m³/s)	机组调度方式	叠梁门放置层数/层	机组正常运行/机组导叶突然关闭
1		600.0	满发	0	机组正常运行
2			满发	4	机组正常运行
3			满发	0	机组正常运行
4			满发	2	机组正常运行
5			满发	3	机组正常运行
6	945.00		满发	4	机组正常运行
7		691.1	满发	5	机组正常运行
8			满发	6	机组正常运行
9			相邻一侧机组不发电	0	机组正常运行
10			相邻一侧机组不发电	4	机组正常运行
11			满发	4	机组导叶突然关闭
12			满发	0	机组正常运行
13			满发	2	机组正常运行
14			满发	4	机组正常运行
15	952.00	691.1	满发	5	机组正常运行
16			满发	6	机组正常运行
17			满发	7	机组正常运行
18			满发	5	机组导叶突然关闭
19		800.0	满发	0	机组正常运行
20			满发	8	机组正常运行
21			满发	0	机组正常运行
22			满发	4	机组正常运行
23			满发	5	机组正常运行
24	975.00		满发	6	机组正常运行
25		691.1	满发	7	机组正常运行
26			满发	8	机组正常运行
27			相邻一侧机组不发电	0	机组正常运行
28			相邻一侧机组不发电	8	机组正常运行
29			满发	8	机组导叶突然关闭

5.1.2.3　模型设计与测点布置

5.1.2.3.1　模型设计

模型比尺为 1:30，边壁糙率比尺为 $30^{1/6} = 1.76$，原型进水口段混凝土边壁糙率约为 0.014，则要求模型相应的糙率为 0.008，选用有机玻璃制作模型，糙率为 0.008~0.009，基本满足进口段边壁糙率的相似要求。模型雷诺数可达 4.32×10^5，可满足模型旋涡与原型的相似要求。

乌东德水电站右岸机组进口前缘宽度窄，管道流速大，进口水流条件相对左岸要差一些，因此模拟对象选取右岸流道最短的7号机组。模拟平面范围包括1台机组过流通道和两台机组进口前缘；高度范围包括部分水库、进水渠、拦污栅结构体、叠梁门、进口段、检修门井、工作闸门井、通气孔、引水管水平段、下弯管段、竖直段、上弯管段、水平管段及控制电站机组流量的阀门段，模型进口未模拟拦污栅条。模型布置如图5.1-4和图5.1-5所示。

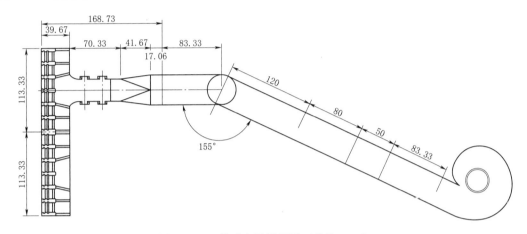

图5.1-4　模型布置平面图（单位：cm）

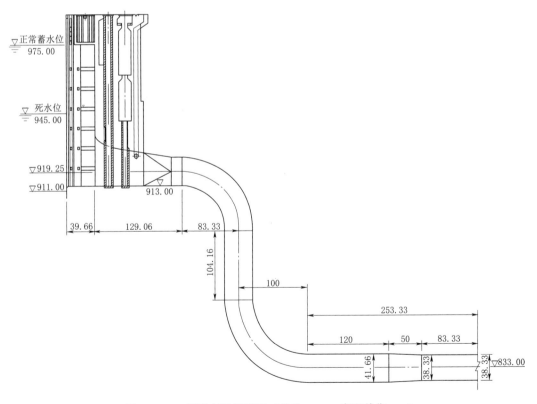

图5.1-5　模型布置剖面图（单位：cm；高程单位：m）

模型尺寸为4m×6m×9m（宽×高×长），在进行机组满发试验时，模拟一台机组前缘宽度引渠进流；在进行相邻一侧机组不发电试验时，模拟两台机组前缘宽度引渠进流。模型在管道末端通过电磁流量计控制机组过流量，通过高水箱平水塔控制上游库水位。机组导叶关闭过程采用水轮机模型控制，通过背压油缸系统控制水轮机导叶行程及时间。原型导叶关闭时间为9s，换算模型导叶关闭时间为1.64s，模型导叶按直线均匀关闭模拟。

受高水箱高度限制，模拟水轮机的安装高程为833.00m，较设计值803m高出30m，为此将竖向高度30m转为水平长度30m，保证机组流道长度方向满足相似要求，以满足机组导叶突然关闭时作用在叠梁门上的水击压力相似。

5.1.2.3.2 测点布置

（1）水位测点：库水位1个，布置在引渠前的高水箱侧壁；引渠内布置水位2个，分别位于拦污栅前6m和拦污栅前15m处；通仓设置水位1个，位于通仓1/2处。

（2）水头损失测点：在渐变段末端后5.12m处的顶部、侧面和底部分别布置测压管，取3点压力的平均值，计算该断面的测压管水头，用于计算进口段的水头损失。

（3）时均压力测点：在进水口有压管段顶部、侧面和底部共布置了40个时均压力测点，详见表5.1-2和图5.1-6。

表5.1-2　　　　　　　　　　　　　时 均 压 力 测 点 布 置

编号	部位	距离洞口/m	测点高程/m	编号	部位	距离洞口/m	测点高程/m	编号	部位	距离洞口/m	测点高程/m
1	顶中心线	0.10	935.18	1′	侧中心线	0.10	919.25	1″	底中心线	0.10	913.00
2		1.45	933.17	2′		1.45	919.25	2″		3.10	913.00
3		3.10	931.93	3′		3.10	919.25	3″		8.50	913.00
4		4.90	930.98	4′		4.90	919.25	4″		14.50	913.00
5		8.50	929.68	5′		8.50	919.25	5″		21.10	913.00
6		11.50	929.04	6′		11.50	919.25	6″		33.60	913.00
7		14.50	928.56	7′		14.50	919.25	7″		38.72	913.00
8		17.80	928.03	8′		17.80	919.25	8″		43.57	912.36
9		21.10	927.50	9′		21.10	919.25	9″		48.09	910.49
10		27.40	926.49	10′		27.40	919.25	10″		51.98	907.51
11		33.60	925.50	11′		33.60	919.25	—		—	—
12		38.72	925.50	12′		38.72	919.25	—		—	—
13		46.81	924.43	13′		45.19	919.25	—		—	—
14		54.35	921.31	14′		51.22	919.25	—		—	—
15		60.82	916.35	15′		56.40	919.25	—		—	—

（4）门井水尺测点：在事故门井侧壁和工作门井侧壁布置了2个水尺，用于观测机组正常运行和增减负荷时门井水位波动情况。

（5）脉动压力测点：根据以往研究经验，电站分层取水运行时机组甩负荷和升负荷过程中，底部叠梁门所承受的附加水击压力大于其上部叠梁门，泄流中孔所承受的附加水击

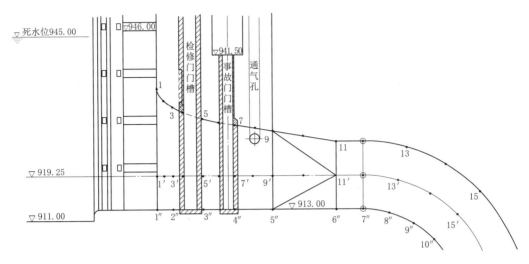

图 5.1-6　时均压力测点布置图（高程单位：m）

压力大于边孔，因此在拦污栅结构体 2 号孔（次边孔）、3 号孔（中孔）、4 号孔（中孔）的第一层、第二层、第三层和第四层叠梁门板中心布置了 11 个压力传感器；在检修门井侧壁、工作门井侧壁、渐变段底部已布置了 3 个压力传感器，观测机组甩负荷时水击波在门井内的波动过程和管道水击压力变化；16 号传感器布置于上游水库引渠侧壁，用于监测机组甩负荷过程模型水库水位的变化过程，修正由于模型高水箱容量、平水塔和排水管泄量有限带来的机组甩负荷过程中库水位升高的影响；4 号传感器用来测量水轮机导叶启闭行程时间。脉动压力测点布置见表 5.1-3 和图 5.1-7。

表 5.1-3　　　　　　　　　　压力传感器布置部位和测点高程

测点编号	测 点 部 位	测点高程/m	备 注
1	2 号孔第一层叠梁门中心	915.00	7 号机组次边孔
2	2 号孔第二层叠梁门中心	919.00	
3	2 号孔第三层叠梁门中心	923.00	
4	水轮机导叶行程器上	—	
5	3 号孔第一层叠梁门中心	915.00	7 号机组左中孔
6	3 号孔第二层叠梁门中心	919.00	
7	3 号孔第三层叠梁门中心	923.00	
8	3 号孔第四层叠梁门中心	927.00	
9	4 号孔第一层叠梁门中心	915.00	7 号机组右中孔
10	4 号孔第二层叠梁门中心	919.00	
11	4 号孔第三层叠梁门中心	923.00	
12	4 号孔第四层叠梁门中心	927.00	
13	检修门井侧壁	938.50	
14	工作门井侧壁	938.50	
15	渐变段末端底部	913.00	
16	上游水库引渠侧壁	916.80	

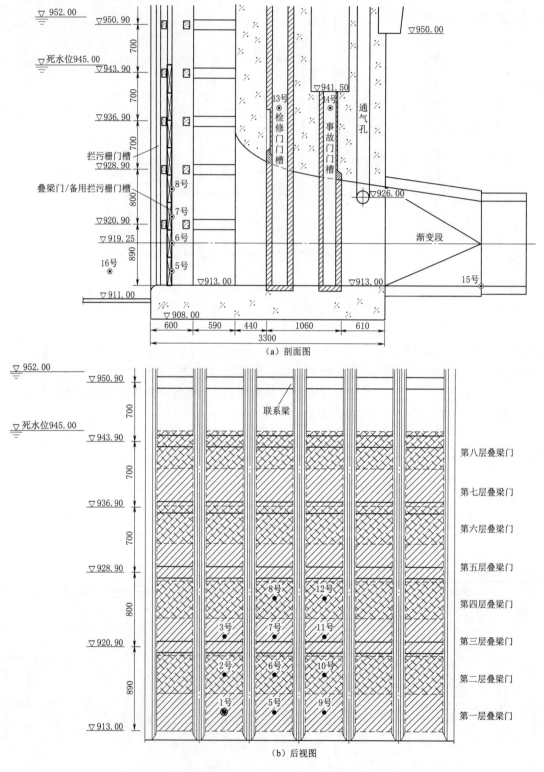

图 5.1-7　脉动压力测点布置图（单位：cm；高程单位：m）

（6）流速测点：流速重点测量通仓中心、叠梁门门槽中心、引渠 6m 以及引渠 15m 四个断面。每个断面平面上对应拦污栅 6 孔中心线测量 6 条测线，每条测线沿水深方向每隔 3m 测量一个流速值，流速测点布置如图 5.1-8 所示。模型中流速测点均位于拦污栅结构体各孔中心，旋桨正对水平方向，由于进水口部位结构复杂，水流紊动强烈，尤其是放置叠梁门后的水流三维特性明显，流速成果反映的是各测点的水平分流速，矢量流速可参考数学模型计算成果。

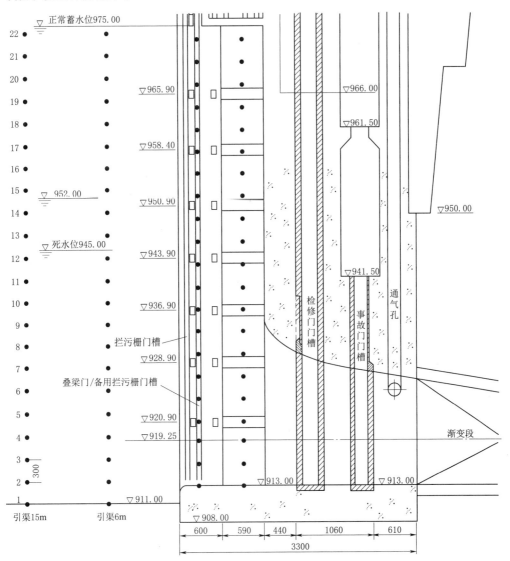

图 5.1-8　流速测点布置图（单位：cm；高程单位：m）

5.1.2.4　原设计方案试验成果

5.1.2.4.1　无叠梁门试验成果

1. 进口流态

各特征水位下，进口流态如图 5.1-9 所示。

（a）$H_库$=945.00m

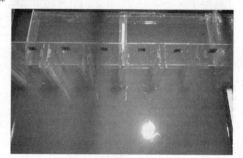

（b）$H_库$=952.00m　　　　　　　　　（c）$H_库$=975.00m

图 5.1-9　原设计方案未放置叠梁门进口流态

　　通过观测进口表面流态和侧面流道内部流态可知，无叠梁门时，在死水位 945.00m、机组满发条件下，引渠内进流匀称，水流平顺。拦污栅前后水流未见明显水面跌落，通仓段水面波动，间歇性地出现漏斗旋涡，旋涡最大平面尺寸约 1.2m，涡带清晰可见，细长，深度未达到有压段入口顶部，透过模型有机玻璃侧面观测到偶尔个别气泡进入流道。在汛限水位 952.00m、机组满发条件下，相比 945.00m 水位，上游水深增加，流速降低，引渠内水流更加平静。拦污栅前后水流平缓，通仓段水面波动减小，在拦污栅墩尾附近间歇性出现了游离状的浅表型旋涡，旋涡平面尺寸最大约 0.8m，旋涡中心水面凹陷较小，未见尾部涡带生成。在正常蓄水位 975.00m、机组满发条件下，引渠内、拦污栅前后以及通仓段水面平顺，无旋涡形成。

　　2. 门井水面波动

　　在无叠梁门条件下，观测了 945.00m、952.00m 和 975.00m 库水位、机组满发时的检修门井和工作门井水面波动特性，试验值见表 5.1-4。试验结果表明，各级特征水位下机组正常运行时的检修门井和工作门井水面波动幅值较小。

表 5.1 - 4　　　　　　　　　　无叠梁门条件下门井水面波动特性表

工况	库水位/m	水面波动最大变幅/m	
		检修门井	工作门井
1	945.00	0.12	0.12
2	952.00	0.09	0.09
3	975.00	0.09	0.06

3. 进口段水头损失

定义栅墩前 15m 引渠断面和渐变段末端后 5m 的圆管断面的总能头差为进口段水头损失,包括拦污栅结构体段、进口段、闸门段、渐变段等局部损失及沿程损失。鉴于上述两断面流程较短,沿程损失所占比重较小,主要是局部水头损失,故定义上述两断面间的局部水头损失系数为

$$C = \frac{h_w}{V^2/2g} \qquad (5.1-1)$$

式中: h_w 为两断面总能头差,m; V 为圆管起始断面平均流速,m/s; g 为重力加速度,m/s^2。

在无叠梁门条件下,模型试验分别观测了 945.00m、952.00m 和 975.00m 库水位、机组满发时的进口段水头损失值,试验成果见表 5.1 - 5。试验结果表明,在各特征水位条件下,无叠梁门时的进口段水头损失为 0.31～0.34m,水力损失系数为 0.19～0.21。

4. 时均压力特性

在无叠梁门条件下,观测了 945.00m、952.00m 和 975.00m 库水位、机组满发时的进水口流道压力,时均压力沿程分布如图 5.1 - 10 所示。

表 5.1 - 5　无叠梁门条件下进口水头损失系数表

工况	库水位/m	进口段水头损失系数 C
1	945.00	0.19
2	952.00	0.19
3	975.00	0.21

试验结果表明,进水口流道段沿程时均压力均为较大正压,沿程时均压力变化平缓,压力梯度较小。在 945.00m 库水位条件下,进口流道段各测点时均压力值为 (9.52～34.49)×9.81kPa;在 952.00m 库水位条件下,进口流道段各测点时均压力值为 (16.48～41.45)×9.81kPa;在 975.00m 库水位条件下,进口流道段各测点时均压力值为 (39.22～64.34)×9.81kPa。

对进口段压力进行压力梯度分析,引入无量纲压降系数 K_d,定义

$$K = \frac{H_0 - H_d}{\dfrac{V_p^2}{2g}} \qquad (5.1-2)$$

式中: H_0 为库水位,m; H_d 为测点的测压管水头, $H_d = Z + \dfrac{p}{r}$,m; V_p 为压力钢管的平均流速,m/s。

以测点至进口面的距离 X 与压力钢管直径 D 的比值 X/D 为横坐标、K_d 值为纵坐标绘制曲线,分析进口段沿程压力梯度变化。

由进口段压降系数分布曲线(图 5.1 - 11～图 5.1 - 13)可知,进口流道顶部中心线压降变化较大,主要发生在检修门井、工作门井以及渐变段末端部位。

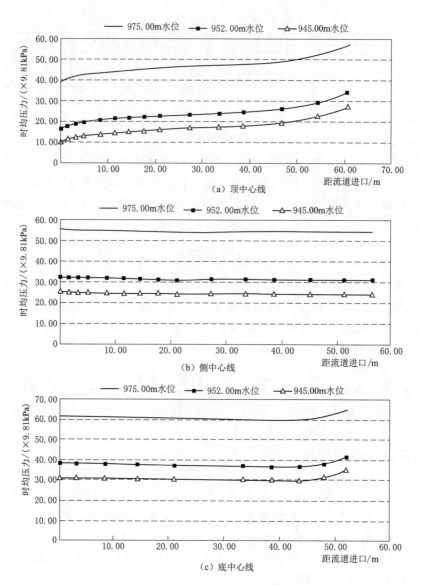

图 5.1-10　进水口流道时均压力沿程分布图

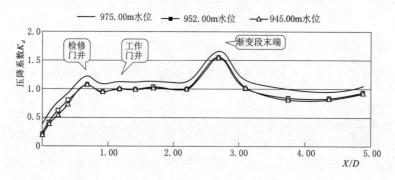

图 5.1-11　进口段顶中心线压降系数分布曲线

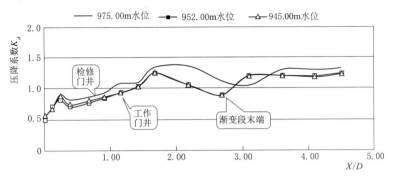

图 5.1-12 进口段侧中心线压降系数分布曲线

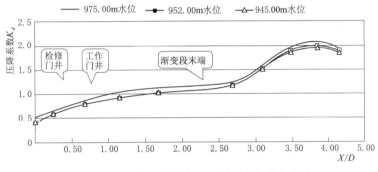

图 5.1-13 进口段底中心线压降系数分布曲线

5.1.2.4.2 放置叠梁门试验成果

1. 进口流态

机组正常运行时放置叠梁门试验以电站进水口前无叠梁门的水流流态为背景。

（1）死水位 945.00m。在死水位 945.00m、机组满发运行条件下，对进水口前放置 2 层、3 层、4 层、5 层、6 层叠梁门时的水流流态进行了对比观测，进口流态照片如图 5.1-14 所示。叠梁门放置高度与门顶水头关系见表 5.1-6。

表 5.1-6　　　　　**945.00m 水位的叠梁门放置高度与门顶水头关系表**

叠梁门放置数量 /层	叠梁门总高度 /m	叠梁门顶高程 /m	门顶以上水头 /m	叠梁门顶平均流速 /(m/s)
0	0	913.00	32	0.90
2	8	921.00	24	1.20
3	12	925.00	20	1.44
4	16	929.00	16	1.80
5	20	933.00	12	2.40
6	24	937.00	8	3.60

试验结果表明，在进水口前无叠梁门、机组满发运行条件下，拦污栅前后水流未见明显水面跌落，通仓段水流波动，随机出现漏斗旋涡，涡带细长，水面凹陷平面尺寸 0.6～1.2m，偶见个别气泡进入流道。随着叠梁门的增加，叠梁门顶断面平均流速由未放置叠梁门时的 0.90m/s 逐渐增加至 3.6m/s，拦污栅前后水面跌落逐渐增大，通仓段水面紊动

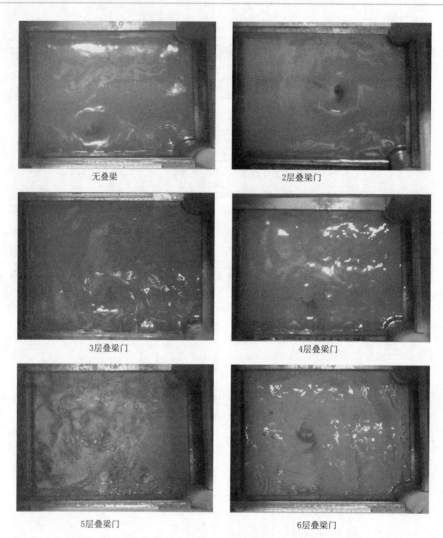

无叠梁	2层叠梁门
3层叠梁门	4层叠梁门
5层叠梁门	6层叠梁门

图 5.1-14　945.00m 水位下不同叠梁门放置高度进口流态

加剧，进口出现漏斗旋涡的频次和持续时间增加。当叠梁门高度增加至 3 层时，漏斗旋涡平面凹陷尺寸达到 1.5m，有零星的单个气泡进入流道；当增加至 4 层门时，偶见成串气泡进入流道；当增加至 5 层门时，连续单个气泡进入流道；当增至 6 层门时，水流经叠梁门顶形成堰流跌落，通仓内出现水跃旋滚流态，大量气泡进入流道，并在渐变段前洞顶聚集形成气囊，如图 5.1-15 所示。

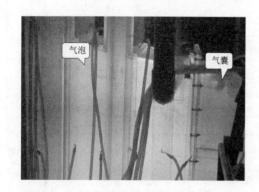

图 5.1-15　945.00m 水位下放置 6 层叠梁门
时流道流态

（2）汛限水位 952.00m。在汛限水位 952.00m、机组满发运行条件下，对进水口前放置 2 层、4 层、5 层、6 层、7 层叠梁门的水流流态进行了对比观测。叠梁门放置高度与门顶水头关系见表5.1-7。

表 5.1-7   **952.00m 水位的叠梁门放置高度与门顶水头关系表**

叠梁门放置数量 /层	叠梁门总高度 /m	叠梁门顶高程 /m	门顶以上水头 /m	叠梁门顶平均流速 /(m/s)
0	0	913.00	39	0.74
2	8	921.00	31	0.93
4	16	929.00	23	1.25
5	20	933.00	19	1.52
6	24	937.00	15	1.92
7	28	941.00	11	2.62

952.00m 水位时放置不同层数叠梁门条件下进口流态如图5.1-16所示。在进水口前无叠梁门、机组满发运行条件下，拦污栅前后水流平缓，通仓段水面波动较小，偶见游离状的浅表型旋涡，旋涡平面尺寸最大约0.8m，旋涡中心水面凹陷较小。随着叠梁门的增

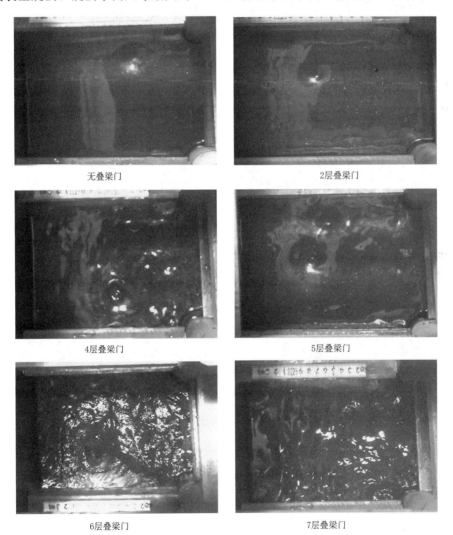

无叠梁门   2层叠梁门

4层叠梁门   5层叠梁门

6层叠梁门   7层叠梁门

图 5.1-16   952.00m 水位下不同叠梁门放置高度进口流态

加，叠梁门槽断面平均流速由无叠梁门时的 0.74m/s 逐渐增加至 2.62m/s，拦污栅前后水面跌落增加，通仓段紊动加剧。当叠梁门增加至 5 层时，侧面偶见单个气泡进入流道；当增加至 6 层门时，偶见成串气泡进入流道；当增加至 7 层门时，旋涡强度加剧，连续单个气泡进入流道。

（3）正常蓄水位 975.00m。在正常蓄水位 975.00m、机组满发运行条件下，对进水口前放置 4 层、5 层、6 层、7 层、8 层叠梁门的水流流态进行了对比观测。叠梁门放置高度与门顶水头关系见表 5.1-8，进口流态如图 5.1-17 所示。

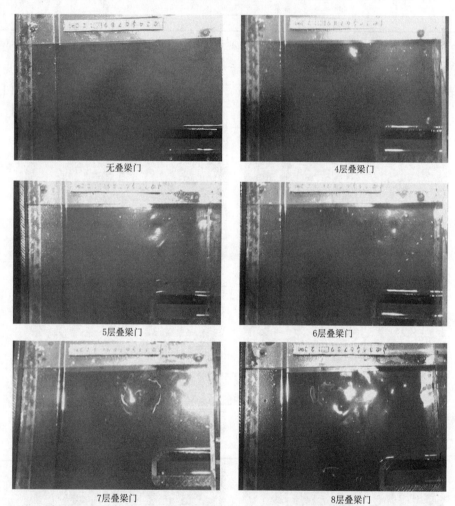

无叠梁门　　　　　　　　　　　　　　4层叠梁门

5层叠梁门　　　　　　　　　　　　　　6层叠梁门

7层叠梁门　　　　　　　　　　　　　　8层叠梁门

图 5.1-17　975.00m 水位下不同叠梁门放置高度进口流态

表 5.1-8　　　　　　　975.00m 水位的叠梁门放置高度与门顶水头关系表

叠梁门放置数量 /层	叠梁门总高度 /m	叠梁门顶高程 /m	门顶以上水头 /m	叠梁门顶平均流速 /(m/s)
0	0	913.00	62	0.33
4	16	929.00	46	0.44

续表

叠梁门放置数量/层	叠梁门总高度/m	叠梁门顶高程/m	门顶以上水头/m	叠梁门顶平均流速/(m/s)
5	20	933.00	42	0.48
6	24	937.00	38	0.53
7	28	941.00	34	0.60
8	32	945.00	30	0.68

试验结果表明，在进水口前无叠梁门、机组满发运行条件下，引渠内、拦污栅前后以及通仓段水面平顺，无旋涡形成。随着叠梁门的增加，叠梁门槽断面平均流速由无叠梁门时的 0.33m/s 逐渐增加至 0.68m/s，门顶以上水头由 62m 减小至 30m。当叠梁门增加至 8 层时，通仓段水面波动略微加剧，偶见游离状的浅表型旋涡，旋涡平面尺寸最大约 1.2m，旋涡中心水面凹陷较小。

2. 门井水面波动

在 945.00m、952.00m 和 975.00m 库水位、机组满发条件下，模型试验观测了放置不同层叠梁门时的检修门井和工作门井水面波动特性，试验值见表 5.1-9～表 5.1-11。

表 5.1-9　　945.00m 水位下不同叠梁门放置高度门井水面波动特性

叠梁门放置数量/层	检修门井水面波动/m	工作门井水面波动/m	叠梁门放置数量/层	检修门井水面波动/m	工作门井水面波动/m
0	0.12	0.09	4	0.27	0.21
2	0.15	0.12	5	0.33	0.24
3	0.21	0.18	6	0.60	0.75

表 5.1-10　　952.00m 水位下不同叠梁门放置高度门井水面波动特性

叠梁门放置数量/层	检修门井水面波动/m	工作门井水面波动/m	叠梁门放置数量/层	检修门井水面波动/m	工作门井水面波动/m
0	0.09	0.09	6	0.27	0.24
4	0.24	0.18	7	0.30	0.27
5	0.27	0.21			

表 5.1-11　　975.00m 水位下不同叠梁门放置高度门井水面波动特性

叠梁门放置数量/层	检修门井水面波动/m	工作门井水面波动/m	叠梁门放置数量/层	检修门井水面波动/m	工作门井水面波动/m
0	0.09	0.09	6	0.12	0.12
4	0.12	0.09	8	0.15	0.15

试验结果表明，门井水面波动幅值随叠梁门放置层数增多呈增大趋势。在 945.00m 水位条件下，进水口前放置 6 层叠梁门时，检修门井水面波动幅值达到 0.60m，工作门井水面波动幅值达到 0.75m；在 952.00m 水位条件下，进水口前放置 7 层叠梁门时，检修门井水面波动幅值达到 0.30m，工作门井水面波动幅值达到 0.27m；在 975.00m 水位条

件下，进水口前放置 8 层叠梁门时，检修门井水面波动幅值达到 0.15m，工作门井水面波动幅值达到 0.15m。

3. 进口段水头损失

在 945.00m、952.00m 和 975.00m 库水位、机组满发条件下，放置不同层叠梁门时的叠梁门及进口段水头损失如图 5.1-18 所示。

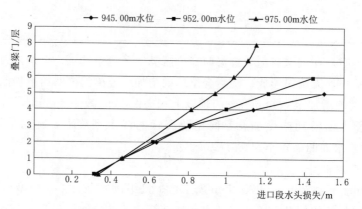

图 5.1-18　特征水位时叠梁门放置层数与进口段水头损失关系曲线

从图、表可以看出，水头损失随叠梁门放置层数增多而增大。在 945.00m 水位条件下，每增加一层叠梁门，损失增加 0.15m 以上，且随着叠梁门顶水头的减少，水头损失增加的速率越大；当进口前放置 1~5 层叠梁门时，进口段水头损失达到 0.46~1.50m，较无叠梁门增加 0.15~1.19m。在 952.00m 水位条件下，每增加一层叠梁门水头损失增加 0.15m 以上；当进口前放置 2~6 层叠梁门时，水头损失达到 0.61~1.44m，较无叠梁门增加 0.30~1.13m。在 975.00m 水位条件下，每增加一层叠梁门的水头损失增加值略微减小，且叠梁门顶水头介于 30~42m 范围内，水头损失的增加速率随着叠梁门高度的增加而减小；当进口前放置 4~8 层叠梁门时，水头损失达到 0.82~1.15m，较无叠梁门增加 0.49~0.82m。

4. 原设计方案成果小结

(1) 无叠梁门时，在死水位 945.00m 运行条件下，进口可见阵发性贯通立轴旋涡，偶见气泡进行流道，汛限水位 952.00m 和正常蓄水位 975.00m 条件下，进口前水流平稳，偶见表面旋涡，涡心未下陷。在 945.00~975.00m 水位运行条件下，进口段水头损失为 0.31~0.33m，检修门和工作门门井水面波动为 0.12m，进水口流道段沿程时均压力均为较大正压，沿程时均压力变化平缓，压力梯度较小。综合认为该进水口流道结构体型设计基本合理，但需采取措施消除低水位条件下的进口旋涡问题。

(2) 进口前放置叠梁门后，通仓段水面紊动加剧，进口水面旋涡出现频次和强度增大，检修门井和工作门门井水面波动增大，随着叠梁门放置高度的增加，进入流道的气泡逐渐增多。

在死水位 945.00m 条件下，当放置 3 层叠梁门时，通仓段水流紊动加剧，进口偶见贯通立轴旋涡生成，水面凹陷平面尺寸达到 1.5m，偶见单个气泡进入流道，检修门井和工作门门井水面波动幅值达到 0.18~0.21m，进口段损失 0.91m；当放置 4 层叠梁门时，进口贯通立轴旋涡强度增大，侧面偶见成串气泡进入流道，检修门井和工作门井水面波动幅值达到 0.21～0.27m，进口段损失 1.18m。因此，在 945.00m 水位条件下，电站进水口前放置 1～3 层叠梁门均不会产生有害旋涡流态，可满足电站安全运行要求。

在库水位 952.00m 条件下，当放置 5 层叠梁门时，通仓段水流紊动加剧，偶见单个气泡进入流道，检修门井和工作门井水面波动幅值达到 0.21～0.27m，进口段损失 1.21m；当放置 6 层叠梁门时，偶见成串气泡进入流道，检修门井和工作门井水面波动幅值达到 0.24～0.27m，进口段损失 1.44m。因此，在 952.00m 水位条件下，在进水口前放置 6 层叠梁门时不能满足机组安全运行要求，在进水口前放置 5 层及以下叠梁门时，机组可以正常运行。

在库水位 975.00m 条件下，放置 8 层叠梁门时，通仓段水面波动略微加剧，偶见游离状的浅表型旋涡，未见气泡进入流道，检修门井和工作门井水面波动幅值均为 0.15m，进口段损失 1.15m。因此，在 975.00m 水位条件下，电站进水口前放置 1～8 层叠梁门均不会产生有害旋涡流态，可满足电站安全运行要求。

（3）电站进水口段总水头损失与叠梁门放置高度呈正比关系，与叠梁门顶水深呈反比关系。在 945.00m 水位条件下，当进口前放置 1～5 层叠梁门时，进口段水头损失达到 0.46～1.50m，较无叠梁门增加 0.15～1.19m。在 952.00m 水位条件下，当进口前放置 2～6 层叠梁门时，水头损失达到 0.61～1.44m，较无叠梁门增加 0.30～1.13m。在 975.00m 水位条件下，当进口前放置 4～8 层叠梁门时，水头损失达到 0.82～1.15m，较无叠梁门增加 0.49～0.82m。

5.1.2.5　优化方案试验成果

5.1.2.5.1　方案介绍

鉴于设计方案各级特征水位条件下进口段水头损失均不大，流道压力特性平顺，952.00m 水位以上进口流态基本可行，综合认为该进水口流道结构体型设计是合理的。为此，在不改变进口流道体型的基础上，拟通过调整拦污栅结构体的支撑布置形式破除低水位条件下产生的进口旋涡。

结合以往工程研究经验，将支撑梁顶面布置在特征水位以下 0.30～0.50m，可起到破除表面旋涡的作用。因此，在 945.00m 和 952.00m 特征水位以下 0.35m 均布置了 1 层水平支撑梁。同时，根据结构受力要求，拦污栅结构体较原设计方案增加了 1 层支撑梁，即共布置了 7 层闸墩间支撑梁与进水塔上游挡墙连接，从下至上每 2 层支撑梁间距分别为 5.9m、8.0m、7.0m、7.0m、7.0m、7.5m、7.5m、9.1m，闸墩间设两道联系梁，布置高程同支撑梁。拦污栅结构优化方案如图 5.1-19 所示。

由图 5.1-19 可知，死水位 945.00m 水面下布置了 4 层支撑梁，水面高于第 4 层支撑梁顶 0.35m；汛限水位 952.00m 水面下布置了 5 层支撑梁，水面高于第 5 层支撑梁顶 0.35m；正常蓄水位 975.00m 水面下布置了 7 层支撑梁。

5.1.2.5.2　无叠梁门试验成果

1. 进口流态

在拦污栅结构体优化布置后，对各特征水位下无叠梁门进口流态进行了验证试验。各

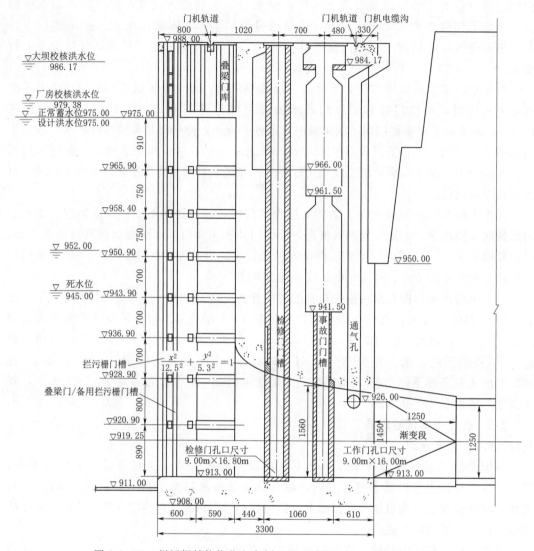

图 5.1 - 19　拦污栅结构优化方案剖面图（单位：cm；高程单位：m）

特征水位下，进口流态如图 5.1 - 20 所示。

在死水位 945.00m、机组满发条件下，引渠内进流匀称，水流顺畅，拦污栅前后水流无明显水面跌落，通仓段水面略有波动，进口前漏斗旋涡消失，偶见游离状的浅表型旋涡，旋涡平面尺寸最大约 0.8m，旋涡中心水面凹陷不深，无气泡进入流道。在汛限水位 952.00m、机组满发条件下，拦污栅前后水流平缓，通仓段水面轻微波动，拦污栅墩尾附近间歇性出现了游离状的浅表型旋涡，旋涡中心水面凹陷较小。在正常蓄水位 975.00m、机组满发条件下，引渠内、拦污栅前后以及通仓段水面平顺，无旋涡形成。

2. 门井水位波动

在无叠梁门条件下，模型试验观测了特征库水位、机组满发时的检修门井和工作门井水位波动特性，试验值见表 5.1 - 12。试验结果表明，各级特征水位下机组正常运行时的

（a）$H_库$＝945.00m

（b）$H_库$＝952.00m

（c）$H_库$＝975.00m

图 5.1-20　优化方案未放置叠梁门进水口流态

检修门井和工作门井水位波动幅值均较小。相比原设计方案，拦污栅结构体优化布置后，945.00m 水位条件下工作门井水位波动幅值略有减轻。

表 5.1-12　　　　　　　　未放置叠梁门条件下门井水位波动特性表

工况	库水位/m	水位波动最大变幅/m	
		检修门井	工作门井
1	945.00	0.12	0.09
2	952.00	0.09	0.09
3	975.00	0.09	0.06

3. 进口段水头损失

在无叠梁门条件下，模型试验分别观测了特征库水位、机组满发时的进口段水头损失值，试验值见表 5.1-13。同样定义栅墩前 15m 引渠断面和渐变段末端 5m 的圆管断面的总能头差为进口段水头损失 h_w。

表 5.1-13　　　　　　　　无叠梁门条件下进口段水头损失系数表

工况	库水位/m	进口段水头损失 h_w/m	进口段水力损失系数 C
1	945.00	0.31	0.19
2	952.00	0.32	0.20
3	975.00	0.34	0.21

试验结果表明，拦污栅结构体优化布置后，在各特征水位条件下，进口段水头损失为 0.31～0.34m，水力损失系数为 0.19～0.21，与原设计方案基本一致。

4. 时均压力特性

在无叠梁门条件下，模型试验观测了 945.00m 和 975.00m 库水位、机组满发时的流道时均压力，时均压力分布如图 5.1-21 所示。

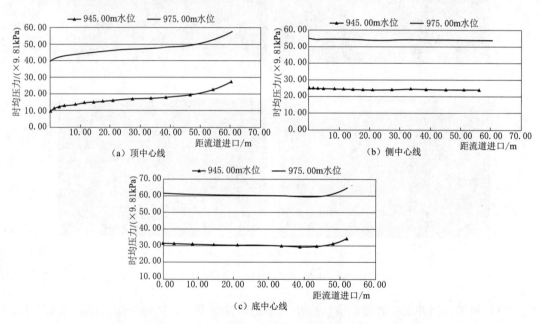

图 5.1-21　进水口流道沿程时均压力分布图

试验结果表明，流道段沿程时均压力均为较大正压，沿程时均压力变化平缓，压力梯度较小。在 945.00m 库水位条件下，进口流道段各测点时均压力值为 (9.61～34.55)×9.81kPa。在 975.00m 库水位条件下，进口流道段各测点时均压力值为 (39.37～64.40)×9.81kPa。优化拦污栅结构体布置后流道段沿程时均压力与原设计方案基本相当。

5. 进口特征断面流速分布

该试验对 945.00m 库水位、机组满发和 975.00m 库水位、机组满发两种工况进行了流速分布测量。鉴于拦污栅门槽位于拦污栅备用门槽（即叠梁门门槽）前 1.6m（模型值 5.3cm），无叠梁门时两断面流速分布差别不大，放置叠梁门后，通过拦污栅断面的最大流速会小于叠梁门断面，为方便测量，本试验以叠梁门断面作为流速特征断面之一。

各特征断面垂线流速分布如图 5.1-22 和图 5.1-23 所示。对特征断面平均流速和最大流速进行了统计，成果见表 5.1-14。

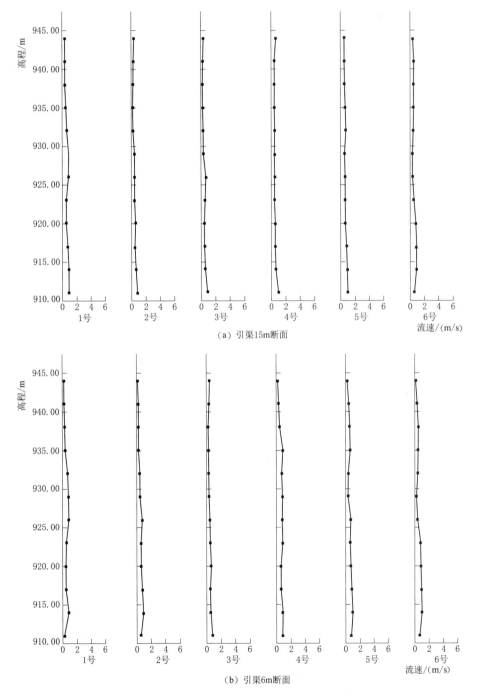

（a）引渠15m断面

（b）引渠6m断面

图 5.1-22（一）　无叠梁门时特征断面流速分布（$H_库$＝945.00m）

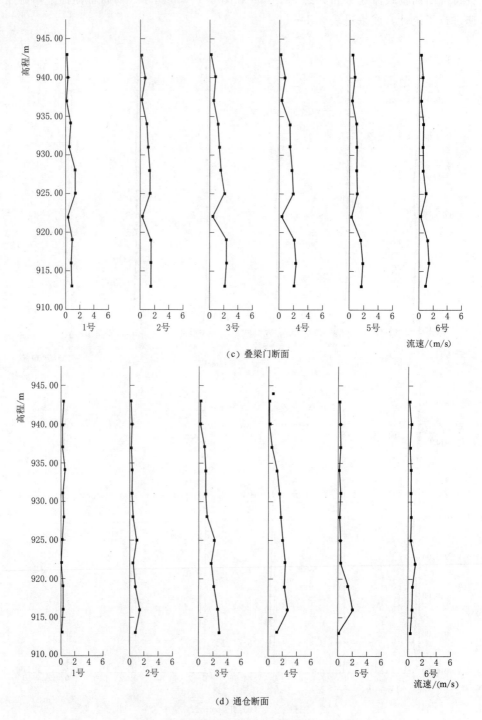

（c）叠梁门断面

（d）通仓断面

图 5.1-22（二）　无叠梁门时特征断面流速分布（$H_库 = 945.00\text{m}$）

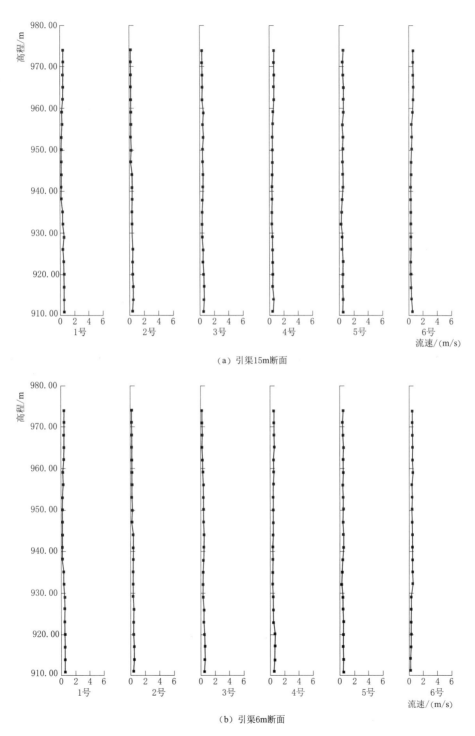

（a）引渠15m断面

（b）引渠6m断面

图 5.1-23（一） 无叠梁门时特征断面流速分布（$H_库=975.00$m）

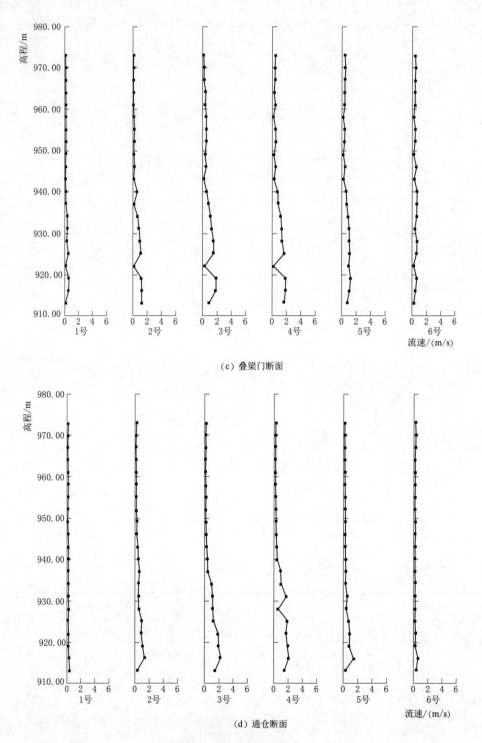

（c）叠梁门断面

（d）通仓断面

图 5.1 - 23（二）　无叠梁门时特征断面流速分布（$H_库$ ＝975.00m）

表 5.1-14　　　　　　　无叠梁门时各特征断面平均流速和最大流速统计表

部　位	$H_库=945.00m$		$H_库=975.00m$	
	平均流速/(m/s)	最大流速/(m/s)	平均流速/(m/s)	最大流速/(m/s)
引渠 15m	0.53	0.97	0.38	0.65
引渠 6m	0.57	1.02	0.39	0.64
叠梁门	0.98	2.37	0.57	1.95
通仓	0.79	2.95	0.50	2.23

试验结果表明，在 945.00m 库水位、机组满发条件下，无叠梁门时，引渠断面流速垂向分布均匀，底部流速与表面流速相当，断面平均流速约 0.6m/s，最大流速约 1.0m/s；叠梁门断面中低部流速大、表面流速小，对应进水口的中间孔槽流速大于边孔槽，各孔槽断面平均流速约 1.0m/s，最大流速约 2.4m/s；通仓断面底部流速较大，表面流速较低，距离电站引水管入口越近，其流速越大，最大流速约 3.0m/s。

在 975.00m 库水位、机组满发条件下，无叠梁门时各特征断面流速分布与 945.00m 水位条件相似。引渠断面流速垂向分布均匀，断面平均流速约 0.4m/s，最大流速约 0.7m/s；叠梁门断面平均流速约 0.6m/s，最大流速约 2.0m/s；通仓断面最大流速约 2.3m/s。

由流速测点布置图（图 5.1-8）可知，叠梁门门槽断面 4 号和 9 号测点正好位于联系梁后，所以流速值较小。

6. 非额定流量过流试验

非额定流量过流试验主要进行了两种试验工况：945.00m 水位＋机组过流量 665m³/s，975.00m 水位＋机组过流量 800m³/s。

在 945.00m 库水位、机组满发（单台机组过流量为 665m³/s）条件下，无叠梁门时，进口流态未见恶化，实测进口段水头损失为 0.31m，水头损失系数为 0.20，检修门井和工作门井水位波动幅值为 0.15m 和 0.12m，与额定流量 691.1m³/s 条件下各参数基本相当。

在 975.00m 库水位、机组满发（单台机组过流量为 800m³/s）条件下，无叠梁门时，进口未见不利流态，检修门井和工作门井水位波动幅值为 0.12m 和 0.09m，进口段水头损失为 0.47m，水头损失系数为 0.22；相比额定流量条件，水头损失增加了 0.13m。

在上述两种非额定流量条件下，流道沿程时均压力均为较大正压，沿程时均压力变化平缓，压力梯度较小。在水位 945.00m、机组过流量 665m³/s 条件下，进口流道段沿程时均压力值较额定流量条件增加 (0.1~0.3)×9.81kPa。在水位 975.00m、机组过流量 800m³/s 条件下，相比额定流量条件，进口流道段沿程时均压力降低 (0.5~1.4)×9.81kPa，见表 5.1-15。

7. 相邻一侧机组不发电的影响试验

为观测相邻一侧机组不发电对本单元机组运行时进水口流态及水力损失的影响，模型按 2 台机组宽度对引渠和进口结构体等进行了模拟。

表 5.1 – 15　　　　　无叠梁门条件下进水口流道时均压力值　　　单位：×9.81kPa

测点位置	测点编号	$H_库=945.00m$, $Q=665m^3/s$	$H_库=975.00m$, $Q=800m^3/s$
顶中心线	1	9.67	38.92
	2	11.41	40.48
	3	12.41	41.39
	4	13.06	41.95
	5	13.85	42.65
	6	14.70	43.51
	7	15.13	43.90
	8	15.65	44.45
	9	16.12	44.89
	10	17.16	45.96
	11	17.34	46.05
	12	18.11	46.83
	13	19.46	48.32
	14	22.64	51.53
	15	27.45	56.28
侧中心线	1′	25.12	54.19
	2′	24.85	53.89
	3′	24.61	53.38
	4′	24.82	53.77
	5′	24.67	53.62
	6′	24.64	53.53
	7′	24.49	53.38
	8′	24.43	53.29
	9′	24.04	52.63
	10′	24.40	53.23
	11′	24.58	53.47
	12′	24.14	53.11
	13′	24.13	52.84
	14′	24.13	52.81
	15′	24.07	52.66
底中心线	1″	31.58	60.80
	2″	31.31	60.44
	3″	30.98	59.93
	4″	30.80	59.66
	5″	30.62	59.39
	6″	30.41	59.09
	7″	29.89	58.34
	8″	29.91	58.17
	9″	31.75	59.86
	10″	34.85	63.08

相邻一侧机组不发电、无叠梁门时，相比机组满发工况，引渠流速降低，部分进流经由未发电一侧机组的拦污栅槽汇入到通仓，进口表面未见不利水流流态。实测945.00～975.00m水位下进口水头损失为0.33～0.34m，与机组满发时相比，高水位时进口水头损失基本相当，低水位时进口水头损失略有增加。

5.1.2.5.3　放置叠梁门试验成果

1. 进口流态

（1）死水位945.00m。在死水位945.00m、机组满发运行条件下，对进水口前放置2层、3层、4层、5层、6层叠梁门的水流流态进行了对比观测，进口流态如图5.1-24所示。

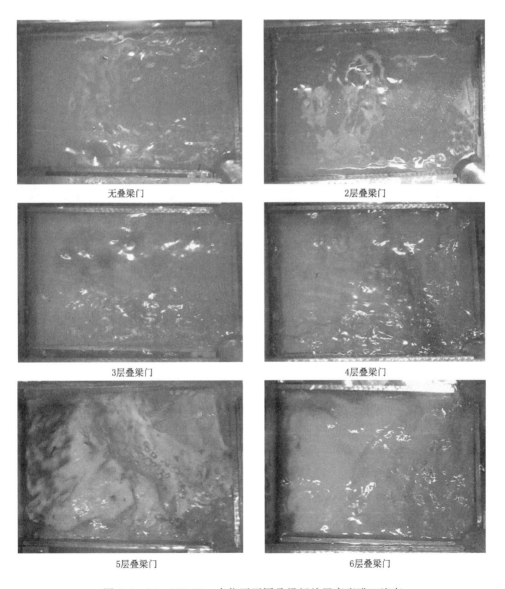

图5.1-24　945.00m水位下不同叠梁门放置高度进口流态

　　试验结果表明，随着叠梁门的增加，通仓段水面紊动呈增强趋势。当叠梁门高度增加至 3 层时，通仓段水面可见多个游离状的浅表性旋涡生成，模型侧面观测进水口流道无气泡进入；当增加至 4 层门时，联系梁后存在较为明显的水面跌落现象，通仓段水面紊动进一步加剧，但进水口流道仍无气泡进入；当增加至 5 层门时，通仓段水面紊动剧烈，模型侧面观测到阵发性单个气泡进入流道；当增至 6 层门时，通仓内水面旋滚剧烈，大量气泡进入流道。

　　（2）汛限水位 952.00m。在汛限水位 952.00m、机组满发运行条件下，对进水口前放置 4 层、5 层、6 层、7 层叠梁门的水流流态进行了对比观测，进口流态如图 5.1 - 25 所示。

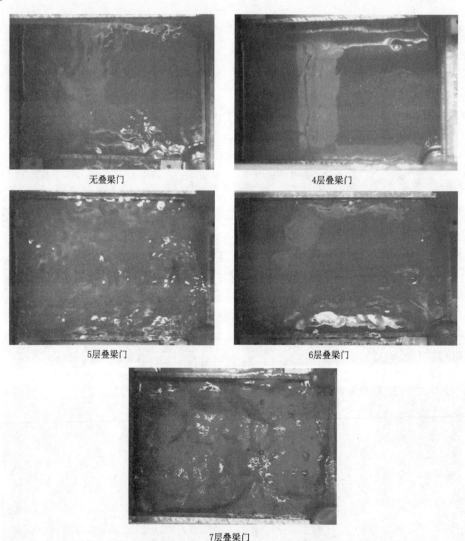

图 5.1 - 25　952.00m 水位下不同叠梁门放置高度进口流态

　　试验结果表明，当叠梁门增加至 4～5 层时，通仓水面波动才略有增加，栅墩后浅表型旋涡出现频次也略有增加，持续时间较短；当增加至 6 层门时，联系梁后存在较为明显的水面跌落现象,通仓水面紊动进一步加剧,偶见单个气泡进入流道;当增加至7层门时,模型侧面观测到连续单个气泡进入流道。

(3)正常蓄水位975.00m。在汛限水位975.00m、机组满发运行条件下,对进水口前放置4层、6层、8层叠梁门的水流流态进行了对比观测,进口流态如图5.1-26所示。

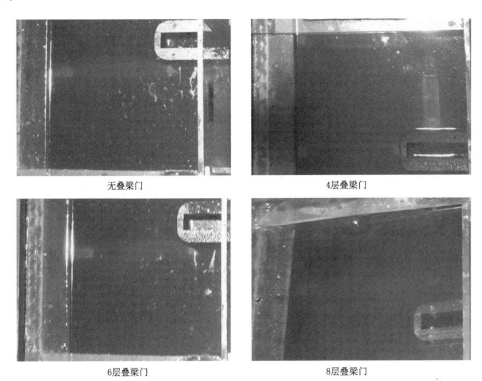

无叠梁门　　　　　　　　　　4层叠梁门

6层叠梁门　　　　　　　　　　8层叠梁门

图5.1-26　975.00m水位下不同叠梁门放置高度进口流态

随着叠梁门层数的增加,门顶以上水头由62m减小至30m。当叠梁门增加至8层时,通仓段水面波动略微加剧,通仓两侧边偶见游离状的浅表型旋涡,旋涡平面尺寸最大约1.2m,旋涡中心水面凹陷较浅。

2. 门井水面波动

在特征库水位、机组满发条件下,模型试验观测了放置不同层叠梁门时的检修门井和工作门井水面波动特性,试验值见表5.1-16~表5.1-18。

表5.1-16　　　　　　　945.00m水位下不同叠梁门放置高度门井水面波动特性

叠梁门放置数量/层	检修门井水面波动幅值/m	工作门井水面波动幅值/m	叠梁门放置数量/层	检修门井水面波动幅值/m	工作门井水面波动幅值/m
0	0.09	0.09	4	0.27	0.21
2	0.15	0.12	5	0.33	0.24
3	0.18	0.18			

表 5.1 - 17　　　　952.00m 水位下不同叠梁门放置高度门井水面波动特性

叠梁门放置数量/层	检修门井水面波动幅值/m	工作门井水面波动幅值/m	叠梁门放置数量/层	检修门井水面波动幅值/m	工作门井水面波动幅值/m
0	0.09	0.09	6	0.27	0.24
4	0.21	0.18	7	0.30	0.27
5	0.24	0.21			

表 5.1 - 18　　　　975.00m 水位下不同叠梁门放置高度门井水面波动特性

叠梁门放置数量/层	检修门井水面波动幅值/m	工作门井水面波动幅值/m	叠梁门放置数量/层	检修门井水面波动幅值/m	工作门井水面波动幅值/m
0	0.09	0.09	6	0.09	0.09
4	0.09	0.09	8	0.12	0.12

　　试验结果表明，门井水面波动幅值随叠梁门放置层数增多呈增大趋势。在 945.00m 水位条件下，进水口前放置 5 层叠梁门时，检修门井水面波动幅值达到 0.33m，工作门井水面波动幅值达到 0.24m；在 952.00m 水位条件下，进水口前放置 7 层叠梁门时，检修门井水面波动幅值达到 0.30m，工作门井水面波动幅值达到 0.27m；在 975.00m 水位条件下，进水口前放置 8 层叠梁门时，检修门井和工作门井水面波动幅值约 0.12m。相比原设计方案，拦污栅结构体支撑梁优化布置后，各特征水位条件下进口前的旋涡流态均有明显改善，而相同运行工况的门井水位波动幅值则与原设计方案基本相当。

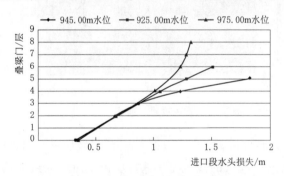

图 5.1 - 27　特征水位时叠梁门放置层数与进口段水头损失关系曲线

3. 进口段水头损失

　　在特征库水位、机组满发条件下，放置不同层数叠梁门时的叠梁门及进口段水头损失如图 5.1 - 27 所示。

　　从图 5.1 - 27 可以看出，水头损失随叠梁门放置层数增多而增大，优化拦污栅结构体后，由于比原设计方案增加了一层联系梁，各特征工况的进水口水头损失均有不同程度的增加。在 945.00m 水位条件下，每增加一层叠梁门，水头损失增加 0.19m 以上，且随着叠梁门顶水头的减少，水头损失增加的速率越大；当进口前放置 2~5 层叠梁门时，进口段水头损失达到 0.68~1.82m，较无叠梁门增加 0.37~1.51m，较原设计方案增加了 0.05~0.32m。在 952.00m 水位条件下，每增加一层叠梁门水头损失增加 0.19m 以上，当进口前放置 4~6 层叠梁门时，水头损失达到 1.06~1.51m，较无叠梁门增加 0.74~1.19m，较原设计方案增加了 0.06~0.08m。在 975.00m 水位条件下，由于进口引渠水深较深，每增加一层叠梁门的水头损失增加值略微减小，水头损失的增加速率随着叠梁门高度的增加而减小；当进口前放置 4~8 层叠梁门时，水头损失达到 1.01~1.33m，较无叠梁门增加 0.67~0.99m，较原设计方案增加了 0.17~0.19m。

4. 时均压力特性

在放置叠梁门条件下，模型试验观测了 945.00m 和 975.00m 库水位、机组满发时的流道压力。时均压力分布如图 5.1-28 所示。

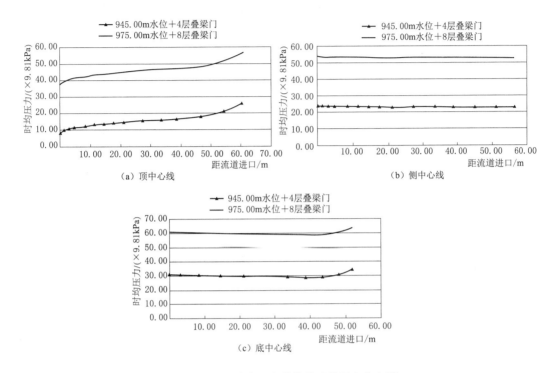

图 5.1-28　进水口流道沿程时均压力分布图

试验结果表明，流道段沿程时均压力均为较大正压，沿程时均压力变化平缓，压力梯度较小。

在 945.00m 库水位、放置 4 层叠梁门条件下，进口流道段各测点时均压力值为 $(8.77\sim33.71)\times9.81$kPa，与无叠梁门相比，进口流道沿程压力均有不同程度的降低，其中顶中心线上进口至工作门槽段的时均压力降低了 $(1.2\sim1.8)\times9.81$kPa，其他部位的时均压力值降低值为 $(0.7\sim1.2)\times9.81$kPa。

在 975.00m 库水位、放置 6 层叠梁门条件下，进口流道段各测点时均压力值为 $(37.69\sim63.62)\times9.81$kPa，与无叠梁门相比，进口流道沿程压力降低了 $(0.5\sim1.7)\times9.81$kPa。

在 975.00m 库水位、放置 8 层叠梁门条件下，进口流道段各测点时均压力值进一步降低，为 $(37.24\sim63.53)\times9.81$kPa，与无叠梁门相比，进口流道沿程压力降低了 $(0.6\sim2.1)\times9.81$kPa。

5. 进口特征断面流速分布

该试验对 945.00m 库水位＋4 层叠梁门＋机组满发和 975.00m 库水位＋8 层叠梁门＋机组满发两种工况进行了流速分布测量。

　　各特征断面垂线流速分布如图 5.1－29～图 5.1－30 所示。对放置叠梁门后特征断面平均流速和最大流速进行了统计，成果见表 5.1－19。

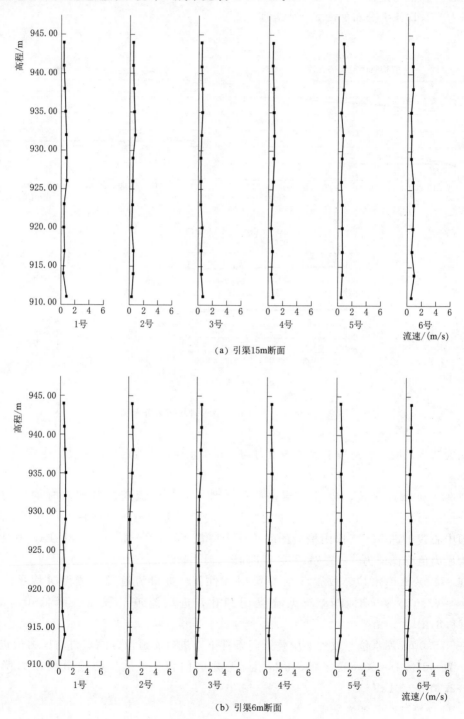

（a）引渠15m断面

（b）引渠6m断面

图 5.1－29（一）　放置 4 层叠梁门时特征断面垂线流速分布（$H_库$＝945.00m）

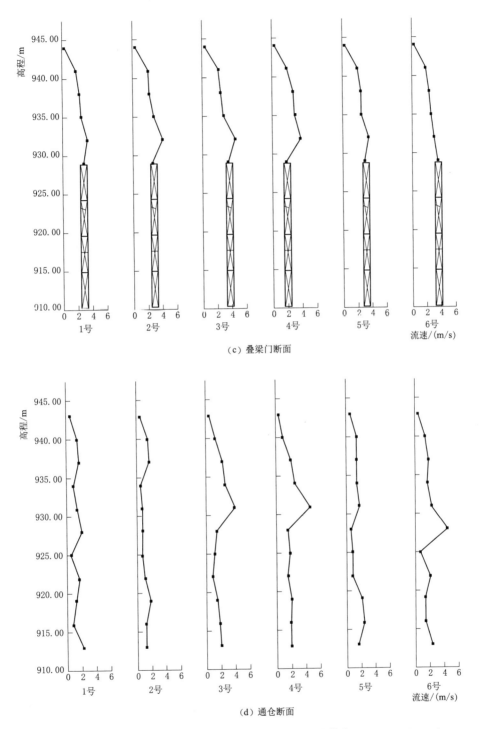

（c）叠梁门断面

（d）通仓断面

图 5.1 - 29（二）　放置 4 层叠梁门时特征断面垂线流速分布（$H_库 = 945.00m$）

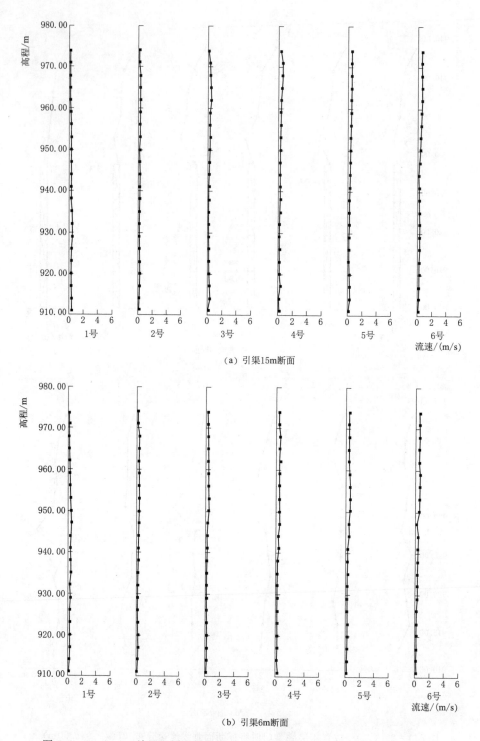

（a）引渠15m断面

（b）引渠6m断面

图 5.1 - 30（一）　放置 8 层叠梁门时特征断面垂线流速分布（$H_库$＝975.00m）

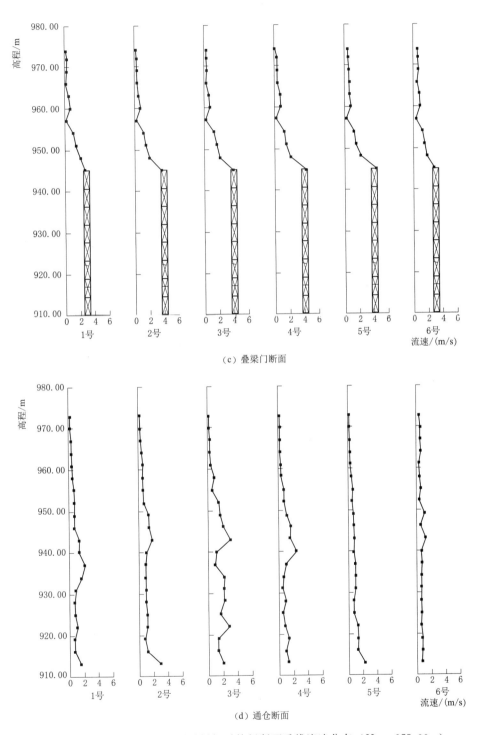

（c）叠梁门断面

（d）通仓断面

图 5.1-30（二） 放置 8 层叠梁门时特征断面垂线流速分布（$H_库 = 975.00$m）

表 5.1-19　　　　　　放置叠梁门后特征断面平均流速和最大流速统计表

部　位	945.00m+4 层叠梁门		975.00m+8 层叠梁门	
	平均流速/(m/s)	最大流速/(m/s)	平均流速/(m/s)	最大流速/(m/s)
引渠 15m	0.61	0.99	0.30	0.63
引渠 6m	0.61	0.94	0.33	0.61
叠梁门	2.41	4.64	1.09	4.47
通仓	1.58	4.67	0.90	3.07

试验结果表明，在 945.00m 库水位条件下，在进水口前放置 4 层叠梁门和无叠梁门相比，栅墩前 6m 和 15m 的引渠断面平均流速和最大流速值变化不大；从流速分布看，放置叠梁门后引渠内表面流速略有增大。在叠梁门断面，由于过流面积约减小 50%，流速明显增加，断面平均流速由无叠梁门时的 0.98m/s 增大至 2.41m/s，最大流速由 2.37 m/s 增大为 4.64m/s，最大流速位于叠梁门顶。在通仓断面，放置叠梁门后，水流经叠梁门后沿竖直通道进入进水口，通仓断面流速由水平向改为竖直向，进流通道变小，最大流速由 2.95m/s 增大为 4.67m/s。在 975.00m 库水位条件下，在进水口前放置 8 层叠梁门后，引渠内表面流速略有增大，垂向分布表现为表面流速大于底部流速的规律，说明 975.00m 水位下放置 8 层叠梁门有一定的拉动表面水体效果。叠梁门断面，由于过流面积约减小 48%，断面平均流速由无叠梁门时的 0.57m/s 增大至 1.09m/s，最大流速由 1.95m/s 增大为 4.47m/s，最大流速位于叠梁门顶；相应通仓断面最大流速由 2.23m/s 增大为 3.07m/s。

6.机组甩负荷时水击压力

机组甩负荷时水击压力试验进行了两个试验工况：①945.00m 库水位、放置 4 层叠梁门、机组满发；②975.00m 库水位、放置 8 层叠梁门、机组满发。机组甩负荷时导叶按 9s 均匀关闭。试验结果见表 5.1-20。由表可见，管道和叠梁门所受压力均有不同程度的升高，各层叠梁门所承受的附加水击压力从下至上依次递减，中间墩槽叠梁门所承受附加水击压力大于边墩槽叠梁门；在检修门井和工作门井水面产生较大涌浪。

表 5.1-20　机组甩负荷各压力测点水击压力最大值（库水位 945.00m、流量 691.1m³/s）

测点编号	测点高程 Z_p	初始压力值 P_0	测压管水头 $Z_p+\dfrac{P_0}{r}$	水击压力最大值 P_{max}	测压管水头 $Z_p+\dfrac{P_{max}}{r}$	压力升高值 $P_{max}-P_0$
	m	×9.81kPa	m	×9.81kPa	m	×9.81kPa
1	915.04	30.06	945.10	32.40	947.44	2.3
2	919.12	25.52	944.64	27.79	946.91	2.3
3	923.11	21.22	944.33	23.44	946.55	2.2
5	915.04	30.59	945.63	33.45	948.49	2.9
6	919.06	25.41	944.47	28.02	947.08	2.6
7	923.02	22.05	945.07	24.66	947.68	2.6
8	927.10	17.17	944.27	19.63	946.73	2.5

测点编号	测点高程 Z_p	初始压力值 P_0	测压管水头 $Z_p + \dfrac{P_0}{r}$	水击压力最大值 $P_{\max}$	测压管水头 $Z_p + \dfrac{P_{\max}}{r}$	压力升高值 $P_{\max} - P_0$
	m	×9.81kPa	m	×9.81kPa	m	×9.81kPa
9	915.04	30.94	945.98	33.40	948.44	2.5
10	919.06	26.34	945.40	28.80	947.86	2.5
11	923.02	20.94	943.96	23.41	946.43	2.5
12	927.04	17.55	944.59	19.81	946.85	2.3
13	938.50	4.50	943.00	8.77	947.27	4.3
14	938.50	4.35	942.85	9.32	947.82	5.0
15	913.00	28.93	941.93	36.14	949.14	7.2

注　机组甩负荷后10s模型水库水位上升了约0.6~0.8m（原型值），原型水击压力升高值将低于表中测值。

在死水位945.00m、进口前放置4层叠梁门、机组满发条件下，机组同时甩负荷时，在叠梁门下游面板上所产生的附加水击压力值（指向上游方向，下同）为（2.2~2.9）×9.81kPa，底部叠梁门所承受的附加水击压力大于上部叠梁门；中间墩槽叠梁门所承受的附加水击压力大于边墩槽叠梁门。渐变段末端管道最大压力升高值为7.2×9.81kPa。检修门井瞬时最大水面升高为4.3m，工作门井瞬时最大水面升高为5.0m。机组甩负荷时特征部位的水击压力波动过程如图5.1-31~图5.1-36所示。

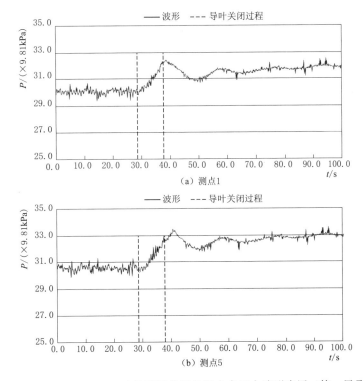

图 5.1-31（一）　945.00m水位下机组甩负荷水击压力波形态图（第一层叠梁门）

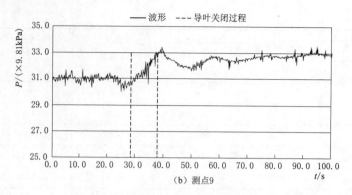

（b）测点9

图 5.1-31（二）　945.00m 水位下机组甩负荷水击压力波形态图（第一层叠梁门）

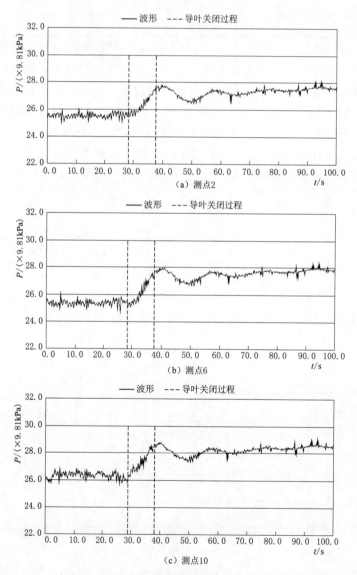

（a）测点2

（b）测点6

（c）测点10

图 5.1-32　945.00m 水位下机组甩负荷水击压力波形态图（第二层叠梁门）

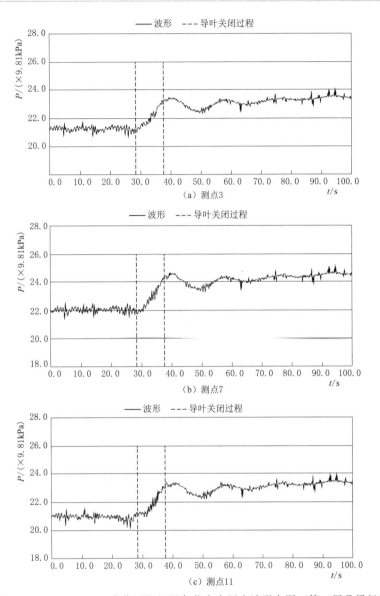

（a）测点3

（b）测点7

（c）测点11

图 5.1-33　945.00m 水位下机组甩负荷水击压力波形态图（第三层叠梁门）

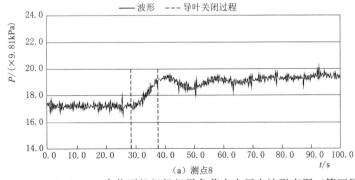

（a）测点8

图 5.1-34（一）　945.00m 水位下机组机组甩负荷水击压力波形态图（第四层叠梁门）

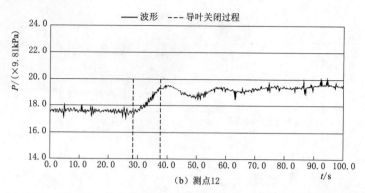

（b）测点12

图 5.1-34（二）　945.00m 水位下机组机组甩负荷水击压力波形态图（第四层叠梁门）

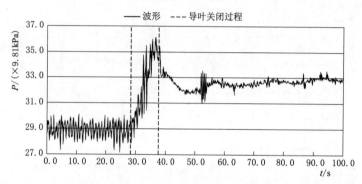

图 5.1-35　945.00m 水位下机组甩负荷水击压力波形态图（渐变段末端）

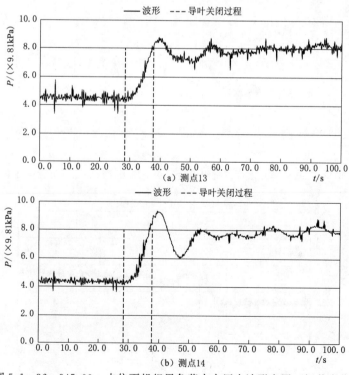

（a）测点13

（b）测点14

图 5.1-36　945.00m 水位下机组甩负荷水击压力波形态图（门井水位）

在正常蓄水位975.00m、进口前放置8层叠梁门、机组满发条件下，机组同时甩负荷时，各压力测点水击压力最大值见表5.1-21。由表可见，在叠梁门下游面板上所产生的附加水击压力值为(2.5～2.9)×9.81kPa，底部叠梁门所承受的附加水击压力大于上部叠梁门；中间墩槽叠梁门所承受的附加水击压力大于边墩槽叠梁门。渐变段末端管道的最大压力增加值为7.8×9.81kPa。检修门井瞬时最大水面升高为4.9m，工作门井瞬时最大水面升高为5.2m。机组甩负荷时特征部位的水击压力波过程线如图5.1-37～图5.1-42所示。

表 5.1-21　机组甩负荷各压力测点水击压力最大值（库水位975.00m、流量691.1m³/s）

测点编号	测点高程 Z_p	初始压力值 P_0	测压管水头 $Z_p+\dfrac{P_0}{r}$	水击压力最大值 P_{max}	测压管水头 $Z_p+\dfrac{P_{max}}{r}$	压力升高值 $P_{max}-P_0$
	m	×9.81kPa	m	×9.81kPa	m	×9.81kPa
1	915.04	60.52	975.56	63.07	978.11	2.6
2	919.12	55.75	974.87	58.21	977.33	2.5
3	923.11	51.49	974.60	53.99	977.10	2.5
5	915.04	60.69	975.73	63.58	978.62	2.9
6	919.06	56.20	975.26	59.00	978.06	2.8
7	923.02	53.05	976.07	55.81	978.83	2.8
8	927.10	47.84	974.94	50.68	977.78	2.8
9	915.04	61.33	976.37	64.27	979.31	2.9
10	919.06	56.55	975.61	59.22	978.28	2.7
11	923.02	51.37	974.39	54.01	977.03	2.6
12	927.04	47.56	974.60	50.20	977.24	2.6
13	938.50	35.50	974.00	40.43	978.93	4.9
14	938.50	34.68	973.18	39.85	978.35	5.2
15	913.00	61.01	974.01	68.78	981.78	7.8

注　机组甩负荷后10s模型水库水位上升约0.6～0.8m（原型值），原型水击压力升高值将低于表中测值。

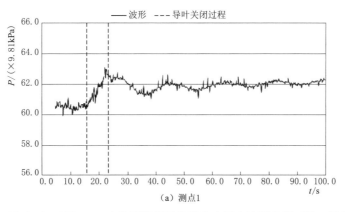

（a）测点1

图 5.1-37（一）　975.00m 水位下机组甩负荷水击压力波形态图（第一层叠梁门）

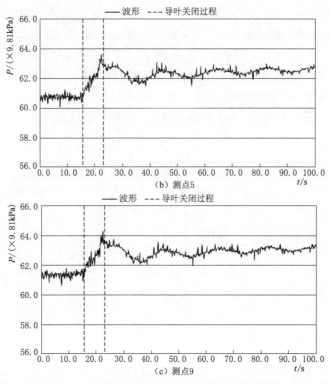

图 5.1－37（二）　975.00m 水位下机组甩负荷水击压力波形态图（第一层叠梁门）

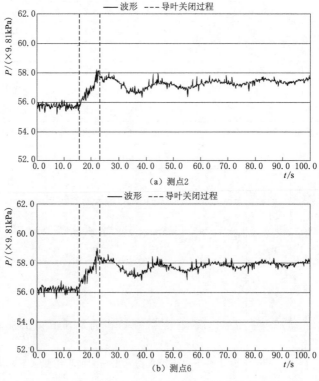

图 5.1－38（一）　975.00m 水位下机组甩负荷水击压力波形态图（第二层叠梁门）

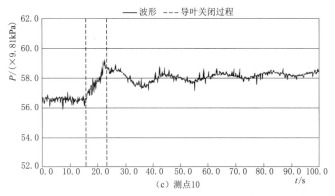

（c）测点10

图 5.1-38（二） 975.00m 水位下机组甩负荷水击压力波形态图（第二层叠梁门）

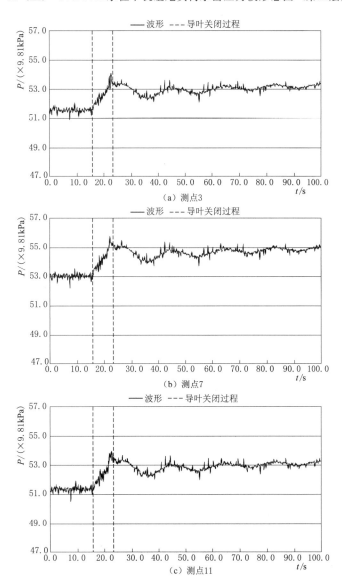

（a）测点3

（b）测点7

（c）测点11

图 5.1-39 975.00m 水位下机组甩负荷水击压力波形态图（第三层叠梁门）

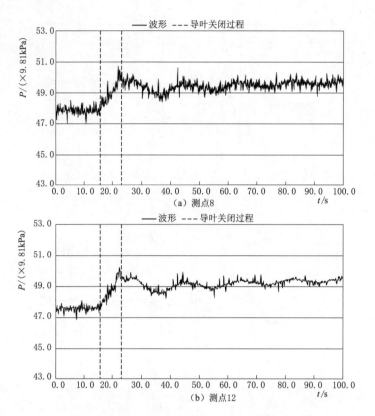

图 5.1-40　975.00m 水位下机组甩负荷水击压力波形态图（第四层叠梁门）

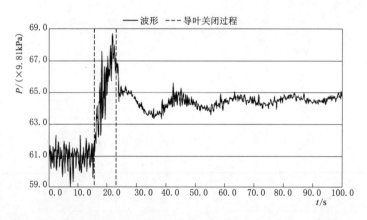

图 5.1-41　975.00m 水位下机组甩负荷水击压力波形态图（渐变段末端）

7. 非额定流量过流试验

非额定流量过流试验主要进行了 2 个试验工况：①945.00m 水位＋机组过流量 665m³/s；②975.00m 水位＋机组过流量 800m³/s。

在水位 945.00m、机组过流量 665m³/s 条件下，放置 4 层叠梁门时，进口未见不利流态，检修门井和工作门井水位波动幅值均为 0.18m，进口段水头损失为 1.19m，损失系数为 0.79，相比额定流量条件，水头损失略低 0.04m。在水位 975.00m、机组过流量

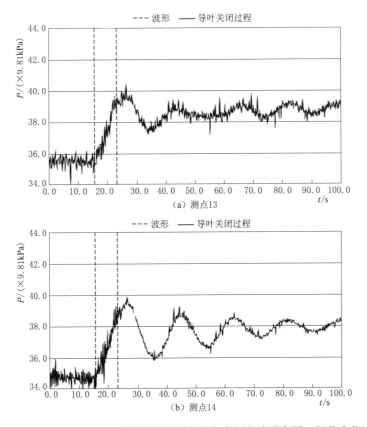

图 5.1-42　975.00m 水位下机组甩负荷水击压力波形态图（门井水位）

800m³/s 条件下，进口前放置 8 层叠梁门时，进口未见不利流态，检修门井和工作门井水位波动幅值为 0.24m 和 0.21m，实测进口段水头损失为 1.78m，损失系数为 0.82；相比额定流量条件，水头损失增加了 0.45m。

在上述两种非额定流量条件下，放置叠梁门后流道的时均压力特性均较正常。在水位 945.00m、机组过流量 665m³/s、4 层门条件下，进口流道段沿程时均压力值较额定流量条件增加 (0.1～0.4)×9.81kPa。在水位 975.00m、机组过流量 800m³/s、8 层门条件下，相比额定流量条件，进口流道段沿程时均压力降低 (0.8～1.8)×9.81kPa。

8. 相邻一侧机组不发电的影响试验

当相邻一侧机组不发电时，进行了 945.00m 水位条件下放置 4 层叠梁门、952.00m 水位条件下放置 5 层叠梁门、975.00m 水位下放置 8 层叠梁门 3 个工况的试验。相邻一侧机组不发电时，部分水流经由不发电一侧机组的拦污栅槽进入通仓段并汇入到发电机组进水口，未发生不利水流流态，进口水头损失相比全部机组发电时降低了 24%～36%。实测相邻一侧机组不发电、945.00m 水位、放置 4 层叠梁门时进口水头损失为 0.94m，相比机组满发时降低了 0.29m；相邻一侧机组不发电、952.00m 水位、放置 5 层叠梁门时进口水头损失为 0.97m，相比机组满发时降低了 0.32m；相邻一侧机组不发电、975.00m 水位、放置 8 层叠梁门时进口水头损失为 0.86m，相比机组满发时降低了 0.47m。

9. 优化方案成果小结

（1）无叠梁门时，死水位 945.00m 运行条件下，进口偶见表面旋涡，涡心未下陷；汛限水位 952.00m 和正常蓄水位 975.00m 条件下，进口水流平静。945.00～975.00m 运行条件下，进口段水头损失为 0.31～0.33m，损失系数为 0.19～0.20，门井波动 0.1m 左右。进水口流道段沿程时均压力均为较大正压，沿程时均压力变化平缓，压力梯度较小。在拦污栅结构体优化布置后，低水位条件下的进口流态明显改善，其他参数与原方案基本一致。

（2）进口前放置叠梁门后，随着叠梁门放置高度的增加，通仓水面紊动加剧，检修门井和工作门井水面波动增大，进入流道气泡逐渐增多。在拦污栅结构体优化布置后，进口流态明显改善，低水位条件下叠梁门最大放置高度亦略有抬高。在 945.00m 条件下，当放置 4 层叠梁门时，联系梁后存在较为明显的水面跌落现象，通仓段水面紊动加剧，可见多个游离状的浅表性旋涡生成，但进水口流道无气泡进入，检修门井和工作门井水面波动幅值达到 0.21～0.27m，进口段水头损失为 1.23m；当放置 5 层叠梁门时，通仓段水面翻滚剧烈，模型侧面观测到阵发性单个气泡进入流道，检修门井和工作门井水面波动幅值达到 0.24～0.33m，进口段水头损失 1.82m。因此，在 945.00m 水位条件下，在进水口前放置 5 层叠梁门时不能满足机组安全运行要求，在进水口前放置 4 层及以下叠梁门时，机组可以正常运行。在 952.00m 条件下，放置 5 层叠梁门时，通仓水面波动略有增加，栅墩后浅表型旋涡出现频次略有增加，持续时间较短，门井水面波动幅值为 0.21～0.24m，进口段水头损失为 1.29m；当增加至 6 层门时，联系梁后存在较为明显的水面跌落现象，通仓水面紊动进一步加剧，偶见单个气泡进入流道，门井水面波动幅值为 0.24～0.27m，进口段水头损失为 1.51m。综合认为，在 952.00m 水位条件下，电站进水口前放置 1～5 层叠梁门均不会产生有害旋涡流态，可满足电站安全运行要求。在 975.00m 条件下，当叠梁门高度增加至 8 层时，通仓段水面波动略微加剧，边孔偶见游离状的浅表型旋涡，旋涡平面尺寸最大约 1.2m，旋涡中心水面凹陷较浅，未见气泡进入流道，门井波动为 0.1m 左右，进口段水头损失为 1.33m。因此，在 975.00m 水位条件下，电站进水口前放置 1～8 层叠梁门均不会产生有害旋涡流态，可满足电站安全运行要求。

（3）电站进水口段总水头损失与叠梁门放置高度成正比关系，与叠梁门顶水深成反比关系。优化拦污栅结构体后，相比原设计方案增加了一层联系梁，各级特征水位下的进水口水头损失均有不同程度的增加。在机组满发、库水位 945.00m 条件下，放置 2～5 层叠梁门的进口水头损失从 0.68 增加至 1.82m，较无叠梁门增加 0.37～1.51m，较原设计方案增加了 0.05～0.32m。在机组满发、库水位 952.00m 条件下，当进口前放置 4～6 层叠梁门时，水头损失达到 1.06～1.51m，较无叠梁门增加 0.74～1.19m，较原设计方案增加了 0.06～0.08m。在机组满发、库水位 975.00m 条件下，当进口前放置 4～8 层叠梁门时，水头损失达到 1.01～1.33m，较无叠梁门增加 0.67～0.99m，较原设计方案增加了 0.17～0.19m。

（4）进口前放置叠梁门后，流道段沿程时均压力仍为较大正压，沿程压力变化平缓，压力梯度较小。相比无叠梁门，进口流道沿程压力均有不同程度的降低，叠梁门放置越多，流道内的时均压力值越小，顶中心线上进口至工作门槽段的时均压力降低值较大。在 975.00m

库水位、放置 8 层叠梁门条件下，进口流道沿程压力降低了 (0.6～2.1)×9.81kPa。

(5) 进口前放置叠梁门后，引渠表面流速略有增大，叠梁门断面由于过流面积减小流速明显增加，最大流速位于叠梁门顶附近。通仓断面水流经叠梁门后竖直通道进入进水口，流向由水平向改为竖直向，流速明显增大。在库水位 945.00m、放置 4 层叠梁门条件下，叠梁门断面平均流速由未放置叠梁门时的 0.98m/s 增大至 2.41m/s，最大流速由 2.37m/s 增大为 4.64m/s，相应通仓最大流速由 2.95m/s 增大为 4.67m/s。在库水位 975.00m、放置 8 层叠梁门条件下，叠梁门断面平均流速由未放置叠梁门时的 0.57m/s 增大至 1.09m/s，最大流速由 1.95m/s 增大为 4.47m/s，通仓断面最大流速由 2.23m/s 增大为 3.07m/s。

(6) 机组甩负荷时，管道和叠梁门所受压力均有不同程度的升高，各层叠梁门所承受的附加水击压力从下至上依次递减，拦污栅中间墩槽叠梁门所承受附加水击压力大于边墩槽叠梁门，在检修门井和工作门井水面产生较大涌浪。在死水位 945.00m、进口前放置 4 层叠梁门、机组满发以及正常蓄水位 975.00m、进口前放置 8 层叠梁门、机组满发条件下，机组全部甩负荷时，在叠梁门下游面板上所产生的附加水击压力值为 (2.2～2.9)×9.81kPa，渐变段末端管道因机组甩负荷所增加的压力为 (7.2～7.8)×9.81kPa，检修门井瞬时最大水面升高为 4.3～4.9m，工作门井瞬时最大水面升高为 5.0～5.2m。

(7) 在库水位 945.00m、机组过流量 665m³/s 条件下，无叠梁门时，进口流态、进口段水头损失及门井水位波动等与额定流量条件下相当；放置 4 层叠梁门时，进口段水头损失相比额定流量条件水头损失略低 0.04m，进口流道段沿程时均压力值较额定流量条件增加 (0.1～0.3)×9.81kPa。在库水位 975.00m、机组过流量 800m³/s 条件下，无叠梁门时，进口未见不利流态，进口段水头损失为 0.47m，比额定流量的水头损失增加了 0.13m；放置 8 层叠梁门时，进口段水头损失为 1.78m，比额定流量的水头损失增加了 0.45m，进口流道段沿程时均压力比额定流量时降低 (0.5～1.4)×9.81kPa。

(8) 相邻一侧机组不发电时，无叠梁门时，引渠流速降低，部分水流经由相邻一侧未发电机组的拦污栅结构体汇入发电机组进水口，进口表面未见不利水流流态，进口水头损失与较机组满发时基本相当。在进口放置叠梁门条件下，进口段仍未发生不利水流流态，进口水头损失相比机组满发时降低了 24%～36%。

5.1.2.6 结论

(1) 在原设计方案下，无叠梁门时，死水位 945.00m 条件下电站进水口出现阵发性贯通立轴旋涡，偶见气泡进行流道；汛限水位 952.00m 和正常蓄水位 975.00m 条件下，进口水流平稳，偶见表面旋涡，涡心未下陷。为解决低水位条件下的进口旋涡问题，对拦污栅结构体支撑梁及联系梁等进行了优化布置，低水位条件下的进口流态得到明显改善。在拦污栅结构体优化后，无叠梁门时，死水位 945.00m 运行条件下，进口偶见表面旋涡，涡心未下陷，汛限水位 952.00m 和正常蓄水位 975.00m 条件下，进口水流平顺。

(2) 拦污栅结构体优化后，进口流态明显改善，低水位条件下叠梁门最大放置高度亦略有抬高。综合电站进水口表面流态、流道气泡、门井水位波动以及进口段水头损失后认为，945.00m 水位条件下进水口前放置 1～4 层叠梁门，952.00m 水位条件下放置 1～5 层叠梁门，975.00m 水位条件下放置 1～8 层叠梁门，其进口均不会产生有害旋涡流态，可满足电站安全运行要求。

(3) 进水口段总水头损失与叠梁门放置层数呈正比关系。在相同库水位及相同叠梁门放置条件下，进水口段水头损失还与机组运行台数呈正比关系。优化拦污栅结构体后，相比原设计方案增加了一层联系梁，各级特征水位下的进水口水头损失较原设计方案均有不同程度的增加。

(4) 对拦污栅结构体优化后详细施测了进口段流速分布、门井水位波动、流道内沿程时均压力、机组全部甩负荷时各测点水击压力等各参数的情况，均满足规范要求。

综上，推荐采用拦污栅结构体优化布置方案。

5.1.3 数值模拟研究

5.1.3.1 研究方法、内容和试验条件

1. 研究方法

本书采用三维 RNG $k-\varepsilon$ 紊流数学模型，模拟计算不同运行条件下的电站进水口流场分布。

为使计算模型边界条件与实际工程边界条件尽可能一致，确保计算成果的可靠性，以2个进水口为研究对象，采用数值模拟技术，研究分层取水进水口的流场信息。研究分两个阶段进行：第一阶段选取典型工况分别对支撑梁采用全梁方案、梁板结合方案及喇叭进口体型优化方案进行数值计算，将计算得到的流场信息进行对比，根据对比结果，分析确定较优的体型方案；第二阶段对推荐方案进行系统计算分析验证。

2. 研究内容

(1) 原设计支撑梁全梁方案与梁板结合方案计算对比。

1) 不放置叠梁门条件下，电站进水口水力特性研究。计算特征库水位不放置叠梁门条件下进水口段水力特性、进水口段（拦污栅—渐变段末端）的水头损失；对两方案计算结果对比分析，确定较优方案。

2) 机组正常运行时放置叠梁门后，电站进水口水力特性研究。结合物理模型试验成果，研究特征库水位、满足进口流态的最小淹没水深时（对应叠梁门最大放置高度）电站进水口水力特性及进口段水头损失。

3) 由计算结果分析进水口体型设计的合理性，根据需要优化进口体型结构，并对优化后的方案再次进行计算验证，给出推荐体型方案。

(2) 对推荐体型方案进行系统计算分析。

1) 结合物理模型试验，在特征库水位对应最大叠梁门放置高度工况下，计算其进水口水力特性及水头损失值。

2) 计算部分机组发电时，发电机组进水口水力特性及水头损失值。

3. 试验条件

数学模型不考虑实际地形的影响，电站进水口上下游模拟范围需满足水力学试验要求，充分模拟出上游进口及下游管道内水力特性。试验条件如下：

死水位 945.00m；

防洪限制水位 952.00m；

正常蓄水位 975.00m；

水轮机额定流量 $Q_r = 691.1\text{m}^3/\text{s}$。

5.1.3.2　数学模型构建

1. 控制方程

采用三维 RNG k-ε 紊流数学模型模拟电站进水口水流流场，模型所用的控制方程如下。

连续方程：
$$\frac{\partial \rho u_i}{\partial x_i} = 0 \qquad (5.1-3)$$

动量方程：
$$\frac{\partial(\rho u_i)}{\partial t} + \frac{\partial}{\partial x_j}(\rho u_i u_j) = f_i - \frac{\partial p}{\partial x_i} + \frac{\partial}{\partial x_j}\left[(\mu + \mu_t)\left(\frac{\partial u_i}{\partial x_j} + \frac{\partial u_j}{\partial x_i}\right)\right] \qquad (5.1-4)$$

k 方程：
$$\rho \frac{\mathrm{d}k}{\mathrm{d}t} = \frac{\partial}{\partial x_i}\left[(\alpha_k \mu_{eff})\frac{\partial \kappa}{\partial x_i}\right] + G_\kappa + G_b - \rho\varepsilon - Y_M \qquad (5.1-5)$$

ε 方程：
$$\rho \frac{\mathrm{d}\varepsilon}{\mathrm{d}t} = \frac{\partial}{\partial x_i}\left[(\alpha_\varepsilon \mu_{eff})\frac{\partial \varepsilon}{\partial x_i}\right] + C_{1\varepsilon}\frac{\varepsilon}{\kappa}(G_k + C_{3\varepsilon}G_b) - C_{2\varepsilon}\rho\frac{\varepsilon^2}{\kappa} - R \qquad (5.1-6)$$

式中：t 为时间；u_i、u_j、x_i、x_j 分别为速度分量与坐标分量；μ、μ_t 分别为运动黏性系数与紊动黏性系数，$\mu_t = \rho C_u \kappa^2/\varepsilon$；$\rho$ 为修正压力；f_i 为质量力；G_κ 为平均速度梯度引起的湍动能产生；G_b 为由于浮力影响引起的湍动能产生；Y_M 为可压缩湍流脉动膨胀对总的耗散率影响。

自由面采用 VOF 方法进行处理，令函数 $\alpha_w(x, y, z, t)$ 与 $\alpha_a(x, y, z, t)$ 分别代表控制体积内水、气所占的体积分数。在每个单元中，水、气体积分数之和为 1，即
$$\alpha_w + \alpha_a = 1 \qquad (5.1-7)$$

对于单个控制体积，存在三种情况：$\alpha_w = 1$ 表示该单元完全被水充满；$\alpha_w = 0$ 表示该单元完全被气充满；$0 < \alpha_w < 1$ 表示该单元部分为水，部分为气，并且存在水、气交接面。显然，自由面问题为第三种情况。水的体积分数 α_w 的梯度可以用来确定自由面的法线方向。计算出各单元的 α_w 值及梯度之后，就可以确定各单元中自由边界的近似位置。

水的体积分数 α_w 的控制方程为
$$\frac{\partial \alpha_w}{\partial t} + u_i \frac{\partial \alpha_w}{\partial x_i} = 0 \qquad (5.1-8)$$

式中符号含义同式（5.1-3）～式（5.1-7）。水气界面的跟踪通过求解该连续方程完成。

2. 数值方法

将控制方程式（5.1-3）～式（5.1-8）写为通用格式：
$$\frac{\partial(\rho \Phi)}{\partial t} + \nabla \cdot (\rho U \Phi) = \nabla \cdot (\Gamma_\Phi \nabla \Phi) + S_\Phi \qquad (5.1-9)$$

式中：Φ 为通用变量，如速度 u_i、紊动动能 κ、耗散动能 ε；U 为速度矢量；Γ_Φ 为通用变量 Φ 的扩散系数；S_Φ 为方程源项。

令 $F(\Phi) = \rho U \Phi - \Gamma_\Phi \nabla \Phi$，对方程（5.1-9）在单元控制体（$\Delta V$）上进行积分，利用高斯定理将体积分化为单元面（$A$）积分，得

$$\frac{\partial}{\partial t}\int_{\Delta V}\rho\Phi\,\mathrm{d}V=\oiint_{A}F(\Phi)\vec{n}\,\mathrm{d}A+\int_{\Delta V}S_{\Phi}\,\mathrm{d}V \qquad (5.1-10)$$

式中：$\vec{n}$ 为单元面外法向矢量。

对通用变量在控制体上取平均，则方程式（5.1-10）变为

$$\frac{\Delta\Phi}{\Delta t}=-\frac{1}{\Delta V}\sum_{j=1}^{m}F_{j}(\Phi)A_{j}+\overline{S}_{\Phi} \qquad (5.1-11)$$

式中：m 为单元控制体的单元面总数；A_{j} 为单元面 j 的面积；$\overline{S}_{\Phi}$ 为单元控制体的源项平均值；$F_{j}(\Phi)A_{j}$ 为单元面的法向通量，包括对流通量与扩散通量。

3. 模拟范围

右岸机组单塔前沿宽度较左岸要窄，同时右岸 7 号机渐变段后水平段较其他机组短，因此右岸 7 号机进口流态及有压段压力特性可能较其他机组差，故数模选择右岸 7 号机作为研究对象。

正常蓄水位 975.00m、2 台机各引用流量 691.1m³/s 工况下的模拟范围及模型示意图分别如图 5.1-43、图 5.1-44 所示。沿水流方向，库区段长度 100m（桩号 0-100～0+000，定义拦污栅进口断面桩号为 0+000）；进水口段长度 33.0m（桩号 0+000～0+033.0），包括拦污栅、通仓、喇叭口和闸门槽段；方变圆段 12.5m（桩号 0+033.0～0+035.5）；压力管道段长度 105.5m。顺水流模拟总长度 251.0m。

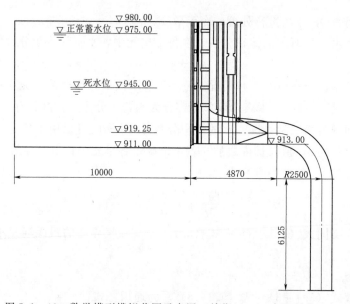

图 5.1-43　数学模型模拟范围示意图（单位：cm；高程单位：m）

平面上垂直水流方向，模拟的水库宽度为 2 个进水口前缘总宽，为 68m；拦污栅段孔口净宽 48.0m，拦污栅门槽尺寸 0.6m×0.3m（宽×深），叠梁门门槽尺寸 0.6m×0.3m（宽×深），其间有诸多纵横联系梁支撑；喇叭口顶轮廓曲线采用椭圆弧、两侧采用双心圆弧曲线、底部采用直线，检修闸门槽尺寸为 2.2m×1.0m，工作闸门槽尺寸为 1.8m×1.0m（宽×深），喇叭口出口尺寸 9.0m×14.5m（宽×深）。

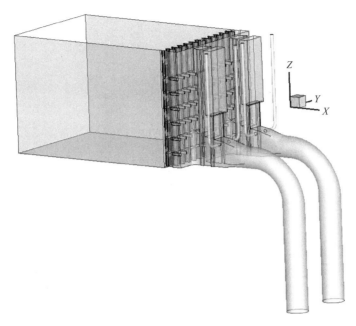

图 5.1-44　数学模型示意图

沿水深方向，库区段至通仓段高程均为 911.00～980.00m；流道段高程：喇叭口段为 913.00～935.88m；门井段为 913.00～980.00m，渐变段与圆管段为 833.75～927.50m。

4. 网格划分及边界条件

（1）网格划分。为保证计算结果的精度，尽可能将网格划分细密，同时为使计算收敛性更好，计算区域全部采用六面体结构化网格进行划分。网格总数 220 万个左右。局部计算网格示意如图 5.1-45 所示。

（2）边界条件。已知库水位，可沿水深方向转化为三角形压力分布赋予进口边界上；管道出口边界根据引用流量和管道断面积，设定为流速出口；空气边界为大气压力边界；其他均做固壁边界处理，固壁边界规定为无滑移边界条件。

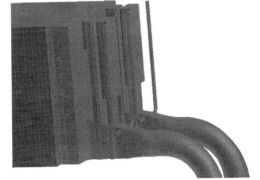

图 5.1-45　数学模型网格划分示意图

5.1.3.3　进水口体型方案比选计算成果

本节首先对原设计方案的支撑梁为全梁方案（附图 5.1-1、附图 5.1-2）及支撑梁为梁板结合方案（在全梁结构基础上，将 946.00～968.20m 高程区间支撑梁连为整体成板式结构）进行计算分析，确定较优方案，同时判断进口体型设计的合理性，必要时进行优化。

1. 原设计方案计算成果

定义拦污栅墩进口断面为 0+00 桩号，则数模选取图 5.1-46 中 0-30、0-20、0-10、0+01.1（拦污栅槽断面）、0+08.95（通仓中断面）、沿机组管道中心线横剖面及纵剖面共 7 个断面流场信息进行全梁方案与梁板结合方案对比分析。

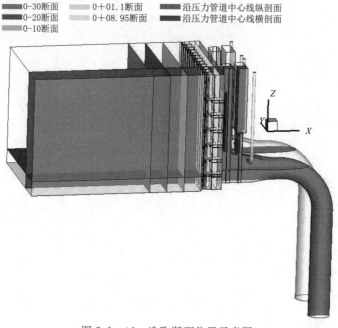

图 5.1 - 46　选取断面位置示意图

（1）库水位 975.00m、不放置叠梁门、机组满发。在该工况下，原设计两组方案各剖面水力参数对比如图 5.1 - 47 所示。

支撑梁为全梁方案：由图 5.1 - 47（a）～（c）可见，拦污栅前水库中各剖面流速均较小，为 0.3～0.5m/s；各剖面底流速均大于表流速，并随着水流向拦污栅墩靠近，底流速呈逐渐增大趋势，且底部大流速分布范围增大。如图 5.1 - 47（d）可见，拦污栅槽剖面 6 个栅孔对称进流，中间 4 孔流速稍大于两边孔流速，中间 4 孔较大流速值为 1.0～1.8m/s，位于 913.00～933.50m 高程区间，且该 4 孔在 938.00m 高程以上流速显著减小；联系梁附近流速明显减小。由图 5.1 - 47（e）可见，水流到达通仓后迅速往喇叭口汇集，因此，通仓剖面大流速集中在喇叭进口区域，最大流速值为 2.4m/s，位于 915.30m 高程处；喇叭口区域外流速显著减小，支撑梁处由于边界变化使其附近流速更小，2 个机组相邻区域流速值也很小，几乎无水流流动。由图 5.1 - 47（f）可见，沿进口段压力管道中心线横剖面图可看出，水流平稳地从水库流向拦污栅，进入拦污栅墩进口时流线弯曲向压力进口汇集，在检修门槽和事故门槽里形成小尺寸立轴旋涡；水流在流向压力进口过程中流速逐渐增大，通仓里靠近喇叭进口区域流速较大，而边墩后流速明显要小；进入压力管道后随着过流面积减小，流速逐渐增大。由图 5.1 - 47（g）可见，沿压力管道中心纵剖面图可看出，水流平顺自水库向压力进口汇集，靠近进口时流线弯曲进入喇叭进口，越靠近表面流体其弯曲程度越大；在压力管道转弯段后，受离心力作用，主流贴近压力管外壁；该剖面流速分布则表明，喇叭进口前一段距离底流速较表流速要大，在汇入压力管道过程中，流速呈逐渐增加趋势，而联系梁后流速明显减小；进入压力管道后过流面积减小，流速沿程增加；在转弯段后水流贴着压力管外壁下泄，使靠近外壁流速较内壁流速大。

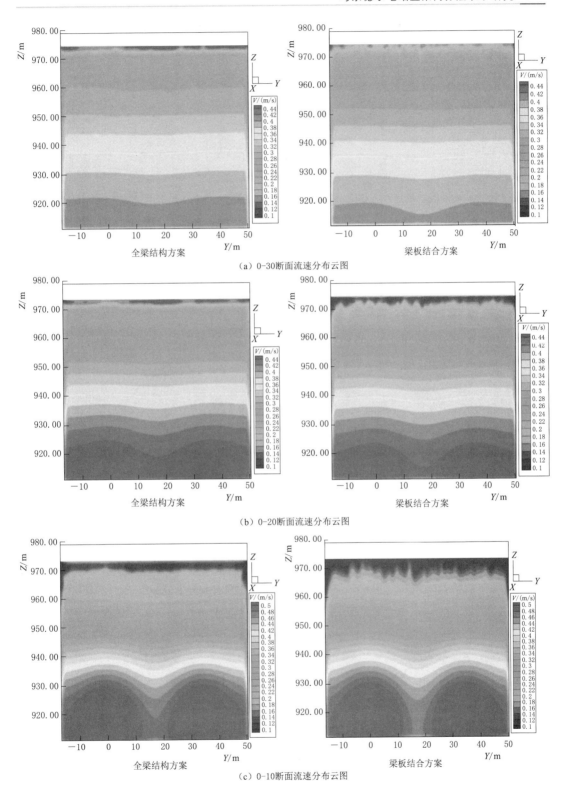

(a) 0-30断面流速分布云图

(b) 0-20断面流速分布云图

(c) 0-10断面流速分布云图

图 5.1-47（一） 975m 水位、不放置叠梁门、机组满发工况水力参数对比图

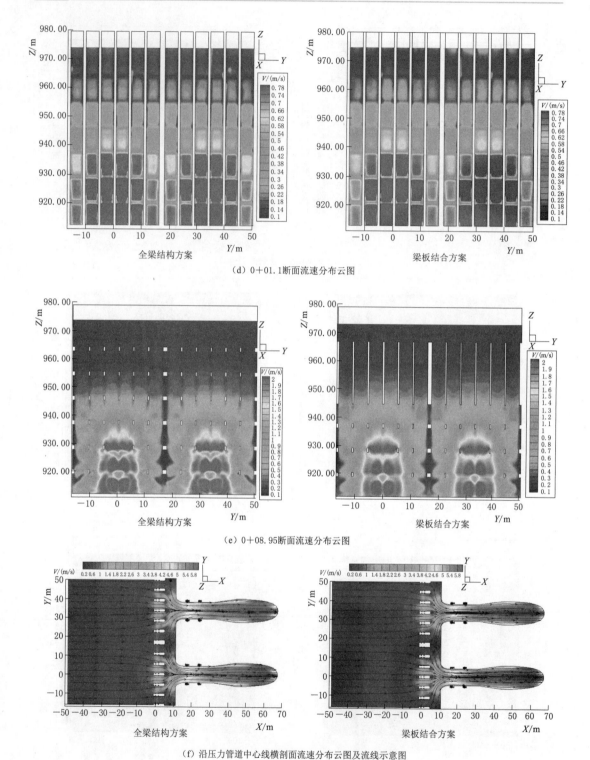

（d）0+01.1断面流速分布云图

（e）0+08.95断面流速分布云图

（f）沿压力管道中心线横剖面流速分布云图及流线示意图

图 5.1-47（二）　975m 水位、不放置叠梁门、机组满发工况水力参数对比图

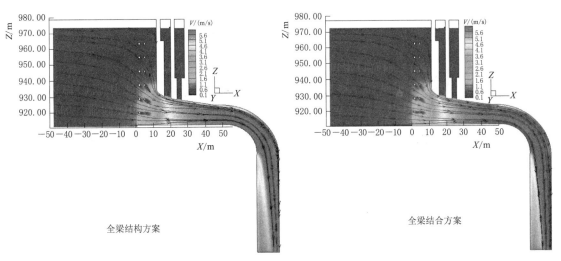

（g）沿压力管道中心线纵剖面流速分布云图及流线示意图

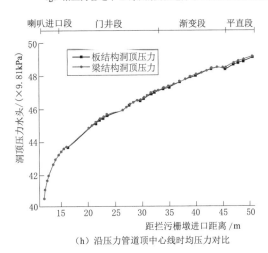

（h）沿压力管道顶中心线时均压力对比

图 5.1-47（三）　975m 水位、不放置叠梁门、机组满发工况水力参数对比图

支撑梁为梁板结合方案：未放置叠梁门时，大流速靠近底部，因此，该方案的板结构对流场影响较小，故图 5.1-47 中支撑梁为梁板结合方案各断面流速分布图及流线示意图与支撑梁为全梁方案无明显差别，流速分布规律及最大值和最大值所处高程一致。

图 5.1-47（h）为两方案沿压力管道顶中心线上时均压力对比图。由图可见，两方案时均压力分布规律一致，梁板结合方案压力值较全梁方案略小，但仅有 0.2% 的差别。

（2）库水位 945.00m、不放置叠梁门、机组满发。在库水位 945.00m 时，支撑梁为梁板结合方案的板结构位于水面以上，其水流特性与全梁方案完全一样，因此，本小节仅对全梁方案各剖面流场进行分析。该工况下，各剖面水力参数如图 5.1-48 所示。

由图 5.1-48（a）～（c）拦污栅前 3 个断面流速分布可知，水库中流速为 0.5～0.7m/s，大流速靠近库底；随着水流流向拦污栅进口，流速分布不均匀性增加，越靠近拦污栅进

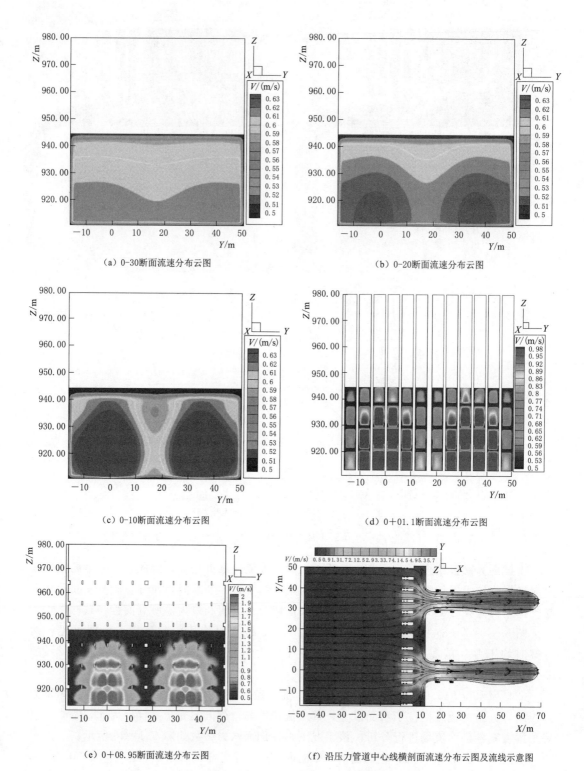

（a）0-30断面流速分布云图　　　　　　　　（b）0-20断面流速分布云图

（c）0-10断面流速分布云图　　　　　　　　（d）0+01.1断面流速分布云图

（e）0+08.95断面流速分布云图　　　　　（f）沿压力管道中心线横剖面流速分布云图及流线示意图

图 5.1-48（一）　945.00m 水位、不放置叠梁门，机组满发工况水力参数对比图

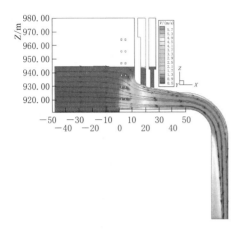

（g）沿压力管道中心线纵剖面流速分布云图及流线示意图

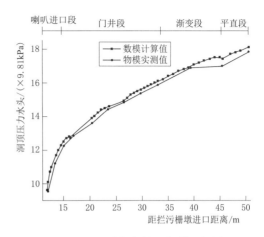

（h）沿压力管道顶中心线时均压力分布

图 5.1-48（二） 945.00m 水位、不放置叠梁门，机组满发工况水力参数对比图

口大流速越集中在两机组进水孔中心区域。由图 5.1-48（d）可见，水流进入拦污栅时，每个进水口的 6 个栅孔对称进流，中间栅孔流速稍大于边孔流速，其中中间栅孔较大流速值为 1.6～1.9m/s，边孔较大流速值为 0.8～1.3m/s，均位于 913.00～923.00m 高程区间。由图 5.1-48（e）可见，通仓剖面水流大流速集中现象更加显著，喇叭进口区域的流速值明显较四周流速大，最大流速值为 2.4m/s，位于 916.40m 高程处；喇叭口区域外流速均较小。由图 5.1-48（f），沿进口段压力管道中心线横剖面图可看出，水流由水库平顺地流向拦污栅，流向拦污栅过程中流线逐渐弯曲并汇向压力进口，检修门槽和事故门槽内有小立轴旋涡形成；在拦污栅墩前一段距离内，该剖面靠近中间栅孔的流速明显增大；进入拦污栅墩后由于过流面积减小流速继续增大，边孔流速始终小于中间栅孔流速；两相邻进水口边墩后流速较小；进入压力管道后过流面积继续减小，流速相应逐渐增大，并趋于相对均匀。由图 5.1-48（g），沿压力管道中心纵剖面流速及流线图可看出，水流自水库平顺地向压力进口汇集，流向拦污栅时流线弯曲进入压力进口，该工况库水位相对较低，表面水体流线弯曲程度相对要小；在压力管道转弯段后，仍然受离心力作用，主流贴近压力管外壁；该剖面上，拦污栅进口前一段距离底流速较表流速要大，在汇入压力管道过程中，流速呈逐渐增加趋势，联系梁后流速明显减小；进入压力管道后过流面积减小，流速沿程增加；在转弯段后水流贴着压力管外壁下泄，使靠近外壁流速较内壁流速大。

图 5.1-48（h）为该工况下数模计算洞顶时均压力与物模实测值对比图。由图可见，数模计算值与物模实测值压力分布规律一致，误差不超过 5%；时均压力沿程呈递增趋势，喇叭口段增加速率较大，随后增加稍平缓；在渐变段末端，时均压力略有减小，之后继续增大。

（3）两组方案水头损失。对 0-30 桩号断面（拦污栅墩前 30m）及 0+50.6 桩号断面（压力管平直段末）列能量方程：

$$H + \frac{\alpha_0 v_0^2}{2g} = Z + \frac{P}{\rho g} + \frac{\alpha_1 v_1^2}{2g} + h_w \qquad (5.1-12)$$

式中：H 为库水位，m；Z 为测点的相对高差，m；$\dfrac{P}{\rho g}$ 为测点压强所产生的水头，m；α_0、α_1 为流速不均匀系数，取 1.0；v_0、v_1 分别为两断面的平均流速，m/s；h_w 为两断面之间的水头损失（包括局部和沿程水头损失），m。

数模计算两特征工况下两组方案对应的水头损失见表 5.1 - 22。计算结果表明，支撑梁为全梁方案的进水口段水头损失值较梁板结合方案略小。

表 5.1 - 22　　　　　　　　　两特征工况下水头损失

计算工况及支撑梁方案		975.00m 水位、无叠梁门		945.00m 水位、无叠梁门	
		全梁方案	梁板结合方案	全梁方案	梁板结合方案
水头损失值/m	数模计算	0.31	0.35	0.33	0.33
	物模实测	0.33	—	0.31	—

2. 喇叭进口曲线形式探讨

物理模型试验发现在库水位 945.00m、不放置叠梁门、机组满发工况下，通仓内有间歇吸气性立轴旋涡，偶见个别气泡进入压力管道。因此，为了改善进口流态，借鉴白鹤滩电站进水口体型曲线，在支撑梁为全梁方案基础上将喇叭口上缘椭圆弧曲线修改为双圆弧曲线，同时减小曲线后直线段坡比，将底部直线修改为双圆弧曲线，修改后的喇叭口体型如图 5.1 - 49 所示（图中加粗部分表示修改后顶缘及底缘曲线，虚线部分表示原方案进口曲线）。

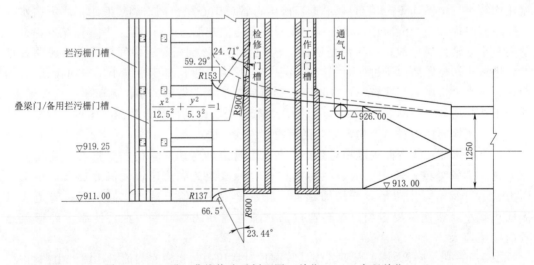

图 5.1 - 49　进口曲线修改后剖面图（单位：cm；高程单位：m）

选取库水位 945.00m、不放置叠梁门、机组满发工况来对该方案进行数值计算，提取各断面流速分布及流线如图 5.1 - 50 所示。

由图 5.1 - 50 中（a）～（c）拦污栅墩前 3 个剖面流速分布图知，各剖面流速分布不均匀性较原方案略大，库底流速大于表流速，流速范围为 0.5～0.8m/s；水流在流向拦污栅墩过程中，流速分布不均匀性增加，底流速逐渐增大，表面小流速分布范围增加。由图 5.1 - 50 （d）可见，拦污栅槽剖面水流，大流速同样靠近底部，分布于 911.00～934.00m

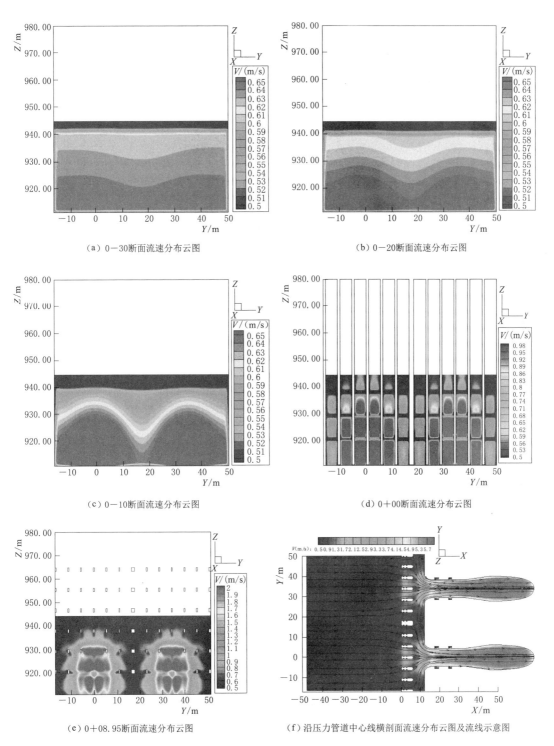

（a）0－30断面流速分布云图

（b）0－20断面流速分布云图

（c）0－10断面流速分布云图

（d）0＋00断面流速分布云图

（e）0＋08.95断面流速分布云图

（f）沿压力管道中心线横剖面流速分布云图及流线示意图

图5.1－50（一）　探索方案各断面流速分布、流线示意图及洞顶压力分布图

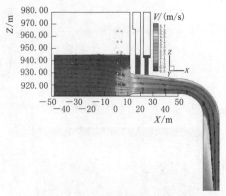

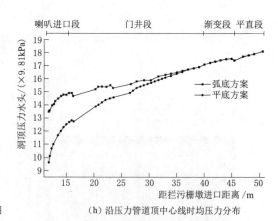

（g）沿压力管道中心线纵剖面流速分布云图及流线示意图　　　（h）沿压力管道顶中心线时均压力分布

图 5.1-50（二）　探索方案各断面流速分布、流线示意图及洞顶压力分布图

高程区间；边孔流速较中间栅孔流速要小，中、边栅孔较大流速值与原方案基本一样，中间栅孔为 1.0～1.8m/s，边孔为 0.8～1.2m/s，但大流速分布所处高程位置较原方案要低。由图 5.1-50（e）可见，通仓剖面大流速仍然分布于压力进口区域；由于压力，进口底部曲线修改为双圆弧，使该断面 912.00m 高程以下流速略小；最大流速值仍为 2.4m/s，位于高程 916.00～923.00m 区间。由图 5.1-50（f）可见，沿压力管道中心横剖面图中流线与原方案基本一致；压力进口前流速分布与原方案无较大差别，进入压力进口后由于该方案较原方案压力进口段过流面积减小，因此，在喇叭进口至渐变段前流速较原方案略大。由图 5.1-50（g）可见，该断面与原方案存在的异同与图 5.1-50（f）一样，喇叭进口至渐变段前流速略大。

图 5.1-50（h）为该方案与原方案洞顶压力分布曲线对比。可见该方案在喇叭进口段至渐变段前由于洞顶高程压低，洞顶压力随之增大；此后，压力分布恢复与原方案一致。

计算提取在该工况下的进口段水头损失为 0.37m，较原方案增大了 12%。

综合来看，喇叭进口曲线段修改方案并不比原方案进口曲线体型更优。

3. 分层取水计算成果

以下在原设计全梁方案基础上进行了正常蓄水位 975.00m 条件下放置叠梁门的流场计算分析。

（1）放置 8 层叠梁门。放置 8 层叠梁门时，门顶高程为 945.00m，门顶以上淹没水深 30m。

图 5.1-51 为放置 8 层叠梁门时，各剖面流速分布、流线示意图及洞顶压力分布图。由图 5.1-51（a）～（c）中水库中剖面流速分布可见，随着水流流向拦污栅墩，表流速逐渐增大，底流速则逐渐减小。由图 5.1-51（d）可见，水流在拦污栅槽时，6 个栅孔进流基本一致，高程 943.00～957.00m 区间为大流速集中分布区，最大流速值 2.2m/s，位于 948.50m 高程处；920.00m 高程以下，由于叠梁门阻挡，水流几乎处于静止状态。由图 5.1-51（e）可见，通仓剖面流速分布不均匀性增加；高程 930.00～946.00m 区域流速值较大，最大流速为 5.1m/s，位于 932.40m 高程处；靠近底部过流面积增大，流速有

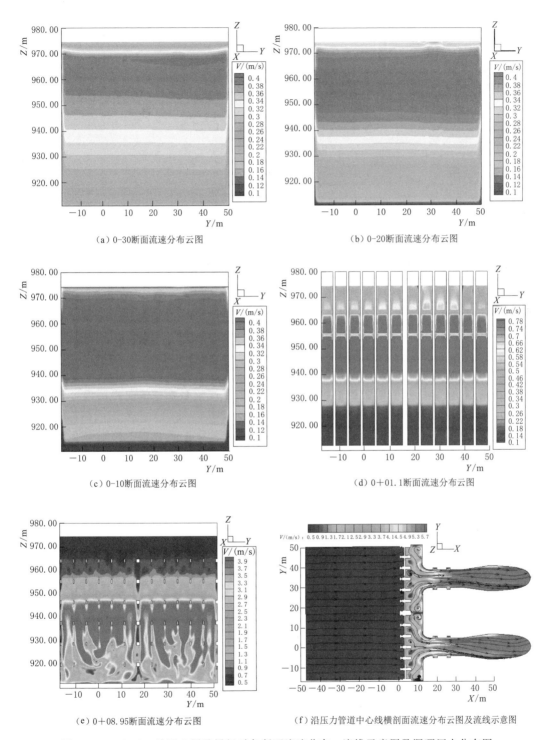

（a）0-30断面流速分布云图　　　　　　　（b）0-20断面流速分布云图

（c）0-10断面流速分布云图　　　　　　　（d）0+01.1断面流速分布云图

（e）0+08.95断面流速分布云图　　　　　（f）沿压力管道中心线横剖面流速分布云图及流线示意图

图 5.1-51（一）　放置 8 层叠梁门时各断面流速分布、流线示意图及洞顶压力分布图

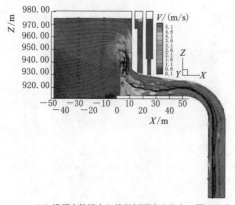
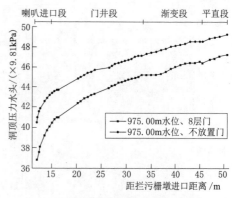

（g）沿压力管道中心线纵剖面流速分布云图及流线示意图　　（h）沿压力管道顶中心线时均压力分布

图 5.1 - 51（二）　放置 8 层叠梁门时各断面流速分布、流线示意图及洞顶压力分布图

所减小；在两个进水口的分界面附近，流速值一般较小。由图 5.1 - 51（f），沿压力管道中心横剖面图可见，水库里流线非常平顺；在拦污栅段，由于叠梁门阻挡使水流在门前形成小立轴旋涡；绕过叠梁门的下泄水体在靠近门壁也形成许多小立轴旋涡；通仓里流线非常紊乱，进入压力管道后摆动仍然剧烈，在门槽里有小立轴旋涡形成；从流速分布可见，在该高程剖面，叠梁门前流速均较小；通仓里流速增大，同时其分布不均匀性也增加；进入压力管道后，过流面积减小，流速相应增大，同时，管内流速调整相对均匀。由图 5.1 - 51（g）可见，沿压力管道中心纵剖面图水库里流线较平顺；流向拦污栅过程中临底水流部分流线上挑绕过叠梁门顶下泄，部分水流则在叠梁门前的引渠底形成横轴旋涡；绕过叠梁门顶的水流流线近乎弯曲 90°后紧贴进水口上游挡墙向下流动，而靠近叠梁门后壁的水流则形成众多横轴旋涡；下泄水流在压力进口处，部分流线再次弯曲 90°直接进入压力管道，另一部分水流则在进口底部旋滚后进入压力管道；流速分布云图表明，叠梁门前 50m 范围的水流表流速大于底流速，有利于实现水库表层水体下泄；叠梁门顶上过流面积减小，门顶上方流速显著增大，最大流速值为 2.8m/s，位于 945.10m 高程（门顶高程 945.00m）；通仓断面下泄水流贴近进水口上游挡墙下泄，使靠近挡墙的水流流速明显大于靠近叠梁门的流速；进入压力管道后随着过流面积减小流速逐渐增大，并调整相对均匀。

图 5.1 - 51（h）为进水口段放置 8 层叠梁门与不放置叠梁门时的洞顶压力分布对比图。可见，放置叠梁门后洞顶压力值较不放置叠梁门时减小（2～4）×9.81kPa，但洞顶压力仍然大于 40×9.81kPa，沿程洞顶压力呈递增趋势，无较大压力梯度变化。

（2）放置 6 层叠梁门。放置 6 层叠梁门时门顶高程为 937.00m，门顶以上淹没水深 38m。图 5.1 - 52 为放置 6 层叠梁门时，各剖面流速分布、流线示意图及洞顶压力分布图。

由图 5.1 - 52（a）～（c）可见，栅墩前 30m 水库各剖面大流速分布于中层，表、底流速相对要小，并且越靠近叠梁门，表、底流速越小，中部流速越大。由图 5.1 - 52（d）可见，拦污栅槽剖面，每个进水口 6 个栅孔进流基本一致，大流速集中于 934.00～952.00m 高

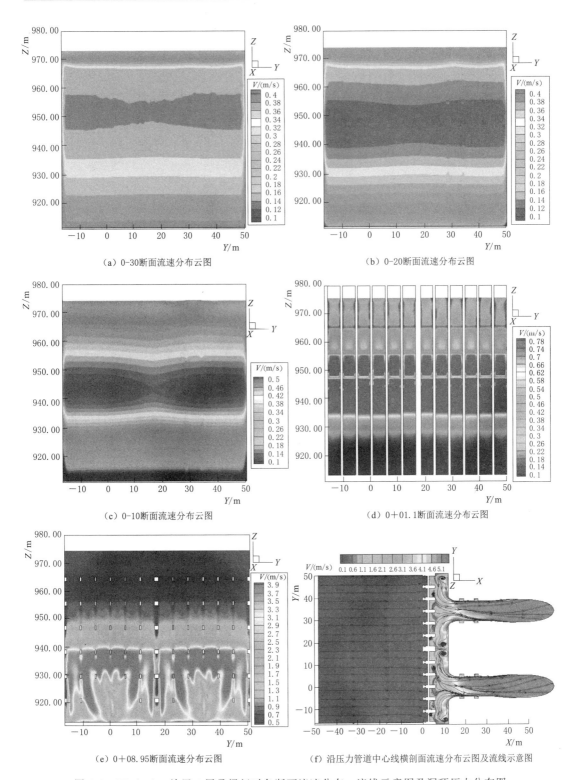

（a）0-30断面流速分布云图

（b）0-20断面流速分布云图

（c）0-10断面流速分布云图

（d）0+01.1断面流速分布云图

（e）0+08.95断面流速分布云图

（f）沿压力管道中心线横剖面流速分布云图及流线示意图

图 5.1-52（一）　放置 6 层叠梁门时各断面流速分布、流线示意图及洞顶压力分布图

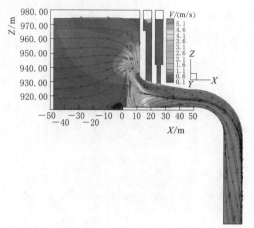

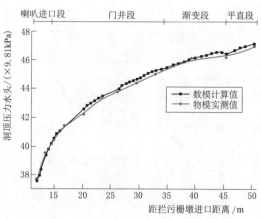

（g）沿压力管道中心线横剖面流速分布云图及流线示意图　　　　（h）沿压力管道顶中心线时均压力对比

图 5.1-52（二）　放置 6 层叠梁门时各断面流速分布、流线示意图及洞顶压力分布图

程范围，最大流速值为 2.0m/s，位于 942.00m 高程；926.00m 高程以下流速显著减小，低于 0.2m/s。由图 5.1-52（e）可见，通仓剖面流速分布不均匀性增加，930.00～938.00m 高程流速较大，最大流速值为 4.5m/s，位于 936.20m 高程；934.00m 高程以下流速分布紊乱；两相邻进水口间流速较小。由图 5.1-52（f），沿压力管道中心线横剖面流线示意图可见，水流自水库平稳流向拦污栅，绕过叠梁门顶后下泄，并在靠近门后壁形成众多立轴旋涡，通仓里流线已十分紊乱，水流呈摆动状进入压力管道；流速分布云图显示，水库里流速较小；通仓里流速不均匀性较大，随着水流进入压力管道过流面积减小，流速逐渐增大，并趋于均匀。由图 5.1-52（g），沿压力管道中心线纵剖面流线示意图可见，水流自水库平稳流向拦污栅，在叠梁门前部分临底水流受叠梁门阻挡形成横轴旋涡，部分水流则上挑绕过叠梁门顶下泄；靠近表面水流流线弯曲近 90°进入通仓下泄，在喇叭口处流线再次弯曲，相对 8 层叠梁门工况，喇叭口处水流弯曲相对要小；下泄水流一部分直接进入压力管道，另一部分则在底部旋滚后进入压力管道；流速分布云图显示，叠梁门前一段距离门顶高程以上流速逐渐增大；叠梁门处门顶以上 15m 范围流速值较大，最大流速为 2.1m/s，位于 940.90m 高程处（门顶高程 937.00m）；压力管道内水流随着过流面积减小，流速逐渐增大，并逐渐趋于相对均匀分布。

图 5.1-52（h）为该工况下数模计算洞顶压力分布与物模试验值对比图。喇叭进口段洞顶压力数模计算与物模试验值吻合较好，此后数模计算值较物模实测值略大，但总误差不超过 1%；沿程洞顶压力呈增大趋势，压力值均大于 37.5×9.81kPa；进口段压力增加速率较大，随后压力增加速率逐渐减小。

（3）水头损失。表 5.1-23 为分层取水工况进口段水头损失值。成果表明，相同库水位下，门顶以上淹没水深越小，进口段水头损失越大。

4. 小结

本节首先对原设计方案支撑梁为全梁方案和梁板结合方案常规进水口进行了计算分析，认为在不考虑结构安全前提下，全梁方案较梁板结合方案水力特性稍优。为探索对进

表 5.1－23　　　　　　　　　　　分层取水工况进口段水头损失

计　算　工　况		975.00m 水位、8 层叠梁门	975.00m 水位、6 层叠梁门
门顶上淹没水深/m		30	38
水头损失/m	数模计算	1.50	1.45
	物模实测	1.15	1.04

口流态更加有利的喇叭口体型，继而设计了喇叭口顶曲线为双圆弧曲线，同时将底部直线调整为双圆弧曲线方案，计算表明该方案进水口水力特性未见明显改善，进口段水头损失相对原方案也有所增大，因此，该方案不予推荐。最后，在原设计支撑梁为全梁方案基础上进行了分层取水工况计算模拟，给出了正常蓄水位放置不同叠梁门高度下，各剖面水力特性及进口段水头损失值。

5.1.3.4　推荐方案计算成果及分析

在不改变喇叭进口曲线前提下，物理模型将联系梁和支撑梁布置进行了调整，并将两进水口单元相邻处在 945.00m 高程以上隔断、以下则连通。试验发现调整后的联系梁和支撑梁在库水位 945.00m 工况下可以起到消涡作用，通仓里不再有间歇吸气性立轴旋涡，因此，将该方案作为最终推荐方案供设计参考。修改后的联系梁如图 5.1－53 所示（虚线为原方案联系梁和支撑梁所处高程）。物理模型试验提供了 3 个特征库水位时，满足进口流态的最大叠梁门放置高度。数学模型对该方案 3 个特征库水位下可以放置最高叠梁门工况机组满发及少量机组发电工况进行了计算模拟。

1. 库水位 975.00m、放置 8 层叠梁门、机组满发

图 5.1－54 为库水位 975.00m、放置 8 层叠梁门时，各剖面流速分布、流线示意图及洞顶压力分布图。图 5.1－54（a）～（c）中水库中剖面流速分布与联系梁和支撑梁未做调整时基本一致，随着水流流向拦污栅墩，表流速逐渐增大，底流速则逐渐减小。图 5.1－54（d）中，水流在拦污栅槽剖面，6 个栅孔进流一致，高程 942.00～957.00m 区间为大流速集中分布区，最大流速值 2.6m/s，位于中间栅孔 945.40m 高程处；922.00m 高程以下，水流几乎处于静止状态。图 5.1－54（e）中，水流绕过叠梁门由表向底部喇叭口处汇集；两相邻进水口单元间形成小纵轴旋涡；该断面流速分布不均匀性增加；930.00～944.00m 高程区域流速值较大，均大于 3.0m/s，最大流速为 4.7m/s，位于 935.60m 高程处；靠近底部流速有所减小；支撑梁下缘及两进水口单元相邻处流速值较小。图 5.1－54（f）中，水库里流线非常平顺；进入通仓后流线较紊乱，在每个拦污栅孔后各形成一个立轴旋涡，两进水口水流基本呈对称式进入两压力管道；进入压力管道后，水流在门槽里也形成小立轴旋涡；该高程剖面，叠梁门前流速均较小；通仓里流速分布不均匀性增大，有旋涡形成的部位流速较小；进入压力管道后，随着过流面积减小，流速逐渐增大，同时，管内流速调整相对均匀。图 5.1－54（g）中，水库中水流较平顺；流向叠梁门过程中临底水流一部分上挑绕过叠梁门顶下泄，另一部分水流则在库底形成横轴旋涡；绕过叠梁门顶的水流流线近乎弯曲 90°后紧贴喇叭口上游挡墙下泄，而靠近叠梁门后壁的水流则有横轴旋涡形成；下泄水流在压力进口处，部分流线直接再次弯曲 90°进入压力管道，另部分水流则在进口底部旋滚后进入压力管道；流速分布云图表明，距离叠梁门 50m

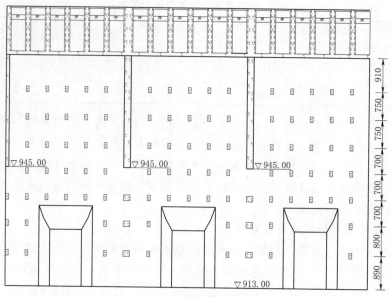

（a）进水口段后视图

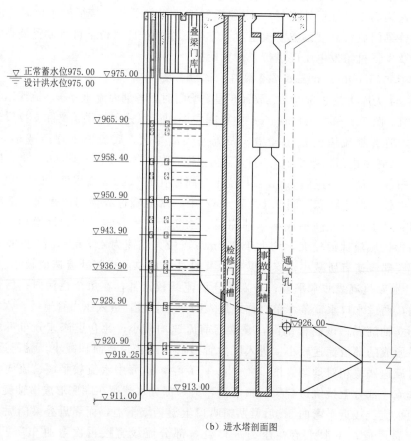

（b）进水塔剖面图

图 5.1-53　推荐方案进水口段剖面图及后视图（单位：cm；高程单位：m）

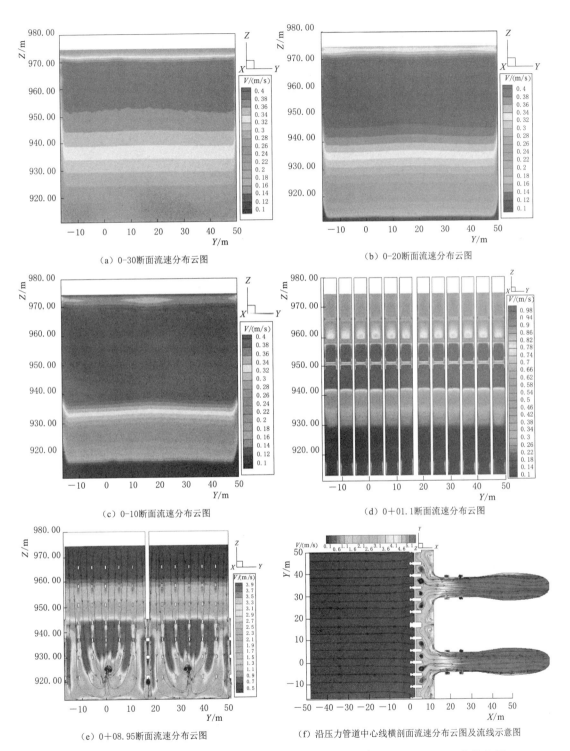

（a）0-30断面流速分布云图

（b）0-20断面流速分布云图

（c）0-10断面流速分布云图

（d）0+01.1断面流速分布云图

（e）0+08.95断面流速分布云图

（f）沿压力管道中心线横剖面流速分布云图及流线示意图

图 5.1-54（一）　放置 8 层叠梁门时各断面流速分布、流线示意图及洞顶压力分布图

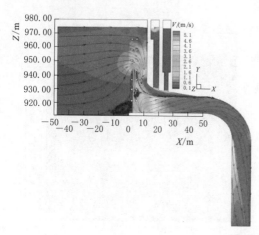

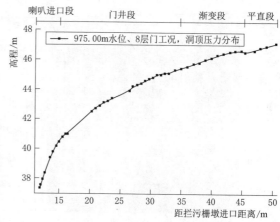

（g）沿压力管道中心线纵剖面流速分布云图及流线示意图　　　　（h）沿压力管道顶中心线时均压力分布

图 5.1-54（二）　放置 8 层叠梁门时各断面流速分布、流线示意图及洞顶压力分布图

范围内，库内水体表流速大于底流速，有利于水库表层水体下泄；叠梁门顶上过流面积减小，流速显著增大，最大流速值为 2.7m/s，位于 946.60m 高程（门顶高程 945.00m）；通仓内水流贴近喇叭口上游挡墙下泄，使靠近挡墙的水流流速明显大于靠近叠梁门的流速；进入压力管道后随着过流面积减小流速逐渐增大，并调整相对均匀分布。

图 5.1-54（h）为放置 8 层叠梁门时洞顶压力分布图。沿程洞顶压力呈递增趋势，其值为（37.4~47.1）×9.81kPa；喇叭口段压力增加速率较大，门井段至渐变段增加速率基本一致；渐变段末压力略有减小，后又继续呈增加趋势。

2. **库水位 975.00m、放置 8 层叠梁门、部分机组发电**

图 5.1-55 为库水位 975.00m、放置 8 层叠梁门、仅右边机发电时，各断面流速分布、流线示意图及洞顶压力分布图。

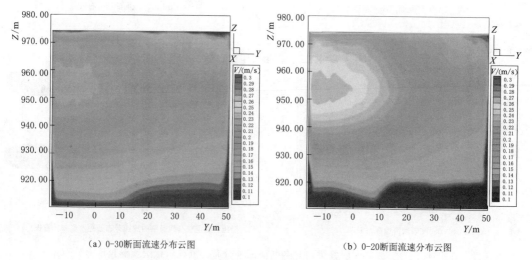

（a）0-30断面流速分布云图　　　　　　　　　（b）0-20断面流速分布云图

图 5.1-55（一）　放置 8 层叠梁门、少量机组发电时各断面流速分布、流线示意图及洞顶压力分布图

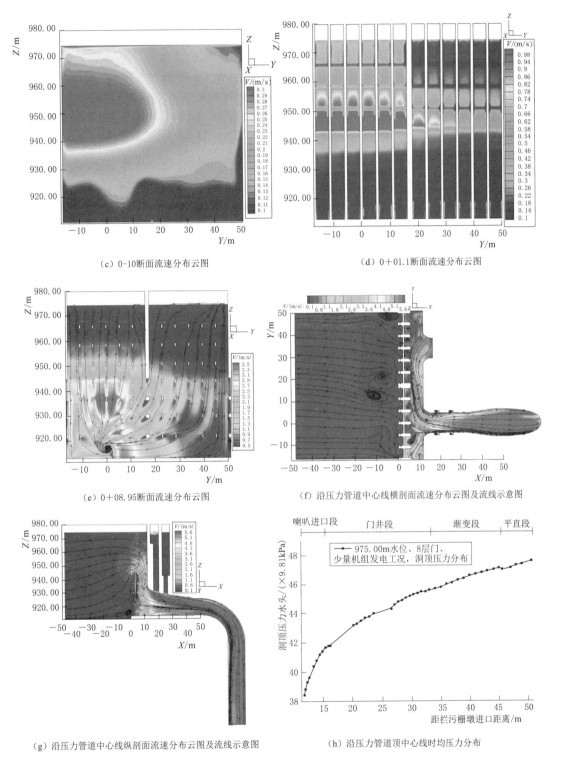

（c）0-10断面流速分布云图

（d）0+01.1断面流速分布云图

（e）0+08.95断面流速分布云图

（f）沿压力管道中心线横剖面流速分布云图及流线示意图

（g）沿压力管道中心线纵剖面流速分布云图及流线示意图

（h）沿压力管道顶中心线时均压力分布

图 5.1-55（二） 放置 8 层叠梁门、少量机组发电时各断面流速分布、流线示意图及洞顶压力分布图

由图 5.1-55 (a) ～ (c)，水库中 3 个剖面流速分布可见，主流靠近右边进水口，且水流在流向拦污栅墩过程中流速分布不均匀性逐渐增大，右边靠近表层大流速范围增大，底部小流速范围也相应增大。由图 5.1-55 (d)，拦污栅槽剖面流速分布也可清晰看出，右边进水口流速较左边要大，其中右边进水口较大流速值为 1.8m/s，位于中间栅孔 945.40m 高程，左边进水口较大流速值为 1.0m/s，位于左边进水口靠右栅孔 945.30m 高程处，且左边进水口越靠近左边的栅孔流速越小。由图 5.1-55 (e)，通仓断面流线示意图可见，右边进水口水流自上而下向喇叭口处汇集，左边进水口水流自上而下，同时流线向右边进水口处偏折，两股水流在右边喇叭口处汇集；该剖面流速分布表明，右边流速明显较左边要大；顺着水流流动方向，支撑梁附近流速有所减小。由图 5.1-55 (f)，流线示意图可见，叠梁门前流线较紊乱，由于左边机组不发电，使水流在两进水口相邻处形成回流区，有较大尺寸小强度立轴旋涡；通仓内流线也十分紊乱，每一栅孔后均有立轴旋涡；通仓左边水流向右边进水口聚集，同时挤压右边进水口水流，使流线更靠近压力管道右侧；两门井门槽均有立轴旋涡；流速分布可见，叠梁门前流速均较小，不超过 0.2m/s；通仓里流速分布不均匀性较大，左边进水口流速较小，右边流速较大；进入压力管道后，随着过水面积减小，流速逐渐增大，并趋于相对均匀。由图 5.1-55 (g)，沿右边管道中心线纵剖面，流线示意图可见，水库水流平顺向拦污栅汇集，在叠梁门处，表层水流流线向下弯曲近 90°汇入通仓，门前底部水流一部分向上挑起近 90°汇入通仓，另一部分则在库底形成横轴旋涡；通仓里部分流线再次弯曲近 90°，紧贴喇叭口上游挡墙进入压力管道，另一部分水流到达底部旋滚后进入压力管道；流速分布可见，在叠梁门顶流速明显增大，最大流速值为 1.9m/s，位于 946.50m 高程处；通仓里靠近挡墙的流速较邻近叠梁门的流速要大；进入压力管道后随着过流面积减小，流速随之增大，并趋于相对均匀。

图 5.1-55 (h) 中，该工况洞顶压力较机组满发时略大，其中喇叭口段洞顶压力较机组满发时增加了 (0.8～1.3)×9.81kPa，检修门后压力增大值为 (0.4～0.7)×9.81kPa。

3. 库水位 952.00m、放置 5 层叠梁门、机组满发

图 5.1-56 为库水位 952.00m、放置 5 层叠梁门时，各剖面流速分布、流线示意图及

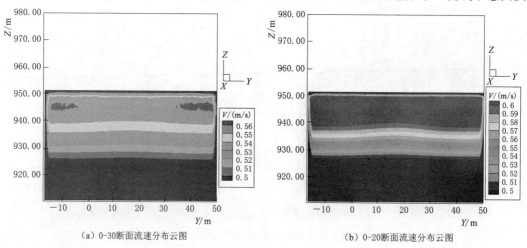

(a) 0-30断面流速分布云图　　　　　　　(b) 0-20断面流速分布云图

图 5.1-56 (一)　放置 5 层叠梁门时各断面流速分布、流线示意图及洞顶压力分布图

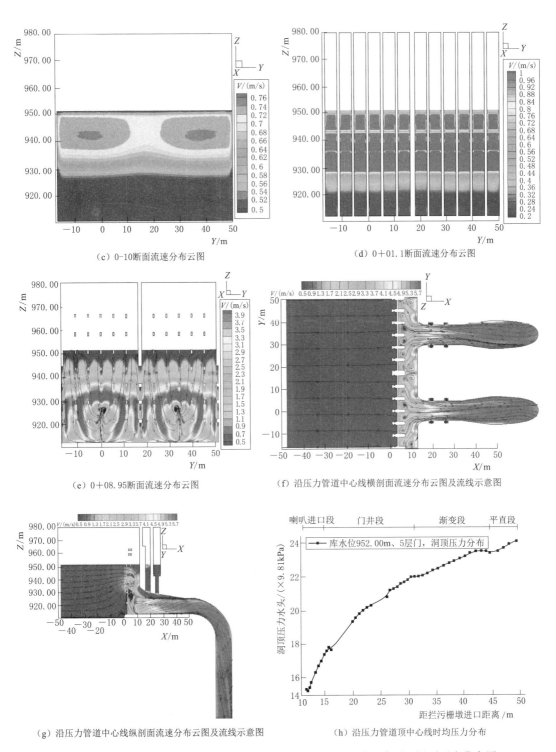

（c）0-10断面流速分布云图

（d）0+01.1断面流速分布云图

（e）0+08.95断面流速分布云图

（f）沿压力管道中心线横剖面流速分布云图及流线示意图

（g）沿压力管道中心线纵剖面流速分布云图及流线示意图

（h）沿压力管道顶中心线时均压力分布

图 5.1-56（二） 放置 5 层叠梁门时各断面流速分布、流线示意图及洞顶压力分布图

洞顶压力分布图。

由图 5.1-56 (a) ～ (c) 可见，随着水流流向拦污栅，进口前引渠内表流速逐渐增大，底部水流小流速分布范围增大；图 5.1-56 (d)，拦污栅槽剖面，两进水口单元每个栅孔基本呈对称进流，930.00～949.00m 高程范围内流速相对较大，最大流速值为 2.3m/s，位于中间栅孔 935.30m 高程。由图 5.1-56 (e) 可见，通仓中间剖面，两个进水口水流自上而下往喇叭口处汇集，相邻进水口单元之间无水流相互穿插现象；大流速位于喇叭口附近，流速分布不均匀性较大。由图 5.1-56 (f) 可见，水库水流十分平顺汇入拦污栅；通仓里流线较紊乱，在每个栅孔后均形成一个立轴旋涡；每个进水口单元的水流汇入对应的压力管道内，每个门槽内均形成立轴旋涡；叠梁门前流速均较小；通仓里流速增大，但流速分布不够均匀，有旋涡的部位流速相对较小；进入压力管道后，流速逐渐增大，并趋于相对均匀。由图 5.1-56 (g)，沿压力管道中心线纵剖面图也显示，水流自水库平顺流向拦污栅，在叠梁门前流线逐渐弯曲，表面水流流线向下弯曲，弯曲度相对高水位放置较多叠梁门时要小，叠梁门前底部水流仍然一部分在库底形成回流，另一部分上挑绕过叠梁门顶汇入通仓；通仓内水流呈淹没堰流形式，贴近叠梁门后壁形成横轴旋涡，部分水流流线则再次弯曲或在底部旋滚后进入压力管道；该剖面，叠梁门前一段距离表流速逐渐增大，在门顶上流速最大值达 3.0m/s，位于 934.00m 高程（门顶高程 933.00m）；通仓里贴近门后壁流速明显减小，而靠近喇叭口上游挡墙附近流速较大；进入压力管道后流速逐渐增大，并趋于相对均匀。

由图 5.1-56 (h) 可见，洞顶压力分布规律与高水位基本一致，洞顶压力值为 (15.3～24.1)×9.81kPa。

4. 库水位 952.00m、放置 5 层叠梁门、部分机组发电

图 5.1-57 为库水位 952.00m、放置 5 层叠梁门、仅右边机组发电时，各剖面流速分布、流线示意图及洞顶压力分布图。

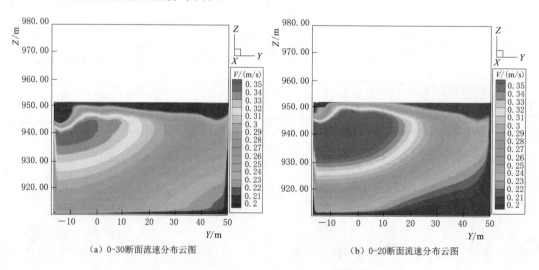

(a) 0-30断面流速分布云图　　　　　　　　　(b) 0-20断面流速分布云图

图 5.1-57 (一)　放置 5 层叠梁门、少量机组发电时各断面流速分布、
流线示意图及洞顶压力分布图

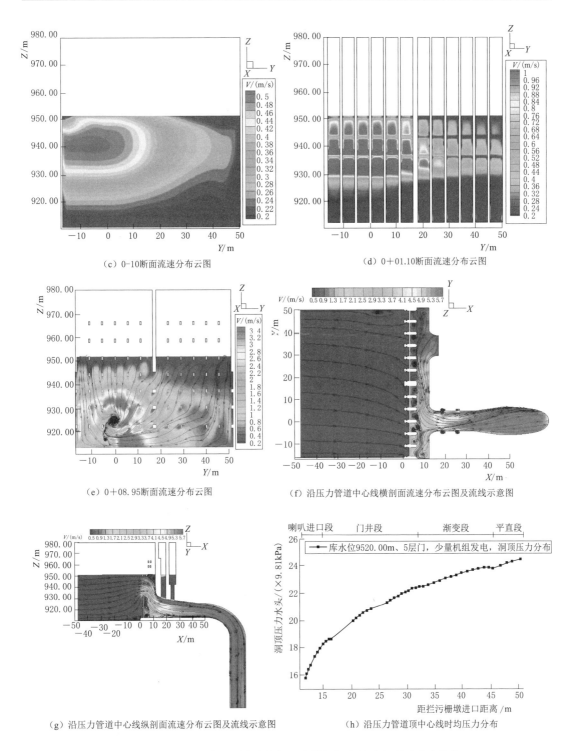

（c）0-10断面流速分布云图

（d）0+01.10断面流速分布云图

（e）0+08.95断面流速分布云图

（f）沿压力管道中心线横剖面流速分布云图及流线示意图

（g）沿压力管道中心线纵剖面流速分布云图及流线示意图

（h）沿压力管道顶中心线时均压力分布

图 5.1-57（二）　放置 5 层叠梁门、少量机组发电时各断面流速分布、
流线示意图及洞顶压力分布图

图 5.1-57 (a) ～ (c) 中，随着水流流向拦污栅，引渠右边表层流速逐渐增大，左边流速逐渐减小，右边靠近表层大流速范围增大，底部小流速范围也逐渐增大。由图 5.1-57 (d) 可见，拦污栅槽剖面，右边进水口 6 个栅孔进流基本一致，大流速集中于 930.00～947.00m 高程区间，最大流速值为 1.9m/s，位于中间栅孔 935.30m 高程；左边进水口各栅孔流速较右边进水口要小，其中靠近右边栅孔流速又较左边略大。由图 5.1-57 (e)，通仓剖面流线示意图显示，右边水流自上而下向喇叭口处汇集，左边水流自上而下流线向右边进水口弯曲，也在右边喇叭口处水流汇集旋滚；大流速集中在右边喇叭进口附近，右边进水口流速也是明显较左边要大；顺着水流流动方向，在支撑梁附近流速有所减小。由图 5.1-57 (f) 可见，水库中左边水流在靠近拦污栅时逐渐向右边弯曲；通仓里流线十分紊乱，在每个栅孔后均有立轴旋涡形成，左边水流也是向右边汇集，并在右边喇叭口处挤压来自右边的水流，使进入右边管道的水流先贴着右边管壁下行，再向左边摆动；水库中流速均较小；通仓里流速分布不均匀，左边流速显著较右边流速要小，靠近拦污栅的流速也较小，而靠近喇叭口上游挡墙的流速略大；进入压力管道后也是随着过流面积减小流速逐渐增大，并趋于相对均匀。由图 5.1-57 (g)，沿右边压力管道中心线纵剖面可见，水库水流较平顺向拦污栅汇集，在靠近叠梁门时，表面水流向下汇入通仓，底部水流则一部分形成回流区，另一部分上挑绕过门顶汇入通仓；由于该工况门顶淹没水深相对较小，使通仓里表面靠近挡墙部位水流扰动加大，出现横轴旋滚现象。通仓里靠近叠梁门后壁的水流类似淹没堰流，在门后壁附近形成众多横轴旋涡，靠近进口底部的水流旋滚后汇入压力管道；流速分布显示，门前一段距离表流速逐渐增大，在门顶上最大流速值为 2.5m/s，位于 934.00m 高程处（门顶高程 933.00m）；通仓里流速分布不均匀性较大，靠近胸墙流速较大，而靠近叠梁门后壁流速很小；进入压力管道后，流速逐渐增大，并趋于相对均匀。

图 5.1-57 (h) 中，洞顶沿程压力基本呈递增趋势，在渐变段末压力值略有减小，沿程洞顶压力值为 (15.8～24.5)×9.81kPa。

5. 库水位 945.00m、放置 4 层叠梁门、机组满发

图 5.1-58 为库水位 945.00m、放置 4 层叠梁门时，各断面流速分布、流线示意图及洞顶压力分布图。

图 5.1-58 (a) ～ (c) 中，随着水流流向拦污栅，水库中表层水流较大流速区范围逐渐增大，靠近底部的小流速区范围也相应增大，断面的流速分布不均匀性增加。图 5.1-58 (d) 中，拦污栅槽剖面，每个栅孔进流基本一致，大流速集中在 928.00～943.00m 高程区间，最大流速值为 3.2m/s，位于 931.30m 高程处，因 936.90m 高程处有一排联系梁，使 936.00～938.00m 高程的水流流速略有减小。图 5.1-58 (e) 中，通仓里各进水口单元水流自上而下往底部汇集，在喇叭口区域旋滚；大流速位于喇叭口附近，水流旋滚区流速相对较小。图 5.1-58 (f) 中，水库水流平顺向拦污栅汇集；叠梁门后流线紊乱，每个栅孔后均形成一个立轴旋涡；各进水口水流汇入对应压力管道里，在每个门槽里均形成立轴旋涡；水库里该高程剖面的水流流速较小；通仓里流速分布不均匀性增大，靠近喇叭口上游挡墙的流速较靠近叠梁门一侧的流速要大，有旋涡位置的流速较小；进入压力管道后流速逐渐增大，并趋于相对均匀。由图 5.1-58 (g)，纵剖面流线示意图显示，水库

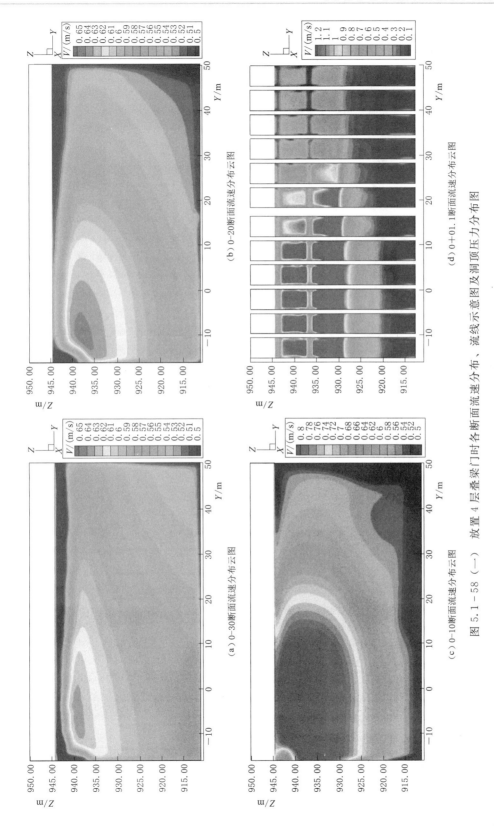

（a）0-30断面流速分布云图

（b）0-20断面流速分布图

（c）0-10断面流速分布云图

（d）0+01.1断面流速分布云图

图 5.1-58 （一） 放置 4 层叠梁门时各断面流速分布、流线示意图及洞顶压力分布图

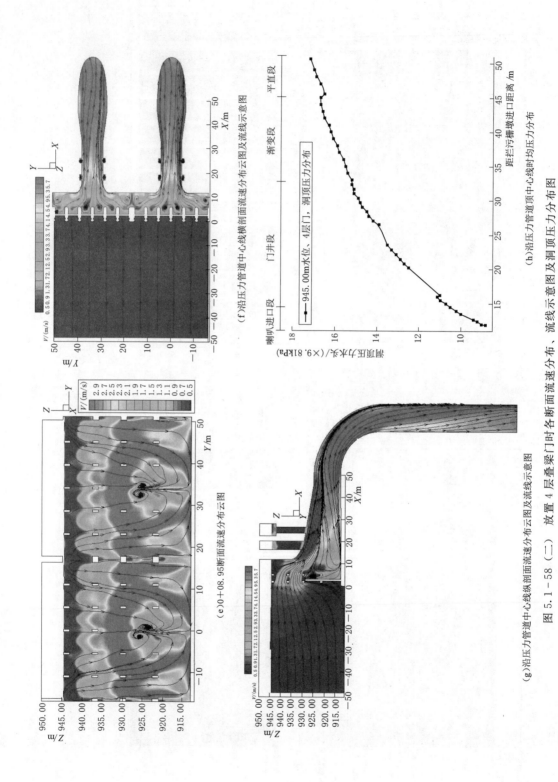

（e）0+08.95断面流速分布云图

（f）沿压力管道中心线横剖面流速分布云图及流线示意图

（g）沿压力管道中心线纵剖面流速分布云图及流线示意图

（h）沿压力管道顶中心线时均压力分布

图 5.1-58（二）　放置 4 层叠梁门时各断面流速分布、流线示意图及洞顶压力分布图

中流线十分平顺向拦污栅汇集，在靠近叠梁门时逐渐弯曲，其弯曲程度相对高水位放置较多叠梁门工况时要小；通仓里，由于门顶淹没水深更小，靠近挡墙的表层水流有横轴漩滚现象，大部分水流仍然紧贴挡墙向压力管道汇入，部分水流则在门后壁形成横轴旋涡，临底水流则漩滚后汇入压力管道；从流速分布可见，拦污栅前20m范围表层水流流速开始逐渐增加；在门顶上最大流速值为3.0m/s，位于932.30m高程（门顶高程929.00m）；通仓里流速分布不均匀性较大，叠梁门后流速很小；喇叭口段顶流速较底流速大，随着引水管过流面积减小，流速逐渐增大，并趋于相对均匀。

图5.1-58（h）中，洞顶沿程压力分布规律与其他工况一致，洞顶沿程压力值为（8.8～17.2）×9.81kPa。

6. 库水位945.00m、放置4层叠梁门、部分机组发电

图5.1-59为库水位945.00m、放置4层叠梁门、右边机发电时，各断面流速分布、流线示意图及洞顶压力分布图。

图5.1-59（a）～（c）中，水库中各剖面大流速靠近右边一侧，随着水流流向拦污栅，流速分布不均匀性增大，右边表层水流流速及范围均增大，靠近底部的小流速范围也相应增大。图5.1-59（d）中，拦污栅槽剖面，右边进水口6个栅孔进流基本一致，大流速集中在930.00～943.00m高程区间，最大流速为2.7m/s，位于931.20m高程；左边进水口每个栅孔流速明显小于右边栅孔流速，且越靠左岸栅孔进流流速越小。图5.1-59（e）中，通仓里，右边进水口水流自上而下向喇叭口汇集，左边进水口水流则由上至下往右边喇叭口汇集；流速分布也可看出，右边进水口区域流速明显较左边进水口区域流速要大。图5.1-59（f）中，由于左边机组不发电，水库中水流在靠近拦污栅过程中流线逐渐往右边弯曲；通仓里流线十分紊乱，在每个栅孔后均形成一个立轴旋涡，左边流线往右边进水口弯曲，并挤压右边的汇入水流，使主流靠近压力管道右侧，之后水流在管道内左右摆动；每个门槽内均形成立轴旋涡；从流速分布来看，该高程剖面水库里流速均较小；通仓里流速分布不均匀性较大，右边进水口流速较左边要大，叠梁门后流速较小；进入压力管道后流速逐渐增大，并趋于相对均匀分布。图5.1-59（g）中，沿右边压力管道中心线纵剖面，水库中水流在流向拦污栅时受叠梁门阻挡，流线向叠梁门顶弯曲，表层水流流线向下弯曲进入通仓后，一部分在通仓表面呈横轴漩滚状，另一部分则紧贴挡墙下泄，在进入压力管道时流线再次弯曲；部分水流到达喇叭进口底部旋滚后再进入压力管道，在邻近叠梁门后壁有横轴旋涡形成；从该断面流速分布可见，受叠梁门作用，拦污栅前一段距离水库中表层水流流速逐渐增大，在门顶上流速最大值达2.5m/s，位于932.30m高程；叠梁门后流速较小；喇叭口段洞顶流速较底流速大，随后水流不断调整，使流速分布逐渐趋于相对均匀。

图5.1-59（h）中，洞顶压力分布规律与其他工况基本一致，洞顶沿程压力基本呈递增趋势，压力值为（9.1～17.6）×9.81kPa。

7. 水头损失

表5.1-24为各计算工况下电站进水口段水头损失。由表可见，进口段水头损失最大的工况是库水位952.00m、放置5层叠梁门、机组满发时，对应水头损失值为1.54m；同样的库水位及同样的叠梁门放置条件下，机组满发时较一半机组发电工况进口段水头损失

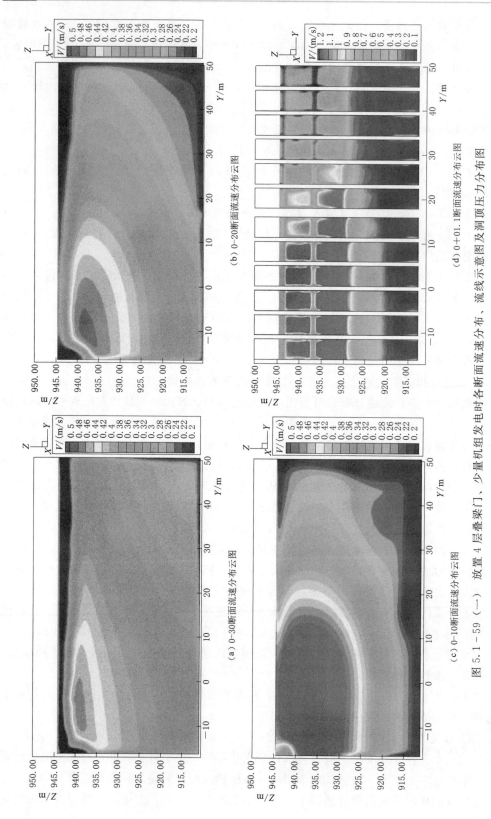

(a) 0—30断面流速分布云图

(b) 0—20断面流速分布图

(c) 0—10断面流速分布云图

(d) 0+01.1断面流速分布云图

图 5.1-59　(一)　放置 4 层叠梁门、少量机组发电时各断面流速分布、流线示意图及洞顶压力分布图

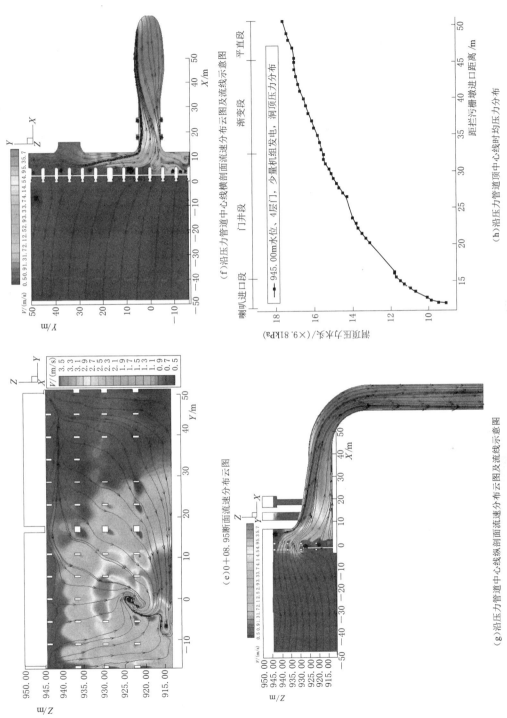

（e）0+08.95断面流速分布云图

（f）沿压力管道中心线横剖面流速分布云图及流线示意图

（g）沿压力管道中心线纵剖面流速分布云图及流线示意图

（h）沿压力管道顶中心线时均压力分布、流线示意图及洞顶压力分布

图 5.1－59　（二）　放置 4 层叠梁门、少量机组发电时各断面流速分布、流线示意图

要大，由计算结果来看，一台机组发电工况进口段水头损失为两台机组均发电工况进口段水头损失的 60%～70%。

表 5.1 - 24　　　　　　　　　　计算工况下对应进口段水头损失　　　　　　　　　单位：m

计 算 工 况	水 头 损 失		门顶上淹没水深
	数模计算	物模实测	
975.00m 水位、8 层叠梁门	1.51	1.33	30
975.00m 水位、8 层叠梁门、一半机组发电	0.83	0.86	30
952.00m 水位、5 层叠梁门	1.54	1.29	19
952.00m 水位、5 层叠梁门、一半机组发电	0.98	0.97	19
945.00m 水位、4 层叠梁门	1.34	1.23	16
945.00m 水位、4 层叠梁门、一半机组发电	0.94	0.94	16

5.1.3.5　结论

采用三维 RNG k - ε 紊流数学模型模拟电站进水口水流流场，通过对水流流态、流速分布及进水口段水头损失等水力参数的计算分析得到电站进水口水力特性。研究得到的结论如下：

（1）选取特征库水位，对设计提供的支撑梁为全梁方案和梁板结合方案进行常规进水口数值模拟，计算结果表明，全梁方案和梁板结合方案进口段流场无明显差别，但全梁方案进口段水头损失较梁板结合方案略小。

（2）物理模型试验发现，全梁方案常规进水口在库水位 945.00m 时，通仓内出现间歇吸气性立轴旋涡，为改善这一不利流态，数学模型进行了喇叭进口曲线型式探讨。将喇叭进口顶部和底部均修改为双圆弧曲线，计算结果表明，该方案通仓内表层水流运动特性与原方案时基本一致，仅压力管道渐变段前的洞顶压力有所增加，而进口段的水头损失也增大了约 12%。

（3）初步研究了原设计支撑梁为全梁方案时，采用叠梁门分层取水后的水力特性。库水位 975.00m 时，放置叠梁门后，水流在流向拦污栅过程中靠近表层水流流速逐渐增大，有利于门顶以上水体下泄；水流汇入通仓及压力管道时，流线经过两次弯曲，流速分布不均匀性增大，进口段水头损失也较常规进水口大；放置叠梁门后，压力管道段洞顶压力较常规进水口小，但压力梯度变化不大。

（4）物理模型对联系梁及支撑梁所处高程进行了调整。试验结果表明，调整后的联系支撑梁可以起到消涡作用，库水位 945.00m 时，通仓里无吸气性立轴旋涡，流态较好，因此，将其作为最终推荐方案进行相关数值计算。

结合物理模型试验提供的叠梁门顶最小淹没水深，数学模型模拟了 3 个特征库水位，机组满发和一半机组发电时，进口段水力特性。机组满发时，每个进水口水力参数基本对称分布，各进水口单元所引水流汇入对应的压力管道内；放置叠梁门后，栅墩前引渠内水库的表层水体流速增大，有利于电站引取水库表层水温较高的水体，最大过栅流速达 2.3～3.2m/s；3 个特征库水位，放置满足最小淹没水深的叠梁门层数时，进口段水头损失为 1.34～1.54m。一半机组发电时，大流速靠近发电机组单元一侧，压力管道顶部压力值较满发时略大；最大过栅流速也稍小，为 1.8～2.7m/s；进口段的水头损失较满发时要小，约为机组满发时的 60%～70%。

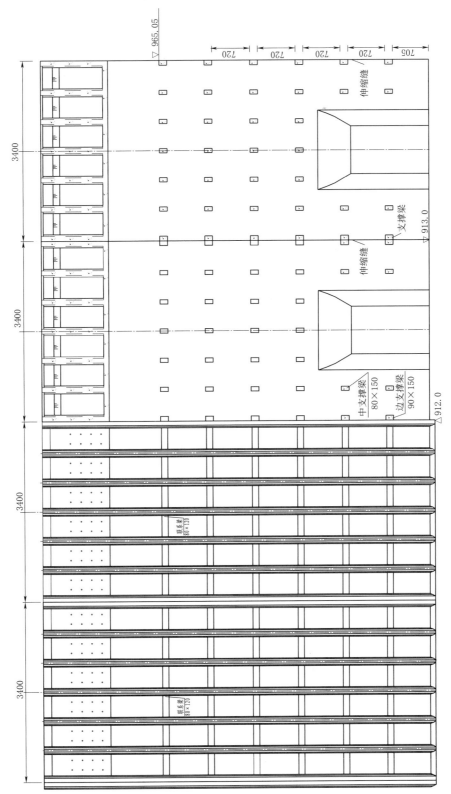

附图 5.1-1 原设计方案支撑梁全梁方案前后视图（单位：cm；高程单位：m）

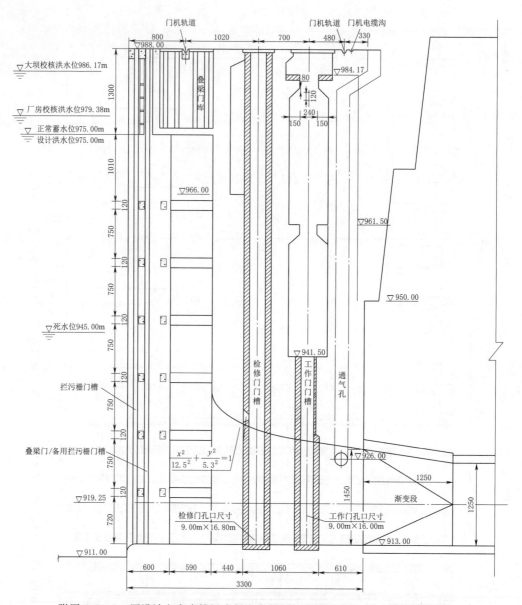

附图 5.1 - 2　原设计方案支撑梁全梁方案纵剖面图（单位：cm；高程单位：m）

5.2　白鹤滩水电站叠梁门分层取水研究

5.2.1　工程概况

　　白鹤滩水电站位于金沙江下游四川省宁南县和云南省巧家县境内，距巧家县城
45km，上接乌东德梯级电站，下邻溪洛渡梯级电站。该电站以发电为主，兼顾防洪，并
促进地方经济社会发展和移民群众脱贫致富。工程建成后还有拦沙、发展库区航运和改善

下游通航条件等综合利用效益,电站装机容量16000MW,是"西电东送"骨干电源点之一。枢纽工程由拦河坝、泄洪消能建筑物和引水发电系统等主要建筑物组成。拦河坝为混凝土双曲拱坝,最大坝高289.0m;泄洪消能设施由坝身6个表孔+7个深孔、左岸3条无压泄洪洞及坝体下游水垫塘组成;地下厂房采用首部开发方式,左右岸各布置8台1000MW的发电机组;引水系统采用单机单管供水,尾水系统采用两机合用1条尾水洞,左右岸各布置4个圆筒形阻抗式调压室和4条尾水隧洞,其中左岸3条尾水隧洞结合导流洞布置,右岸2条尾水隧洞结合导流洞布置。

5.2.1.1 进水口结构布置

电站左右岸各设有8个岸塔式进水口,侧向取水,其上游为进水明渠。进水口拦污栅和闸门槽集中布置,共用一套启闭设备。左右岸各8个进水塔一字排开,单个宽度33.2m,进水口前缘总宽度为265.6m,顺水流方向长33.5m。进水口底板高程734.00m,塔基高程729.00m,塔顶高程同大坝坝顶高程834.00m,塔体最大高度105m。各进水塔均为独立结构,之间设无宽结构缝。

进水塔前缘部分为拦污栅段,单个塔体内设5孔拦污栅,孔内设清污抓斗槽、拦污栅槽、叠梁门槽各一道,单孔拦污栅尺寸4m×61m。拦污栅直立式布置,由边墩、中墩以及后侧胸墙支撑,中墩与边墩厚均为2.2m。

单个进水口拦污栅后为6m宽通仓段,垂直水流向长度28.8m,通仓段顶部设两排叠梁门储门槽,门槽高度20.5m。通仓段后接进口闸室段,根据可研阶段研究成果,闸室段流道为喇叭口形,其顶部采用半径分别为1.3m和7.3m的双心圆弧曲线,底部和两侧均采用半径分别为1.0m和6.0m的双心圆弧曲线。闸室段布置检修闸门和快速闸门各一道,检修闸门孔口尺寸为8.8m×11.5m($B×H$),快速闸门孔口尺寸为8.8m×11m($B×H$),快速门后设两个通气孔,断面尺寸为3m×1m。

闸室段下游设渐变段与压力管道相接。渐变段长20m,压力管道内径D为11~10.2m。

5.2.1.2 分层取水运行参数

为减轻发电尾水对下游流域生态环境的影响,尽可能减免水库引水发电下泄低温水的影响程度,进水口拟考虑分层取水方案,根据现有地形地质条件、枢纽整体布置、分层取水效果以及进水口结构、运行等条件,初定分层取水按叠梁门控制方案设计。根据生态水温控制要求,水库分层取水水位范围765.00~795.00m。初定每孔门槽设置6层叠梁门,单节门高6m,叠梁门底高程734.00m,门顶高程770.00m。

5.2.2 物理模型试验研究

5.2.2.1 试验目的

白鹤滩水电站单机容量1000MW,两岸机组台数众多,工程规模巨大。额定流量达547.8m³/s,水库水位变幅接近70m(其中分层取水范围30m),工程抗震设防烈度Ⅷ度。从结构上看,除设有工作拦污栅槽、叠梁门槽(与备用拦污栅槽共用)、叠梁门储门槽外,结构本身设有胸墙、纵横支撑梁、墙等,结构颇为复杂。从水流条件看,每个进水口前沿分为5个取水单元,相邻进水口的横向流道在765.00m高程以下连通,8个进水口之间形成 6.0m 宽的通仓流道。该流道内既有纵向水流，又有横向水流，流态复杂。另外，由于引水隧洞没有设置上游调压室，当机组突甩负荷导叶关闭时，所产生的水击波将迅速传至进水口流道内，并在进水口流道处发生反射，同时流道水面将发生一定波动。流道的压力和水面波动可能对进水口取水流态和结构产生一定影响。此外，由于进水口地震设计烈度达Ⅷ度，有必要分析结构抗震措施对水力条件的影响。因此有必要开展专门模型试验研究，分析水力条件基本规律，确定合理布置参数，为进水口结构设计提供依据。

此处以 3 个进水口为研究对象，采用数值流场分析和水工模型试验相结合的方法，研究分层取水进水口的水力条件。研究分两个部分：第一部分根据典型控制工况分析试验成果，确定布置方案；第二部分对选定方案进行系统分析验证。

5.2.2.2　研究内容和试验条件

根据有关规范规程要求，结合该工程分层取水布置特点，本书研究内容主要包含以下 6 个方面。

1. 验证试验

在 765.00m 水位无叠梁门和无拦污栅条情况下，3 台机组引用额定流量 $3\times547.8\text{m}^3/\text{s}$，试验内容包括进口流态、水头损失和门井水位波动。

2. 控制工况进口流态和各叠梁门最小淹没水深试验

对两个控制工况水位 765.00m、795.00m，对应 1 层、6 层叠梁门高程分别为 740.00m、770.00m，3 台机组引用额定流量 $3\times547.8\text{m}^3/\text{s}$，进行进口流态试验。进口流态如满足要求，则测试下列水力参数：

（1）观察进水口、通仓段和引水渠的流态，并录像。

（2）进口段和水轮机进口上游管道全程总水头损失。

（3）进水口面、通仓段和引水渠的流速分布，取水范围。

（4）进口段时均压力变化过程。

（5）检修门井、快速闸门井和通气孔的水位波动。

进口流态如不满足要求，则提出结构体型的优化措施。

以上试验完成后，再进行 6 层、5 层、4 层、3 层叠梁门的最小淹没水深和 765.00m 水位满足进口流态要求的最大叠梁门高度试验。各叠梁门放置方式的最小淹没水深试验方法为：水位渐变下降，观察进水口、通仓段和引水渠的流态，直至流态不能满足要求，则进口流态满足要求的最低水位对应的水深为该叠梁门放置方式的最小淹没水深。

3. 推荐方案机组和叠梁门不同组合方式试验

对叠梁门布置方案，进行机组和叠梁门不同组合方式的运行试验，各组合方式见表 5.2－1。主要观察进水口、通仓段和引水渠的流态，并录像。

表 5.2－1　　　　　推荐方案机组和叠梁门不同组合方式工况表

工况	水库水位/m	机组运行条件	叠梁门顶高程/m	备　注
W3	795	2 号机组引用额定流量	最高叠梁门顶高程	少量机组运行通仓流态
W4－1	795	3 台机组引用额定流量	1 号、3 号机组 6 层叠梁门，2 号进水口 5 层叠梁门	相邻进水口叠梁门不等高放置

工况	水库水位/m	机组运行条件	叠梁门顶高程/m	备 注
W4-2	795	3台机组引用额定流量	1号进水口6层叠梁门， 2号、3号机组5层叠梁门	相邻进水口叠梁门 不等高放置

4. 拦污栅条对进口流态和水头损失的影响试验

对控制水位 765.00m（无叠梁门、2层叠梁门）、795.00m（6层叠梁门）进行进口流态和水头损失的影响试验。

5. 采取抗震强化措施对进口流态的影响试验

将深梁底高程 772.00m 和相邻机组隔墩底高程 765.00m 均下延至 751.00m 高程，安装拦污栅条。对 1~6 层叠梁门分别进行最小淹没水深的验证试验，每层叠梁门做 2~3 个水位（进口流态满足要求和不满足要求）。

6. 机组导叶突然关闭和开启水击压力试验

在 795.00m 水位、3台机组引用额定流量为 $3\times547.8\text{m}^3/\text{s}$、叠梁门高程 770.00m，模拟 2 号机组导叶突然关闭和开启，观察进水口的水力现象，测量流道和叠梁门处水击压力过程，闸门井和通仓流道涌浪水位极限值及水面波动衰减时间。

工程运行特征水位如下：

死水位 765.00m；

正常蓄水位 825.00m；

分层取水运行期低水位 765.00m；

分层取水运行期高水位 795.00m；

水轮机额定流量 $Q_r=547.8\text{m}^3/\text{s}$；

机组安装高程 570.00m。

假定导叶采用一段直线规律进行启闭，关闭时间为 12s，开启时间为 30s。

5.2.2.3 模型设计与测点布置

1. 模型设计

模型比尺为 1:30，边壁糙率比尺为 $30^{1/6}=1.76$，原型进水口段混凝土边壁糙率约为 0.014，则要求模型相应的糙率为 0.008，选用有机玻璃制作模型，糙率为 0.008~0.009，可满足进口段边壁糙率的相似要求。模型雷诺数可达 4.32×10^5，可满足模型旋涡与原型的相似要求。

按设计要求，本模型共安装了 3 台进水口管道，模拟的范围包括进水渠长度 120m（模型值 4m）、拦污栅段（包括栅条）、胸墙、进口段、检修门井、工作闸门井、通气孔、渐变段、上斜段、上弯段、竖直段部分模拟 60m（原型长度为 104.5m，根据模型场地高度，模型值为 2m）、下弯段和下水平段。模型进水渠宽度为 3 台机组的宽度，共 3.32m，两侧面及底板安装塑料挡板，使进水渠的行近流速相似。模拟水库的钢水箱尺寸为 8m×5m×8m（长×宽×高）。每个管道下水平段后用平板闸门控制流量。竖直段的缩短，对叠梁门及进水口恒定流试验结果没有影响；对机组甩负荷产生的沿程水击压力和闸门井、通仓流道顶部等部位的涌波水位，可用水击压力公式进行修正。

经计算，机组在丢弃全部负荷情况下，上游管道为极限水击（或称为末相水击），在极限水击条件下，最大水击压力受管壁弹性变形的影响较小，可以忽略不计。因此，在本模型设计过程中，可不考虑管壁弹性变形对最大水击压力的影响，模型管壁有机玻璃厚度的选取只要考虑强度、止水和制作要求即可。管壁有机玻璃厚度为8mm。管道用铁环加固。

用三峡地下电站模型水轮机（进口直径30cm，与下水平段模型管道直径34cm较接近，用渐变段联接；去掉转轮，防止飞逸）模拟中间1台机组导叶一段直线启闭过程。用背压油缸系统控制导叶启闭时间，原型导叶一段直线关闭时间为12s，换算模型关闭时间为2.2s；开启时间为30s，换算模型开启时间为5.5s。

在模型水轮机的进口前安装1台电磁流量计，用于恒定流的流量控制，测试导叶关闭或开启流量随时间的变化过程；另外2个管道，通过流量调节阀调节流量，使渐变段末端的测压管水头与中间管道相应位置的测压管水头相等，这样可保证3个管道通过的流量相同。模型现场照片如图5.2-1和图5.2-2所示。

图5.2-1　3条管道模型全景　　　　　　　　图5.2-2　模型拦污栅上游面

2. 测点布置

（1）水头损失测点。

1）水库水位。在进水渠中布置1个测压管，以测试水库水位。

2）渐变段末端。在3台机组渐变段的末端，顶、侧和底部分别布置测压管，取3点压力的平均值，计算该断面的测压管水头，用于计算进口段的水头损失。

3）水轮机进口。在3台机组水轮机进口断面，同样在顶、侧和底部分别布置测压管，取3点压力的平均值，计算该断面的测压管水头，用于计算水轮机进口上游全程的水头损失。该断面布置在下水平段（30m长）的中间，有15m没有测试到，需修正。

4）竖直段。在3台机组竖直段的2个水流较平顺的断面（模型间距为167.2cm），前、后和侧面分别布置3个测压管，取3点的测压管水头平均值作为该断面测压管水头。这2个断面的测压管水头差值，作为模型竖直段没有模拟长度44.5m（模型竖直段模拟了60m，原型为104.5m）和水轮机前水平段没有测试长度15m沿程水头损失修正的依据。沿程水头损失没有测到的总长度为44.5m+15m=59.5m，在水轮机前全程水头损失试验中需修正。

（2）进口段时均压力测点。在右边机组进口段的孔顶中心、侧壁中心各布置了12个时均压力测点。

5.2.2.4　原设计方案试验成果

5.2.2.4.1　进口流态试验成果

进水口和胸墙前流态、门井水位波动以目测为主，并配合录像。进水口旋涡按以下 3 种情况分类（图 5.2－3）。

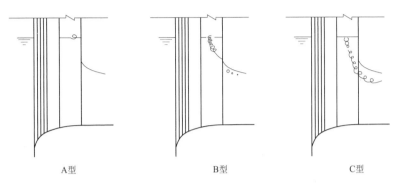

图 5.2－3　旋涡分类示意图

A 型旋涡：主要表现为随机性非连续表面旋涡，尺度较小，旋涡中心水面降落也较小，不挟气进入引水口内，对机组的正常运行无影响。

B 型旋涡：主要表现为表面旋涡，但随机间断地出现一定深度的涡流带（深度未达到入口顶部），挟带单个或数个气泡进入引水口内。这种不串连的气泡在流道内不聚集形成气囊，对机组的正常运行无甚影响，但也应当尽量避免。

C 型旋涡：主要表现为立轴旋涡，旋涡尺度较大，旋涡中心水面陡降，形成较深的漏斗，或是稳定持续地、或是随机间断地出现挟气涡流带，由库水位表面延伸到进水口内，带入的空气在压力管道内聚集成气囊。这种旋涡有害于机组安全运行，必须避免。

各种叠梁门组合放置的最小淹没水深试验，向下渐变水位的确定，主要根据联系梁的顶、底面高程，取在联系梁的顶面附近和上下联系梁的中间，因为位于水流表层的联系梁具有明显的消涡作用。下面对进口流态的分析，主要结合联系梁的顶、底面高程进行。各联系梁的顶、底面高程见表 5.2－2。

表 5.2－2　　　　　　　　　叠梁门最小淹没水深水位比较表　　　　　　　　单位：m

联系梁或叠梁门层数	第 1 层	第 2 层	第 3 层	第 4 层	第 5 层	第 6 层
联系梁顶面高程	752.50	759.50	766.50	773.50	780.50	788.50
联系梁底面高程	751.00	758.00	765.00	772.00	779.00	787.00
叠梁门顶高程	740.00	746.00	752.00	758.00	764.00	770.00
最小淹没水深对应的水位（未加栅条）	765.00	765.00	766.50	773.00	780.00	788.00
抗震强化措施后的允许最低水位（加栅条）	765.00	765.00	766.20	773.10	780.10	788.00
最小淹没水深	25.00	19.00	14.50	15.00	16.00	18.00

1. 765.00m 水位验证试验

在 765.00m 水位无叠梁门和无拦污栅条情况下，3 台机组引用额定流量 $3 \times 547.8 \text{m}^3/\text{s}$，对进口流态进行试验。

本模型进水口试验表明，3 个流道进口前流态相同，水流平静，偶尔有游离型的微涡，有少量翻花，流态较好，属 A 型旋涡。由于水位 765.00m 与第 3 层联系梁底面平齐，处于临界面，进口水面有些波动。

2. 1 层叠梁门 765.00m 及以下水位进口流态

第 1 层叠梁门顶高程为 740.00m，水库死水位为 765.00m，死水位以下，工程实际并不会运行。但根据合同内容要求，需做 765.00m 以下渐变水位。共进行了 5 个水位的进口流态试验，3 个管道过流量均为 $547.8 \text{m}^3/\text{s}$，3 个进水口前流态相同。

(1) 765.00m 水位。进水口前水流平缓，有游离型的微涡，直径原型值为 $0.6 \sim 0.9 \text{m}$（模型值为 $1 \sim 3 \text{cm}$），深度原型值为 $0.3 \sim 0.6 \text{m}$（模型值为 $1 \sim 2 \text{cm}$），有少量翻花，流态较好，属 A 型旋涡。由于水位 765.00m 与第 3 层联系梁底面平齐，进口水面有些波动。说明加 1 层叠梁门对进口流态影响较小。

(2) 763.20m 水位。该水位在第 3 层联系梁底面（765.00m）和第 2 层联系梁顶面（759.50m）之间，进口前没有旋涡，但水面波动较大。

(3) 759.70m 水位。该水位在第 2 层联系梁顶面（759.50m）附近，进水口前有游离型的微涡，水流较平稳，联系梁起到平稳水流的作用，有翻花现象。

(4) 755.00m 水位。该水位在第 2 层联系梁底面（758.00m）和第 1 层联系梁顶面（752.50m）之间，水位降低，流速增加，水流表面紊动较大，有游离型旋涡，未见气泡进入流道。

(5) 752.00m 水位。该水位在第 1 层联系梁高度范围内（751.00 $\sim$ 752.50m），水流紊动和翻花均较大，但未见气泡进入流道。

3. 6 层叠梁门各水位进口流态及最小淹没水深

6 层叠梁门顶高程为 770.00m，共进行了 8 个水位的进口流态试验，3 个管道过流量均为 $547.8 \text{m}^3/\text{s}$，3 个进水口前流态相同。

(1) 795.00m 水位。水流较平缓，有游离型的微涡，直径原型值为 $0.6 \sim 0.9 \text{m}$（模型值为 $1 \sim 3 \text{cm}$），深度原型值为 0.6m（模型值为 2cm），进口流态较好，属 A 型旋涡，可满足要求。（流量增加到 $636 \text{m}^3/\text{s}$，进口流态仍可满足要求。）

(2) 790.50m 水位。该水位在第 7 层联系梁底面（795.00m）和第 6 层联系梁顶面（788.50m）之间，离第 6 层联系梁更近了，进口流态很好，几乎没有旋涡。

(3) 788.00m 水位。该水位在第 6 层联系梁高度范围内（788.50 $\sim$ 787.00m），进口流态较好，几乎没有旋涡。

(4) 786.70m 和 784.50m 水位。2 个水位均位于第 6 层联系梁底面（787.00m）和第 5 层联系梁顶面（780.50m）之间。水面脱离了第 6 层联系梁，而离第 5 层联系梁顶面又较远，因而均出现了 B 型旋涡。在 786.70m 水位，旋涡最大直径原型值为 1.8m（模型值为 6cm），深度原型值为 1.2m（模型值为 4cm），旋涡尺寸较大，持续的时间原型值为 $16 \sim 33 \text{s}$（模型值为 $3 \sim 6 \text{s}$），每分钟出现 5 个旋涡；在 784.50m 水位，旋涡最大直径原型值为 2.4m（模型值为 8cm），深度原型值为 1.5m（模型值为 5cm），旋涡尺寸较大，持续的时间原型值为 16～38s（模型值为 3～7s），每分钟出现 7 个旋涡，并且有单个气泡进入流道。机组应尽量避免在该水位区间运行。

（5）782.00m 水位。该水位在第 5 层联系梁顶面（780.50m）附近，由于联系梁的消涡作用，进口没有旋涡出现。叠梁门顶淹没水深为 782.00m－770.00m＝12m，叠梁门顶淹没水深较小，进口表面水流湍急，为了安全起见，该水位不宜运行。

（6）780.50m 水位。该水位在第 5 层联系梁高度范围内（780.50～779.00m），行近流速较大，进口表面水流上下振荡，与横梁拍打，水流不太稳定。因此，也不宜在该水位运行。

（7）777.50m 水位。叠梁门顶淹没水深为 777.50m－770.00m＝7.5m，进口表面水流夹带大量气泡进入流道，管道内形成气囊，大量气、水从通气孔中冲出，通气孔中水位上下振荡。应禁止在该水位运行。

从以上试验成果得出，机组在 788.00m 以上水位运行，进口流态可满足要求；在 787.00～780.00m 水位，为了安全起见，不宜运行；780.00m 以下水位应禁止运行。因此 6 层叠梁门机组运行的最小淹没水深水位为 788.00m，位于第 6 层联系梁顶面附近，对应 6 层叠梁门顶上的最小淹没水深为 788.00m－770.00m＝18m。

4. 5 层叠梁门各水位进口流态及最小淹没水深

5 层叠梁门顶高程为 764.00m，共进行了 8 个水位的进口流态试验，3 个管道过流量均为 547.8m³/s，3 个进水口前流态相同。

（1）785.20m、783.20m 和 780.80m 水位。3 个水位均位于第 6 层联系梁底面（787.00m）和第 5 层联系梁顶面（780.50m）之间。3 个水位进口流态均为游离型旋涡，属 A 型旋涡，可满足要求。在 785.20m 水位，旋涡直径原型值为 0.6～1.5m（模型值为 2～5cm）；在 783.20m 水位，旋涡直径原型值为 0.3～0.9m（模型值为 1～3cm），深度原型值均为 0.6～0.9m（模型值为 2～3cm）；在 780.80m 水位几乎没有旋涡。3 个水位相比较，水位降低，淹没度减小，流态反而变好，说明 780.80m 水位在联系梁顶面（780.50m）附近，联系梁具有消涡作用。水位下降，水流表面紊动有所增加。

（2）779.80m 水位。该水位在第 5 层联系梁高度范围内（780.50～779.00m），水流表面平静，游离型旋涡，旋涡直径原型值为 0.3～0.9m（模型值为 1～3cm），深度原型值为 0.3～0.6m（模型值为 1～2cm），属 A 型旋涡，可满足要求。

在该水位条件下，快速闸门井、检修门井和通气孔水位最大波幅分别为 0.21m、0.36m 和 0.75m，说明放置叠梁门后门井水位波幅有所增加（没有安装叠梁门时分别为 0.1m、0.15m 和 0.2m）。

（3）779.00m 和 777.80m 水位。当水位下降至第 5 层底面（779.00m）和第 4 层顶面（773.50m）之间时，水面脱离了第 5 层联系梁，而离第 4 层联系梁顶面又较远，因而均出现了 B 型旋涡。旋涡直径原型值为 2.4m（模型值为 8cm），深度原型值为 1～1.2m（模型值 3.5～4cm），每个旋涡持续的时间为 16～33s，每分钟约出现 10 个旋涡，频率较高。机组应尽量避免在该水位运行。

（4）776.60m 水位。该水位离第 4 层联系梁顶面（773.50m）更近了一些，旋涡的频率有所减小，但旋涡的强度有所增加，为 B 型旋涡，旋涡直径原型值为 1.5～2.4m（模型值为 5～8cm），深度原型值为 1.2m（模型值为 4cm），每个旋涡持续的时间原型值为 27s（模型值为 5s），每分钟约出现 8 个旋涡。水位下降，水流表面紊动有所增加。从进口段观察到，有连续的散粒气泡进入流道。机组应避免在该水位运行。

（5）774.20m 水位。该水位在第 4 层联系梁顶面（773.50m）附近，联系梁的消涡作用，水流表面几乎没有旋涡，但翻花很大，表明紊动剧烈。该水位叠梁门顶淹没水深为 774.20m−764.00m＝10.20m，从进口段至下游管道观察到，有大量的散粒气泡进入流道，过了渐变段，气泡浮向管顶，流向下游。这些气泡对机组运行不利，机组应避免在此水位运行。

从以上试验成果得出，机组在 779.80m 以上水位运行，进口流态可满足要求；779.00m 以下水位机组应避免运行，因此 5 层叠梁门机组运行的最小淹没水深水位为 780.00m（取整数），位于第 5 层联系梁顶面附近，对应 5 层叠梁门顶上的最小淹没水深为 780.00m−764.00m＝16m。

5. 4 层叠梁门各水位进口流态及最小淹没水深

4 层叠梁门顶高程为 758.00m，共进行了 7 个水位的进口流态试验，3 个管道过流量均为 547.8m³/s，3 个进水口前流态相同。

（1）781.00m 水位。该水位在第 5 层联系梁顶面（780.50m）附近，联系梁的消涡作用，使进口水流表面几乎没有旋涡，水流平静，流态很好。

（2）776.00m、775.40m 和 774.80m 水位。这 3 个水位下降至第 5 层底面（779.00m）和第 4 层顶面（773.50m）之间。在 776.00m、775.40m 水位，进口表面均为游离型旋涡，直径原型值为 0.6～1.2m（模型值为 2～4cm），持续时间原型值为 11～27s（模型值为 2～5s），水流表面有些紊动，属 A 型旋涡，可满足要求；774.80m 水位离第 4 层联系梁顶面 773.50m 近些，水流较平顺，几乎没有旋涡。

（3）772.00m 水位。该水位在第 4 层联系梁底面（772.00m）处，水流从进水渠通过栅墩时，开始有跌水现象发生，水流紊动加大，有翻花，游离型旋涡，直径原型值为 0.6～1.5m（模型值为 2～5cm），深度原型值为 0.6～0.9m（模型值为 2～3cm），持续时间原型值为 16～33s（模型值为 3～6s），不时有单个气泡进入流道，进口流态基本上可满足要求。门井水位波动与放置 5 层叠梁门时相似。

（4）769.80m 水位。该水位叠梁门顶淹没水深为 769.80m−758.00m＝11.80m，在栅墩处跌水的水力坡降有所增加，进口水面紊动较大，旋涡强度大，但持续时间短，直径原型值约为 1.2m（模型值为 4cm），有连续的散粒气泡进入流道，过了渐变段，气泡浮向管顶，流向下游，在下水平段管顶仍然可看到气泡。该水位不宜运行。

（5）768.80m 水位。该水位在栅墩处跌水加大，进口水面紊动较大，并且挟带着大量气泡进入流道，过了渐变段，气泡浮向管顶，流向下游，在下水平段管顶仍然可看到气泡。该水位不宜运行。

从以上试验成果得出，机组在 772.00m 以上水位运行，进口流态可满足要求；在 772.00m 以下水位不宜运行。为了安全起见，4 层叠梁门机组运行的最低水位为 773.00m，位于第 4 层联系梁底面上 1m，对应 4 层叠梁门顶上的最小淹没水深为

773.00m－758.00m＝15m。

6. 3层叠梁门各水位进口流态及最小淹没水深

3层叠梁门顶高程为752.00m，共进行了4个水位的进口流态试验，3个管道过流量均为547.8m³/s，3个进水口前流态相同。

（1）768.50m水位。该水位在第4层底面（772.00m）和第3层顶面（766.50m）之间，进口水流紊动较大，有游离型A型旋涡，进口流态可满足要求。

（2）766.70m水位。该水位在第3层联系梁顶面（766.50m）附近，因联系梁的消涡作用，水流表面几乎没有旋涡，水流紊动也小些，没有气泡进入流道，但翻花较大。总体来说，流态可满足要求。

（3）765.00m水位。该水位在第3层联系梁底面（765.00m），进口水流湍急，紊动较大，翻花也较大；在2台机组连接墩的通仓处（模型为空心墩，可观测到流态），出现了较大的旋涡，挟带气泡进入流道，过了渐变段，气泡浮向管顶，流向下游。该水位不宜运行。

（4）764.00m水位。该水位在第3层联系梁底面（765.00m）以下，进口流态与765.00m水位相似，在2台机组连接墩通仓处的旋涡有所加大。该水位工程实际不会运行。

从以上试验成果可以得出，机组在766.70m以上水位运行，进口流态可满足要求；766.00m以下水位不宜运行，因此3层叠梁门机组运行的最低水位为766.50m，位于第3层联系梁顶面，对应3层叠梁门顶上的最小淹没水深为766.50m－752.00m＝14.50m。

7. 2层叠梁门765.00m水位进口流态

2层叠梁门，试验水位为764.70m，该水位在第3层联系梁底面（765.00m）以下。进口水面有些波动，有浅表游离型旋涡，强度较弱；在2台机组连接墩通仓处旋涡略大，直径原型值为0.3～0.9m（模型值为1～3cm）。总体来说，764.70m水位流态较好，可满足要求。

各联系梁顶面、底面高程和叠梁门最小淹没水深及水位见表5.2-2（叠梁门的层数与联系梁的层数相同）。从表中可以看出，最小淹没水深所对应的水位均位于联系梁内或顶面附近，说明位于水流表层的联系梁具有明显的消涡作用。各叠梁门运行的水位，只要在相应的联系梁范围内或以上，进口流态即可满足要求。各叠梁门顶最小淹没水深为14.5～18m。

8. 相邻进水口叠梁门不等高放置的进口流态

（1）1号进水口6层叠梁门，2号、3号进水口5层叠梁门。

1）794.60m。3个进水口和通仓流态很好，水流平稳，几乎没有旋涡。说明在795.00m高水位，淹没水深较大，进水口放置6层和5层叠梁门对进口流态影响较小。快速闸门井、检修门井和通气管内的最大水位波幅分别为0.24m、0.36m和0.60m。

为了深入研究相邻进水口叠梁门不等高放置对进口流态的影响程度，将水位降低到6层叠梁门的最小淹没水深所对应的水位788.00m和第6层联系梁底面高程787.00m以下786.80m。

2）788.00m。1号进水口6层叠梁门，进口前为游离型微涡；2号、3号进水口5层叠梁门，进口前几乎没有旋涡。787.50m 水位仍在第 6 层联系梁高度范围内（787.00～788.50m），3 孔进口流态与 788.00m 水位相同。

3）786.80m。水位下降到第 6 层联系梁底面以下，1 号进水口 6 层叠梁门进口流态性质发生了变化，出现了 B 型旋涡，旋涡最大直径原型值为 2.1m（模型值为 7cm），深度原型值为 1.2m（模型值为 4cm），旋涡尺寸较大，持续的时间原型值为 16～33s（模型值为 3～6s），每分钟出现 8 个旋涡，并且有气泡进入流道，不能满足要求。

2 号、3 号进水口 5 层叠梁门，进口前为游离型旋涡，最大直径原型值为 1.5m（模型值为 5cm），持续的时间原型值为 11～27s（模型值为 2～5s），每分钟出现 4 个旋涡，强度较小，水流平缓，无气泡进入流道，A 型旋涡，进口流态基本满足要求。在 2 台机组连接墩通仓处水流平静，6 层和 5 层叠梁门交接处没有不良流态。

以上试验结果表明，各进水口流态与该进口水位和叠梁门的数量有关，受相邻进水口叠梁门不等高放置的影响较小。1 号进水口 6 层叠梁门，2 号、3 号进水口 5 层叠梁门，运行水位只要满足 1 号进水口 6 层叠梁门最小淹没水深所对应的水位 788.00m 以上即可。

（2）1 号、3 号进水口 6 层叠梁门，2 号进水口 5 层叠梁门。在该叠梁门放置方式下，795.00m 水位 3 个进水口流态均可满足要求。以下主要研究第 6 层联系梁底面高程 787.00m 上下 0.5m 水位的进口流态。

1）787.50m。该水位在第 6 层联系梁高度范围内（787.00～788.50m），1 号、3 号进水口 6 层叠梁门进口流态为游离型旋涡，直径原型值为 0.3～0.9m（模型值为 1～3cm）；2 号进水口 5 层叠梁门进口几乎没有旋涡。

2）786.50m。水位下降到第 6 层联系梁底面以下，1 号、3 号进水口 6 层叠梁门进口流态性质发生了变化，出现了 B 型旋涡，旋涡最大直径原型值为 2.7m（模型值为 9cm），深度原型值为 1.2m（模型值为 4cm），旋涡尺寸大、强度大，持续的时间原型值为 16～38s（模型值为 3～7s），每分钟出现 7 个旋涡，并且有气泡进入流道，不能满足要求。

2 号进水口 5 层叠梁门，进口前为游离型旋涡，最大直径原型值为 1.5m（模型值为 5cm），持续的时间原型值为 11～27s（模型值为 2～5s），强度较小，水流平缓，无气泡进入流道，A 型旋涡，进口流态基本满足要求。在 2 台机组连接墩通仓处，水流平静，6 层和 5 层叠梁门交接处没有不良流态。

以上试验成果表明，运行水位只要满足 6 层叠梁门最小淹没水深所对应的水位在 788.00m 以上即可。

9. 少量机组运行的通仓流态

根据表 5.2-1 试验工况，在 3 个进水口 6 层叠梁门，1 号、3 号机组停机、2 号机组运行，观测通仓流态。进行了 2 种工况的试验：

（1）794.50m、616m³/s。该工况 2 号机组通过了 616m³/s 的流量，进口前流态很好，水流平静，通仓内没有不良流态。

（2）789.70m、636m³/s。该工况 2 号机组流量达到了 636m³/s，进口前流态很好，为游离型微涡，通仓内没有不良流态。

因此，在少量机组运行时，部分流量从相邻进口拦污栅通过，减小了行近流速，通仓内没有不良流态。

10. 795.00m 水位叠梁门放置过程流态

模型中先放置了5层叠梁门，水位调到795.00m，再放置第6层叠梁门，进口流态没有发生变化，仍然很好。

5.2.2.4.2　水头损失试验成果

1台机组运行的水头损失，不仅与水位有关，而且与相邻机组的过流量有关。因为水位变化，通过联系梁的层数不同，水头损失有差异；中间机组流量不变，相邻机组流量减小，中间机组的一部分流量就会从相邻机组的拦污栅和通仓通过，行近流速减小，相应水头损失也会减小，试验结果也证实了这一点。因此，下面的叠梁门水头损失试验均在3条管道过相同流量下进行的。

对于既定流道，其沿程和局部水力损失，主要与水流雷诺数、边壁体型及相对粗糙率有关。在模型比尺 $L_r = 30$ 条件下，模型水流雷诺数可达 4.32×10^5 以上，基本能够保证模型与原型间的水流结构相似。但是，在水力损失量值上，由于模型水流雷诺数较原型小164倍，因此，为了使模型试验的水力损失系数 C 能更加逼近原型值，在试验中采用了提高模型水流雷诺数，即加大流量法，以达到上述目的。

进水口段的水力损失系数 C_1 包含的体形为拦污栅段、叠梁门、喇叭口、检修门槽、工作闸门门槽和渐变段；水轮机进口前全程水头损失系数 C_2 还包括上斜段、上弯段、竖直段、下弯段和水轮机进口前水平段。

在试验范围内，进口前行进流速水头较小，可忽略不计。对于进口前断面和渐变段后断面，可列能量方程：

$$H_0 = Z + \frac{p}{r} + \frac{\alpha v^2}{2g} + h_w \tag{5.2-1}$$

式中：H_0 为库水位，可由试验直接测得，m；$Z + \dfrac{p}{r}$ 为观测断面的测压管水头，渐变段断面取顶、底、侧三点平均值，m；$\dfrac{\alpha v^2}{2g}$ 为观测断面的平均流速水头，根据电磁流量计流量除以断面面积得到，流速不均匀系数 $\alpha = 1$，m；h_w 为两断面之间的水头损失（包括局部和沿程水头损失），m。

则进水口至渐变段之间的水头损失值为：$h_w = H_0 - \left(Z + \dfrac{p}{r}\right) - \dfrac{v^2}{2g}$，并用一无量纲数来表示水头损失，称为水头损失系数，定义为

$$C = \frac{h_w}{v^2/2g} \tag{5.2-2}$$

根据试验流量 Q 与试验时的水温，可得模型水流雷诺数 Re_m，即每组试验可得两个无量纲数 C 与 Re_m。

加大模型流量，直至损失系数 C 趋近于常数（说明模型水流已进入水力自模区），取此数为原型管道的水头损失系数。根据式（5.2-2）可计算出各种运行条件下的原型水头损失值。

1. 6 层叠梁门 795m 水位

3个管道过相同的流量，从 547.8m³/s 起始，加大流量，用中间管道，作出水头损失

系数 C 与模型雷诺数 Re_m 的关系曲线，直至损失系数 C 趋近于常数，据此计算出各种运行条件下的原型水头损失值。

在库水位 795.00m、6 层叠梁门条件下，各流量进口段和全程的水头损失值、水头损失系数及对应的模型雷诺数 Re_m 见表 5.2-3。

表 5.2-3　水位 795.00m、6 层叠梁门进口段和全程的水头损失模型试验值（未含栅条）

试验组次	1	2	3	4	5	6	7	8
库水位 H_0/m	795.34	794.95	795.91	795.07	795.25	795.22	794.34	794.8
Q/(m³/s)	548	562	589	614	641	677	687	701
水温/℃	25	25	25	25	25	25	25	25
V(直径 11m)/(m/s)	5.76	5.91	6.20	6.46	6.74	7.12	7.23	7.38
进口段 Re_m/($\times10^5$)	4.32	4.43	4.65	4.85	5.06	5.34	5.42	5.54
进口段 h_w/m	2.085	2.117	2.302	2.461	2.692	2.995	3.084	3.197
进口段 C_1	1.230	1.187	1.176	1.170	1.161	1.159	1.158	1.153
V(直径 10.2m)/(m/s)	6.71	6.88	7.21	7.52	7.84	8.28	8.40	8.58
全程 Re_m/($\times10^5$)	4.66	4.78	5.01	5.23	5.46	5.76	5.84	5.97
全程 h_w/m	3.348	3.50	3.712	3.96	4.335	4.723	5.025	5.129
全程 C_2	1.460	1.430	1.402	1.375	1.383	1.361	1.385	1.367

根据表 5.2-3 中的数据，可绘出以模型雷诺数 Re_m 为横坐标，水头损失系数 C_1、C_2 为纵坐标的相关图，如图 5.2-4 和图 5.2-5 所示。

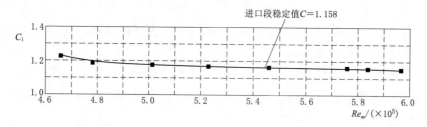

图 5.2-4　水位 795.00m、6 层叠梁门进口段水头损失系数 C-Re_m（未含栅条）

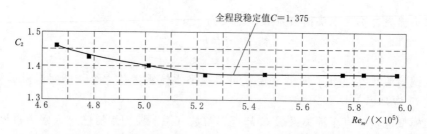

图 5.2-5　水位 795.00m、6 层叠梁门全程水头损失系数 C-Re_m（未含栅条）

从图 5.2-4 看出，进口段当模型雷诺数 $Re_m \geqslant 4.85\times10^5$ 时，水头损失系数 C_1 基本趋于稳定，稳定值 $C_1=1.158$。在单机设计过流量 547.8m³/s 条件下，水位 795.00m、6

层叠梁门进口段的原型水头损失值为

$$h_w = C\frac{Vp^2}{2g} = 1.158 \times \left(\frac{547.8}{\pi \times 5.5^2}\right)^2/(2 \times 9.81) = 1.96(\text{m})$$

数学模型在该工况下，进口段的水头损失值为 2.06m，二者较接近，相对误差为 5%。

从图 5.2-5 看出，上游全程当模型雷诺数 $Re_m \geq 5.23 \times 10^5$ 时，水头损失系数基本趋于稳定，稳定值为 1.375；需对未测试到的 59.5m 直管段进行修正，修正后的稳定值 C_2 为 1.436。在单机设计过流量 547.8m³/s 条件下，水位 795.00m、6 层叠梁门全程的原型水头损失值为

$$h_w = C_2\frac{Vp^2}{2g} = 1.436 \times \left(\frac{547.8}{\pi \times 5.1^2}\right)^2/(2 \times 9.81) = 3.29(\text{m})$$

渐变段后至水轮机进口的水头损失也可以用水力学公式计算，管道的相对糙率 n 如取 0.014，在单机过流量 547.8m³/s 条件下，该段的水头损失值可计算得 1.25m；进口段的水头损失试验值为 1.96m；则可计算全程的水头损失值为 1.96m+1.25m=3.21m，与 3.29m 相比，相对误差为 2.4%。

2. 1 层叠梁门 765.00m 水位

在库水位 765.00m、1 层叠梁门条件下，从 547.8m³/s 起始，加大流量，各流量进口段和全程的水力损失值、水力损失系数及对应的模型雷诺数 Re_m 见表 5.2-4。

表 5.2-4 水位 765.00m、1 层叠梁门进口段和全程水头损失模型试验值（未含栅条）

试验组次	1	2	3	4	5	6
库水位 H_0/m	765.25	765.55	764.86	764.73	765.20	764.92
Q/(m³/s)	548	582	599	625	629	634
水温/℃	22	22	22	22	22	22
V(直径 11m)/(m/s)	5.76	6.13	6.30	6.57	6.62	6.68
进口段 Re_m/($\times 10^5$)	4.02	4.28	4.40	4.59	4.62	4.66
进口段 h_w/m	0.710	0.801	0.840	0.909	0.920	0.938
进口段 C_1	0.420	0.418	0.414	0.413	0.412	0.413
V(直径 10.2m)/(m/s)	6.70	7.12	7.33	7.65	7.70	7.76
全程 Re_m/($\times 10^5$)	4.33	4.61	5.12	4.95	4.98	5.02
全程 h_w/m	1.854	2.072	2.181	2.313	2.333	2.448
全程 C_2	0.811	0.802	0.796	0.776	0.772	0.796

根据表 5.2-4 中的数据，可绘出以模型雷诺数 Re_m 为横坐标，水头损失系数 C_1、C_2 为纵坐标的相关图，如图 5.2-6 和图 5.2-7 所示。

从图 5.2-6 看出，进口段当模型雷诺数 $Re_m \geq 4.40 \times 10^5$ 时，水头损失系数 C_1 基本趋于稳定，稳定值 $C_1 = 0.413$。在单机设计过流量 547.8m³/s 条件下，水位 765.00m、1 层叠梁门进口段的原型水头损失值为

$$h_w = C\frac{Vp^2}{2g} = 0.413 \times \left(\frac{547.8}{\pi \times 5.5^2}\right)^2/(2 \times 9.81) = 0.70(\text{m})$$

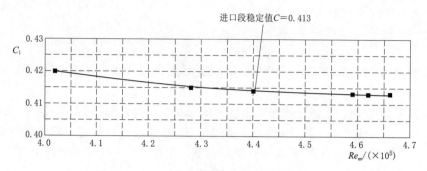

图 5.2-6　水位 765.00m、1 层叠梁门进口段水头损失系数 $C-Re_m$（未含栅条）

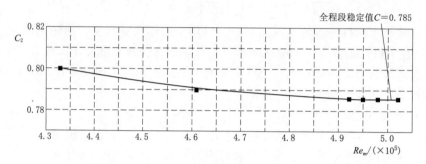

图 5.2-7　水位 765.00m、1 层叠梁门全程水头损失系数 $C-Re_m$（未含栅条）

数学模型在该工况下，进口段的水头损失值为 0.699m，二者基本一致。

从图 5.2-7 看出，上游全程当模型雷诺数 $Re_m \geqslant 5.12 \times 10^5$ 时，水头损失系数基本趋于稳定，稳定值为 0.785；需对未测试到的 59.5m 直管段进行修正，修正后的稳定值 C_2 为 0.847。在单机设计过流量 547.8m³/s 条件下，水位 765.00m、1 层叠梁门全程的原型水头损失值为

$$h_w = C_2 \frac{Vp^2}{2g} = 0.847 \times \left(\frac{547.8}{\pi \times 5.1^2}\right)^2 / (2 \times 9.81) = 1.94(\mathrm{m})$$

渐变段后至水轮机进口的水头损失应用水力学公式计算值 1.25m；进口段的水头损失试验值为 0.70m；则可计算全程的水头损失值为 0.70m+1.25m=1.95m，与 1.94m 相比，相对误差为 0.5%。

3. 2 层叠梁门 765.00m 水位

在库水位 765.00m、2 层叠梁门条件下，从 547.8m³/s 起始，加大流量，各流量进口段和全程的水头损失值、水头损失系数及对应的模型雷诺数 Re_m 见表 5.2-5。

表 5.2-5　水位 765.00m、2 层叠梁门进口段和全程水头损失模型试验值（未含栅条）

试验组次	1	2	3	4	5	6
库水位 H_0/m	765.16	764.71	765.01	765.40	765.01	765.25
$Q/(\mathrm{m}^3/\mathrm{s})$	542	579	586	602	623	634
水温/℃	22	22	22	22	22	22

续表

试验组次	1	2	3	4	5	6
V（直径 11m）/（m/s）	5.71	6.09	6.17	6.33	6.56	6.67
进口段 Re_m/（×10⁵）	3.98	4.25	4.31	4.42	4.57	4.66
进口段 h_w/m	1.671	1.860	1.843	1.918	2.099	2.172
进口段 C_1	0.996	0.980	0.951	0.939	0.958	0.958
V（直径 10.2m）/（m/s）	6.63	7.08	7.17	7.37	7.62	7.76
全程 Re_m/（×10⁵）	4.29	4.58	4.64	4.77	4.93	5.02
全程 h_w/m	2.828	3.203	3.229	3.382	3.667	3.771
全程 C_2	1.261	1.253	1.232	1.222	1.238	1.228

　　根据表 5.2-5 中的数据，可绘出以模型雷诺数 Re_m 为横坐标，水头损失系数 C_1、C_2 为纵坐标的相关图，如图 5.2-8 和图 5.2-9 所示。

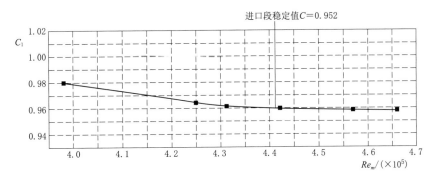

图 5.2-8　水位 765.00m、2 层叠梁门进口段水头损失系数 $C - Re_m$（未含栅条）

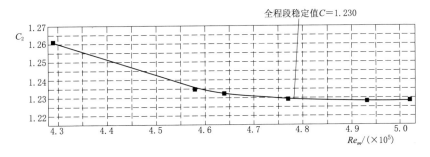

图 5.2-9　水位 765m、2 层叠梁门全程水头损失系数 $C - Re_m$（未含栅条）

　　从图 5.2-8 看出，进口段当模型雷诺数 $Re_m \geqslant 4.31 \times 10^5$ 时，水头损失系数 C_1 基本趋于稳定，稳定值 $C_1 = 0.952$。在单机设计过流量 547.8m³/s 条件下，水位 765.00m、2 层叠梁门进口段的原型水头损失值为

$$h_w = C \frac{Vp^2}{2g} = 0.952 \times \left(\frac{547.8}{\pi \times 5.5^2} \right)^2 / (2 \times 9.81) = 1.61(\text{m})$$

　　从图 5.2-9 可看出，上游全程当模型雷诺数 $Re_m \geqslant 4.64 \times 10^5$ 时，水头损失系数基本

趋于稳定，稳定值为 1.230；需对未测试到的 59.5m 直管段进行修正，修正后的稳定值 C_2 为 1.290。在单机设计过流量 547.8m³/s 条件下，水位 765.00m、2 层叠梁门全程的原型水头损失值为

$$h_w = C_2 \frac{Vp^2}{2g} = 1.290 \times \left(\frac{547.8}{\pi \times 5.1^2}\right)^2 / (2 \times 9.81) = 2.95\text{m}$$

渐变段后至水轮机进口的水头损失应用水力学公式计算值 1.25m；进口段的水头损失试验值为 1.61m；则可计算全程的水头损失值为 1.61m＋1.25m＝2.86m，与 2.95m 相比，相对误差为 3％。

将 1 层、2 层、6 层叠梁门对应的水位、进口段和全程水头损失物模试验成果和数模计算成果汇总于表 5.2-6。

从表 5.2-6 中看出，同一水位 765.00m，加 1 层叠梁门，水头损失增加值为 0.70m－0.32m＝0.38m；增加到 2 层叠梁门，水头损失增加值为 1.61m－0.70m＝0.91m，可见，同一水位增加叠梁门，水头损失增加值较大。水位升高到 795.00m，叠梁门为 6 层，叠梁门增加了 4 层，水头损失增加值仅为 1.96m－1.61m＝0.35m，叠梁门增加，水位同时升高，水头损失的增加值就小。

表 5.2-6　各叠梁门对应的水位、进口段和全程水头损失物模试验成果和数模计算成果比较表（3 个管道过流量均为 547.8m³/s、未加栅条）

水位 /m	叠梁门层数	量测范围	物理模型水头损失		数学模型计算值 /m	水力学公式计算值 /m	相对误差
			系数	试验值/m			
765.00	1	进口段	0.413	0.70	0.699	—	0.1%
		全程	0.847	1.94	—	0.7＋1.25＝1.95	0.5%
765.00	2	进口段	0.952	1.61	—	—	—
		全程	1.290	2.95	—	1.61＋1.25＝2.86	3%
795.00	6	进口段	1.158	1.96	2.06	—	5%
		全程	1.436	3.29	—	1.96＋1.25＝3.21	2.4%

注　进口段渐变段末的流速水头为 1.694m；水轮机进口前全程的流速水头为 2.29m。

5.2.2.4.3　门井水位波动幅度

765.00～795.00m 水位和叠梁门组合快速闸门井、检修门井和通气管水位波动幅值见表 5.2-7。从表中看出，快速闸门井面积最大，水位波动较小；通气管面积最小，水位波动最大。高水位比低水位的门井波动幅度值要小些；检修门井和通气管的水位变幅值较快速闸门井要大，快速闸门井水位较平稳，波动频率也较小。快速闸门井、检修门井和通气管在最低水位 765.00m，最大波动幅值分别为 0.30m、0.70m 和 1.00m。

表 5.2-7　765.00～795.00m 水位和叠梁门组合快速闸门井、检修门井和通气管水位波动幅值

单位：m

叠梁门层数	水库水位	快速闸门井	检修门井	通气管
6	795.00	0.24	0.36	0.60
5	780.00	0.25	0.38	0.75

叠梁门层数	水库水位	快速闸门井	检修门井	通气管
4	772.00	0.30	0.45	0.80
3	768.00	0.30	0.60	0.90
2	765.00	0.30	0.70	1.00

5.2.2.4.4　进口段沿程压力分布

测试沿程的压力变化过程，可判断进口段体形的优劣。在孔顶中心和侧壁中心各布置了12个测压管。为了便于不同体形和不同流量之间的比较，引入无量纲数 K_d，即压降系数，定义为

$$K_d = \frac{H_0 - H_d}{\frac{V_p^2}{2g}} \qquad (5.2-3)$$

式中：H_0 为库水位，m；H_d 为测点的测压管水头，$H_d = Z + \frac{p}{r}$，m；V_p 为压力钢管的平均流速，m/s。

以测点至进口面的距离 X 与压力钢管直径 D 的比值 X/D 为横坐标，K_d 值为纵坐标，绘制相关曲线，以曲线的变化情况，判断局部体形的优劣。

进行了最低水位765.00m、2层叠梁门和最高水位795.00m、6层叠梁门，2个工况的进口段沿程时均压力分布的试验。各工况下，$X/D - K_d$ 曲线分别如图5.2-10和图5.2-11所示。该模型进水口体形与2011年长江科学院承担的白鹤滩电站（单机1000WM）进水口模型体形相同，唯一不同的是加了2层或6层叠梁门，进流条件改变了。

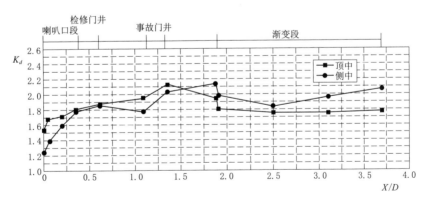

图 5.2-10　765.00m 水位、2 层叠梁门进水口段压降系数 K_d 分布曲线

（1）765.00m 水位、2层叠梁门。从图5.2-10中看出，喇叭口段以后，顶中和侧墙的 K_d 值变化趋势较平缓，曲线较平顺，压降系数变化较小，顶中和侧墙的体型布置较合理，说明增加2层叠梁门对进口段时均压力的沿程变化影响较小。

（2）795.00m 水位、6层叠梁门。比较图5.2-10和图5.2-11，叠梁门增加到6层，侧墙的 K_d 值曲线沿程变化趋势较相似，说明叠梁门的增加，对侧墙的时均压力变化特性

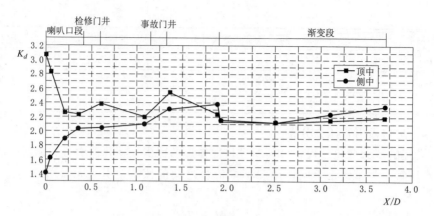

图 5.2-11 795.00m 水位、6 层叠梁门进水口段压降系数 K_d 分布曲线

影响较小；而对顶面快速闸门井（或称事故门井）前 K_d 值沿程变化趋势影响较大。水流从 6 层叠梁门顶竖直进入通仓，主流位于进口面，即在喇叭口的顶部流速最大，相应时均压力最小。

在图 5.2-11 中看到进口面（$X/D=0$）K_d 值最大，即时均压力最小；在喇叭口段时均压力增加，K_d 值减小；在检修门井和快速闸门井之间经过上下二回波折，工作门井后的 K_d 值变化规律又跟图 5.2-10 中 2 层叠梁门相同了。

5.2.2.4.5 拦污栅墩内和进水渠流速分布

进行了最低水位 765.00m、2 层叠梁门和最高水位 795.00m、6 层叠梁门，2 个工况的拦污栅墩内和进水渠流速分布试验。对中间机组 5 孔、两边机组选 1 孔沿垂线测量流速，垂线测点间距为 3m（模型为 10cm）。在 765m 水位测量了 6 个断面，分别为拦污栅墩内横梁前、进水渠距拦污栅面 6m、12m、18m、24m 和 30m。在 795.00m 水位测量了 4 个断面，分别为拦污栅墩内横梁前、进水渠距拦污栅面 12m、24m 和 36m。

1. 765.00m 水位、2 层叠梁门

6 个断面流速值见表 5.2-8～表 5.2-10。从 3 个流速表中看出，同一断面每孔的流速值基本相同，说明同一机组拦污栅的 5 个孔进流较均匀。

表 5.2-8　　　　　765.00m、2 层叠梁门拦污栅墩内和引水渠流速分布

序号	测点高程 /m	流速/(m/s)									
		拦污栅墩内横梁前断面							距拦污栅面 18m 断面		
		左 5 号	中 1 号	中 2 号	中 3 号	中 4 号	中 5 号	右 1 号	左 3 号	中 3 号	右 3 号
1	734.60	0.33	0.44	0.41	0.40	0.39	0.35	0.27	0.29	0.26	0.20
2	737.60	0.54	0.45	0.53	0.51	0.49	0.43	0.48	0.38	0.32	0.27
3	740.60	0.59	0.65	0.68	0.70	0.51	0.59	0.64	0.45	0.40	0.44
4	743.60	0.85	0.97	0.98	0.91	0.91	0.97	0.90	0.47	0.48	0.39
5	746.60	1.44	1.32	1.33	1.24	1.34	1.35	1.45	0.59	0.50	0.46
6	749.60	1.49	1.48	1.32	1.40	1.35	1.36	1.36	0.68	0.66	0.53

续表

序号	测点高程/m	流速/(m/s)									
		拦污栅墩内横梁前断面							距拦污栅面18m断面		
		左5号	中1号	中2号	中3号	中4号	中5号	右1号	左3号	中3号	右3号
7	752.60	1.22	1.32	1.25	1.26	1.24	1.27	1.25	0.58	0.60	0.62
8	755.60	1.44	1.24	1.31	1.28	1.35	1.45	1.41	0.61	0.65	0.62
9	758.60	1.02	1.26	1.19	1.22	1.14	1.10	1.13	0.64	0.58	0.67
10	761.60	1.39	1.39	1.28	1.34	1.20	1.25	1.30	0.72	0.60	0.63
11	764.60	1.33	1.36	1.41	1.30	1.30	1.32	1.33	0.73	0.73	0.69
垂线平均流速		1.06	1.08	1.06	1.04	1.02	1.04	1.05	0.54	053	0.52

表 5.2-9　　　　765.00m、2层叠梁门引水渠流速分布

序号	测点高程/m	流速/(m/s)									
		距拦污栅面6m断面							距拦污栅面24m断面		
		左3号	中1号	中2号	中3号	中4号	中5号	右3号	左3号	中3号	右3号
1	734.60	0.19	0.21	0.21	0.19	0.19	0.18	0.17	0.31	0.29	0.28
2	737.60	0.31	0.26	0.25	0.27	0.27	0.19	0.21	0.42	0.41	0.39
3	740.60	0.32	0.28	0.29	0.25	0.41	0.30	0.38	0.47	0.48	0.42
4	743.60	0.51	0.39	0.47	0.47	0.46	0.49	0.48	0.49	0.46	0.44
5	746.60	0.60	0.51	0.55	0.54	0.49	0.52	0.50	0.52	0.49	0.49
6	749.60	0.62	0.59	0.57	0.55	0.51	0.62	0.52	0.59	0.49	0.56
7	752.60	0.63	0.66	0.61	0.54	0.62	0.56	0.62	0.66	0.57	0.59
8	755.60	0.68	0.62	0.64	0.59	0.69	0.75	0.64	0.70	0.66	0.62
9	758.60	0.70	0.58	0.63	0.66	0.78	0.69	0.65	0.68	0.68	0.71
10	761.60	0.65	0.61	0.64	0.72	0.74	0.72	0.73	0.76	0.70	0.67
11	764.60	0.76	0.73	0.74	0.71	0.69	0.75	0.80	0.79	0.80	0.71
垂线平均流速		0.54	0.52	0.51	0.50	0.53	0.52	0.52	0.58	0.55	0.54

表 5.2-10　　　　765.00m、2层叠梁门引水渠流速分布

序号	测点高程/m	流速/(m/s)									
		距拦污栅面12m断面							距拦污栅面30m断面		
		左3号	中1号	中2号	中3号	中4号	中5号	右3号	左3号	中3号	右3号
1	734.60	0.28	0.33	0.25	0.29	0.26	0.24	0.22	0.39	0.26	0.29
2	737.60	0.41	0.39	0.33	0.30	0.35	0.42	0.30	0.42	0.38	0.30
3	740.60	0.47	0.43	0.50	0.43	0.39	0.47	0.36	0.49	0.42	0.46
4	743.60	0.52	0.58	0.52	0.46	0.47	0.53	0.46	0.59	0.49	0.48
5	746.60	0.62	0.60	0.58	0.51	0.59	0.55	0.51	0.61	0.52	0.52
6	749.60	0.58	0.47	0.58	0.55	0.60	0.59	0.54	0.68	0.65	0.55

序号	测点高程/m	流速/(m/s)									
		距拦污栅面12m断面							距拦污栅面30m断面		
		左3号	中1号	中2号	中3号	中4号	中5号	右3号	左3号	中3号	右3号
7	752.60	0.68	0.56	0.68	0.60	0.64	0.57	0.61	0.63	0.61	0.59
8	755.60	0.71	0.66	0.61	0.66	0.53	0.61	0.63	0.64	0.63	0.65
9	758.60	0.68.	0.60	0.65	0.70	0.72	0.69	0.70	0.71	0.65	0.72
10	761.60	0.71	0.74	0.71	0.69	0.79	0.78	0.70	0.68	0.71	0.68
11	764.60	0.74	0.68	0.72	0.81	0.78	0.77	0.68	0.71	0.75	0.81
垂线平均流速		0.57	0.55	0.56	0.55	0.56	0.57	0.53	0.59	0.56	0.55

从表 5.2-8 中看出，拦污栅墩内横梁前断面，底部流速最小，为 0.3～0.4m/s；沿高度方向，流速逐渐增加，在 2 层叠梁门的顶部高程 746.00m 增加值较大，为 1.3～1.4m/s；在 749.00m 高程达到最大值，约为 1.49m/s；749.00m 高程至水面流速呈均匀分布，在联系梁处流速略有减小。

在引水渠内，5 个断面的流速分布均呈现底部小、表面大的特征，最大表面流速为 0.75m/s 左右。

2. 795.00m 水位、6 层叠梁门

该工况的流速分布规律与上一工况相似，测量了 4 个断面的流速分布。4 个断面流速值见表 5.2-11 和表 5.2-12。从 2 个流速表中同样可看出，同一断面每孔的流速值基本相同，说明同一机组拦污栅的 5 个孔进流较均匀。

从表 5.2-11 中看出，拦污栅墩内横梁前断面，在 760.00m 高程以下，流速小于 0.3m/s；沿高度方向，流速逐渐增加，在 6 层叠梁门的顶部 770.00m 高程处增加值较大，流速值为 1m/s 左右；在 776.60m 高程达到最大值，约为 1.2m/s；776.60m 高程至水面流速呈均匀分布，在联系梁处流速略有减小。

在引水渠内，3 个断面的流速分布均呈现出底部小、表面大的特征，最大表面流速约为 0.65m/s。

表 5.2-11　　　　795.00m、6 层叠梁门拦污栅墩内和引水渠流速分布

序号	测点高程/m	流速/(m/s)									
		拦污栅墩内横梁前断面							距拦污栅面24m断面		
		左3号	中1号	中2号	中3号	中4号	中5号	右3号	左3号	中3号	右3号
1	734.60	0.17	0.12	0.15	0.14	0.11	0.12	0.13	0.21	0.19	0.17
2	740.60	0.18	0.18	0.16	0.15	0.12	0.13	0.15	0.24	0.18	0.17
3	746.60	0.19	0.20	0.21	0.15	0.18	0.16	0.20	0.28	0.20	0.21
4	752.60	0.22	0.21	0.23	0.20	0.22	0.20	0.26	0.34	0.32	0.29
5	758.60	0.30	0.26	0.31	0.36	0.26	0.26	0.28	0.39	0.38	0.35
6	761.60	0.42	0.32	0.40	0.41	0.33	0.29	0.29	0.38	0.40	0.37
7	764.60	0.61	0.58	0.45	0.53	0.47	0.55	0.42	0.41	0.42	0.35

续表

序号	测点高程/m	流速/(m/s)									
		拦污栅墩内横梁前断面							距拦污栅面24m断面		
		左3号	中1号	中2号	中3号	中4号	中5号	右3号	左3号	中3号	右3号
8	767.60	0.71	0.75	0.69	0.73	0.67	0.63	0.71	0.50	0.45	0.39
9	770.60	1.08	1.02	1.12	0.99	1.07	1.02	0.96	0.51	0.56	0.41
10	773.60	1.08	1.02	1.10	1.10	1.10	1.06	1.06	0.54	0.53	0.44
11	776.60	1.15	1.11	1.23	1.25	1.29	1.15	1.11	0.48	0.51	0.48
12	779.60	1.01	1.02	1.16	1.01	1.12	1.03	0.87	0.51	0.50	0.50
13	782.60	0.93	1.06	1.03	0.97	0.98	0.94	0.91	0.46	0.51	0.47
14	785.60	0.89	0.93	0.97	0.90	0.98	0.79	0.85	0.57	0.50	0.49
15	788.60	0.83	0.86	0.81	0.77	0.86	0.78	0.77	0.51	0.52	0.50
16	791.60	0.75	0.87	0.87	0.89	0.86	0.85	0.84	0.54	0.65	0.61
17	794.60	0.75	0.78	0.75	0.83	0.90	0.89	0.87	0.60	0.67	0.64
垂线平均流速		0.65	0.66	0.67	0.66	0.66	0.64	0.62	0.44	0.44	0.41

表5.2-12　　795.00m、6层叠梁门拦污栅墩内和引水渠流速分布　　单位：m/s

序号	测点高程/m	流速/(m/s)									
		距拦污栅面12m断面							距拦污栅面36m断面		
		左3号	中1号	中2号	中3号	中4号	中5号	右3号	左3号	中3号	右3号
1	734.60	0.15	0.17	0.18	0.16	0.18	0.15	0.17	0.16	0.15	0.17
2	740.60	0.17	0.18	0.20	0.19	0.19	0.18	0.19	0.18	0.17	0.20
3	746.60	0.20	0.20	0.22	0.23	0.21	0.22	0.21	0.22	0.20	0.22
4	752.60	0.23	0.20	0.24	0.24	0.23	0.23	0.20	0.29	0.29	0.27
5	758.60	0.24	0.25	0.25	0.23	0.26	0.25	0.23	0.31	0.32	0.33
6	761.60	0.37	0.36	0.35	0.30	0.38	0.38	0.29	0.38	0.37	0.35
7	764.60	0.39	0.43	0.43	0.45	0.41	0.42	0.41	0.47	0.43	0.41
8	767.60	0.48	0.48	0.46	0.45	0.49	0.45	0.40	0.46	0.43	0.46
9	770.60	0.49	0.49	0.50	0.49	0.50	0.48	0.44	0.47	0.44	0.45
10	773.60	0.54	0.53	0.56	0.52	0.51	0.52	0.45	0.47	0.46	0.47
11	776.60	0.53	0.50	0.54	0.53	0.56	0.54	0.53	0.46	0.51	0.45
12	779.60	0.55	0.55	0.53	0.51	0.52	0.54	0.52	0.50	0.53	0.49
13	782.60	0.51	0.53	0.56	0.49	0.54	0.57	0.56	0.50	0.49	0.47
14	785.60	0.53	0.52	0.53	0.52	0.52	0.56	0.49	0.50	0.53	0.46
15	788.60	0.54	0.54	0.56	0.56	0.58	0.57	0.51	0.52	0.50	0.53
16	791.60	0.61	0.66	0.64	0.59	0.64	0.65	0.56	0.58	0.55	0.56
17	794.60	0.65	0.67	0.69	0.62	0.67	0.60	0.61	0.62	0.64	0.59
垂线平均流速		0.42	0.43	0.43	0.41	0.43	0.43	0.40	0.42	0.41	0.41

5.2.2.4.6　拦污栅条对进口流态和水头损失的影响

模型拦污栅条框架按几何相似模拟，模型栅条总高度为 2.03m（高程 734.00～795.00m），栅条由 0.4mm 厚（模型计算值应为 0.46mm）的镀锌板制作，嵌入到槽宽 0.5mm（由激光加工）的有机玻璃中，栅条间距 7mm（模型计算值应为 5mm，考虑到模型水中污物的部分堵塞，放大了 2mm）。

1. 拦污栅条对进口流态的影响试验

进行了 3 种控制工况的进口流态试验：①765.00m 水位、加拦污栅条、没有叠梁门；②765.00m 水位、加拦污栅条、2 层叠梁门；③795.00m 水位、加拦污栅条、6 层叠梁门。

（1）765.00m 水位、555m³/s 流速，加拦污栅条、没有叠梁门。进水口前为游离型微涡，水流较平缓，水面波动稍大，A 型旋涡，可满足要求，与不加拦污栅条前流态几乎相同，说明加拦污栅条后对进口流态影响较小。

（2）765.00m 水位、558m³/s 流速，加拦污栅条、2 层叠梁门。进水口前为游离型微涡，2 层叠梁门，行近流速增加了，水流紊动较大，A 型旋涡，可满足要求，与不加拦污栅条前流态几乎相同，同样说明加拦污栅条后对进口流态影响较小。

（3）795.00～785.50m 水位、加拦污栅条、6 层叠梁门。

1）794.40m 水位、566m³/s 流速。进水口前为游离型微涡，水流平缓，A 型旋涡，可满足要求，与不加拦污栅条前流态相同，说明加拦污栅条后对进口流态几乎没有影响。

2）787.60m 水位、551m³/s 流速。该水位在第 6 层联系梁底面（高程为 787.00m）上 0.6m，进水口前为游离型微涡，流态很好。

3）786.60m 水位、551m³/s 流速；785.50m、549m³/s 流速。2 个水位均位于第 6 层联系梁底面（高程为 787.00m）下，出现了 B 型旋涡，进口流态不能满足要求。

上述 4 个水位表明，加拦污栅条、6 层叠梁门，满足进口流态要求的最小淹没水深所对应的水位为 788.00m，进一步说明了拦污栅条对进口流态几乎没有影响。

上述 3 个控制工况试验结果均表明，拦污栅条对进口流态几乎没有影响。

2. 拦污栅条对水头损失的影响试验

用加大流量法进行了 4 种工况的进口段和全程的水头损失试验。

（1）765.00m 水位、无栅条、无叠梁门。首先对没有栅条和没有叠梁门工况进行试验，以便安装栅条后试验出栅条的水头损失。

765.00m 水位下，共进行了 6 组次试验，各流量进口段和全程的水力损失值、水力损失系数及对应的模型雷诺数 Re_m 见表 5.2-13。根据表 5.2-13 中的数据，可绘出以模型雷诺数 Re_m 为横坐标，水头损失系数 C_1、C_2 为纵坐标的相关图，如图 5.2-12 和图 5.2-13 所示。

从图 5.2-12 看出，进口段当模型雷诺数 $Re_m \geqslant 3.91 \times 10^5$ 时，水头损失系数 C_1 基本趋于稳定，稳定值 $C_1 = 0.191$。在单机设计过流量 547.8m³/s 条件下，水位 765.00m、无拦污栅条、无叠梁门进口段的原型水头损失值为 $h_w = C \dfrac{Vp^2}{2g} = 0.191 \times \left(\dfrac{547.8}{\pi \times 5.5^2}\right)^2 / (2 \times 9.81) = 0.32(\mathrm{m})$。

表 5.2-13   无叠梁门进口段和全程水头损失模型试验值

试验组次	1	2	3	4	5	6
库水位 H_0/m	764.38	765.70	765.37	765.55	765.01	765.25
Q/(m³/s)	556	594	633	651	663	668
水温/℃	15	15	15	15	15	15
V(直径 11m)/(m/s)	5.85	6.25	6.66	6.85	6.97	7.03
进口段 Re_m/(×10⁵)	3.44	3.67	3.91	4.02	4.09	4.13
进口段/m	0.385	0.409	0.439	0.460	0.468	0.482
进口段 C_1	0.221	0.205	0.194	0.192	0.189	0.191
V(直径 10.2m)/(m/s)	6.80	7.27	7.75	7.96	8.11	8.17
全程 Re_m(×10⁵)	3.70	3.96	4.22	4.33	4.42	4.45
全程 h_w/m	1.510	1.626	1.891	1.988	2.068	2.114
全程 C_2	0.640	0.634	0.618	0.615	0.617	0.620

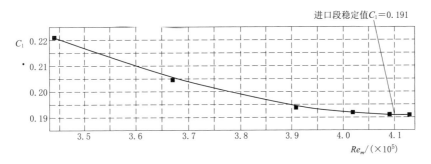

图 5.2-12 水位 765.00m 进口段水头损失系数 C-Re_m（无栅条无叠梁门）

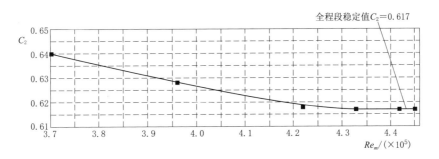

图 5.2-13 水位 765.00m 全程水头损失系数 C-Re_m（无栅条无叠梁门）

从图 5.2-13 看出，上游全程当模型雷诺数 $Re_m \geqslant 4.22 \times 10^5$ 时，水头损失系数基本趋于稳定，稳定值为 0.617；需对未测试到的 59.5m 直管段进行修正，修正后的稳定值 C_2 为 0.677。在单机设计过流量 547.8m³/s 条件下，水位 765.00m、2 层叠梁门全程的原型水头损失值为

$$h_w = C_2 \times \frac{Vp^2}{2g} = 0.677 \times \left(\frac{547.8}{\pi \times 5.1^2}\right)^2 / (2 \times 9.81) = 1.55 \, (\text{m})$$

渐变段后至水轮机进口的水头损失应用水力学公式计算值 1.25m；进口段的水头损失试验值为 0.32m；则可计算全程的水头损失值为 0.32m＋1.25m＝1.57m，与 1.55m 相比，相对误差为 1.3%。

（2）765.00m 水位、有栅条、无叠梁门。765.00m 水位下，共进行了 7 组次试验，各流量进口段和全程的水力损失值、水力损失系数及对应的模型雷诺数 Re_m 见表 5.2－14。根据表 5.2－14 中的数据，可绘出以模型雷诺数 Re_m 为横坐标，水头损失系数 C_1、C_2 为纵坐标的相关图，如图 5.2－14 和图 5.2－15 所示。

表 5.2－14　　765.00m、有栅条、无叠梁门进口段和全程水头损失模型试验值

试验组次	1	2	3	4	5	6	7
库水位 H_0/m	765.10	764.95	765.31	765.19	765.40	765.00	766.33
Q/(m³/s)	557	575	602	633	646	664	667
水温/℃	15	15	15	15	15	15	15
V(直径 11m)/(m/s)	5.86	6.05	6.34	6.67	6.79	6.99	7.02
进口段 Re_m/(×10⁵)	3.44	3.55	3.72	3.92	3.99	4.10	4.13
进口段 h_w/m	0.467	0.481	0.502	0.555	0.586	0.607	0.609
进口段 C_1	0.266	0.258	0.245	0.245	0.248	0.243	0.242
V(直径 10.2m)/(m/s)	6.82	7.03	7.37	7.75	7.90	8.13	8.16
全程 Re_m/(×10⁵)	3.71	3.83	4.01	4.22	4.30	4.43	4.45
全程 h_w/m	1.710	1.798	1.910	2.025	2.096	2.195	2.228
全程 C_2	0.721	0.713	0.689	0.661	0.658	0.652	0.656

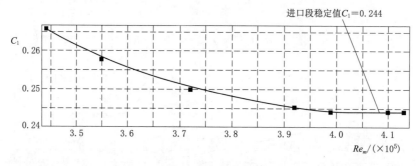

图 5.2－14　水位 765.00m 进口段水头损失系数 C－Re_m（有栅条无叠梁门）

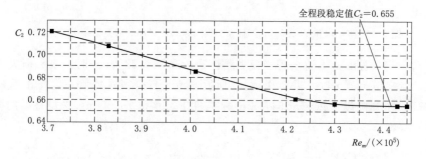

图 5.2－15　水位 765.00m 全程水头损失系数 C－Re_m（有栅条无叠梁门）

从图 5.2-14 看出，进口段当模型雷诺数 $Re_m \geqslant 3.72 \times 10^5$ 时，水头损失系数 C_1 基本趋于稳定，稳定值 $C_1 = 0.244$。在单机设计过流量 547.8m³/s 条件下，水位 765.00m、有拦污栅条、无叠梁门进口段的原型水头损失值为

$$h_w = C\frac{Vp^2}{2g} = 0.244 \times \left(\frac{547.8}{\pi \times 5.5^2}\right)^2 / (2 \times 9.81) = 0.41(\text{m})$$

0.41m－0.32m＝0.09m，拦污栅条的水头损失为 0.09m。

从图 5.2-15 看出，上游全程当模型雷诺数 $Re_m \geqslant 4.22 \times 10^5$ 时，水头损失系数基本趋于稳定，稳定值为 0.655；需对未测试到的 59.5m 直管段进行修正，修正后的稳定值 C_2 为 0.716。在单机设计过流量 547.8m³/s 条件下，水位 765m、2 层叠梁门全程的原型水头损失值为

$$h_w = C2 \times \frac{Vp^2}{2g} = 0.716 \times \left(\frac{547.8}{\pi \times 5.1^2}\right)^2 / (2 \times 9.81) = 1.64(\text{m})$$

渐变段后至水轮机进口的水头损失应用水力学公式计算值 1.25m；进口段的水头损失试验值为 0.41m；则可计算全程的水头损失值为 0.41m＋1.25m＝1.66m，与 1.64m 相比，相对误差为 1.2%。

（3）765.00m 水位、有栅条、2 层叠梁门。765.00m 水位下，共进行了 6 组次试验，各流量进口段和全程的水头损失值、水头损失系数及对应的模型雷诺数 Re_m 见表 5.2-15。根据表 5.2-15 中的数据，可绘出以模型雷诺数 Re_m 为横坐标，水头损失系数 C_1、C_2 为纵坐标的相关图，如图 5.2-16 和图 5.2-17 所示。

表 5.2-15   765.00m、有栅条、2 层叠梁门进口段和全程水头损失模型试验值

试验组次	1	2	3	4	5	6
库水位 H_0/m	765.28	764.71	765.61	764.80	765.01	765.37
Q/(m³/s)	558	576	608	638	664	671
水温/℃	15	15	15	15	15	15
V(直径 11m)/(m/s)	5.87	6.06	6.40	6.72	6.98	7.07
进口段 Re_m/($\times 10^5$)	3.45	3.56	3.76	3.94	4.10	4.15
进口段 h_w/m	1.783	1.908	2.067	2.290	2.443	2.511
进口段 C_1	1.02	1.011	0.997	0.996	0.986	0.987
V(直径 10.2m)/(m/s)	6.83	7.05	7.44	7.81	8.12	8.22
全程 Re_m/($\times 10^5$)	3.72	3.84	4.05	4.25	4.42	4.48
全程 h_w/m	3.053	3.258	3.595	3.939	4.259	4.359
全程 C_2	1.287	1.282	1.273	1.266	1.267	1.267

从图 5.2-16 看出，进口段当模型雷诺数 $Re_m \geqslant 3.76 \times 10^5$ 时，水头损失系数 C_1 基本趋于稳定，稳定值 $C_1 = 0.991$。在单机设计过流量 547.8m³/s 条件下，水位 765.00m、有拦污栅条、2 层叠梁门进口段的原型水头损失值为

$$h_w = C \times \frac{Vp^2}{2g} = 0.991 \times \left(\frac{547.8}{\pi \times 5.5^2}\right)^2 / (2 \times 9.81) = 1.68(\text{m})$$

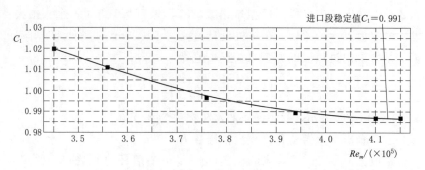

图 5.2-16　水位 765.00m 进口段水头损失系数 $C\text{-}Re_m$（有栅条 2 层叠梁门）

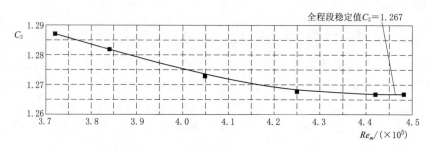

图 5.2-17　水位 765.00m 全程水头损失系数 $C\text{-}Re_m$（有栅条 2 层叠梁门）

从图 5.2-17 看出，上游全程当模型雷诺数 $Re_m \geqslant 4.05 \times 10^5$ 时，水头损失系数基本趋于稳定，稳定值为 1.267；需对未测试到的 59.5m 直管段进行修正，修正后的稳定值 C_2 为 1.329。在单机设计过流量 547.8m³/s 条件下，水位 765.00m、2 层叠梁门全程的原型水头损失值为

$$h_w = C_2 \times \frac{Vp^2}{2g} = 1.329 \times \left(\frac{547.8}{\pi \times 5.1^2}\right)^2 / (2 \times 9.81) = 3.04(\text{m})$$

渐变段后至水轮机进口的水头损失应用水力学公式计算值 1.25m；进口段的水头损失试验值为 1.68m；则可计算全程的水头损失值为 1.68m＋1.25m＝2.93m，与 3.04m 相比，相对误差为 3.6%。

（4）795.00m 水位、有栅条、6 层叠梁门。765.00m 水位下，共进行了 7 组次试验，各流量进口段和全程的水头损失值、水头损失系数及对应的模型雷诺数 Re_m 见表 5.2-16。根据表 5.2-16 中的数据，可绘出以模型雷诺数 Re_m 为横坐标，水头损失系数 C_1、C_2 为纵坐标的相关图，如图 5.2-18 和图 5.2-19 所示。

表 5.2-16　　795.00m、有栅条、6 层叠梁门进口段和全程水头损失模型试验值

试验组次	1	2	3	4	5	6	7
库水位 H_0/m	786.64	787.36	794.35	794.38	794.59	794.41	794.29
Q/(m³/s)	551	553	566	601	636	662	676
水温/℃	15	15	15	15	15	15	15
V(直径 11m)/(m/s)	5.79	5.83	5.95	6.33	6.69	6.96	7.12

试验组次	1	2	3	4	5	6	7
进口段 $Re_m/(\times10^5)$	3.40	3.44	3.49	3.73	3.93	4.09	4.18
进口段 h_w/m	2.249	2.270	2.216	2.459	2.728	2.930	3.058
进口段 C_1	1.320	1.311	1.228	1.205	1.195	1.198	1.196
V（直径10.2m)/(m/s)	6.74	6.78	6.92	7.36	7.78	8.10	8.28
全程 $Re_m/(\times10^5)$	3.67	3.69	3.77	4.01	4.24	4.41	4.51
全程 h_w/m	3.626	3.643	3.560	3.959	4.383	4.700	4.938
全程 C_2	1.567	1.532	1.459	1.434	1.420	1.407	1.414

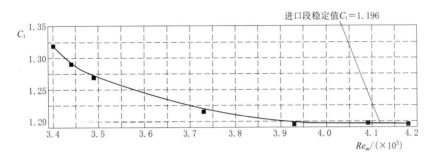

图 5.2-18　水位795.00m进口段水头损失系数 $C-Re_m$（有栅条6层叠梁门）

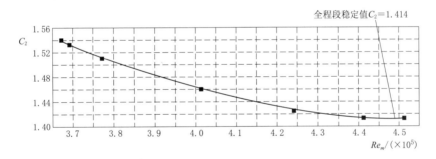

图 5.2-19　水位795.00m全程水头损失系数 $C-Re_m$（有栅条6层叠梁门）

从图5.2-18看出，进口段当模型雷诺数 $Re_m \geqslant 3.93\times10^5$ 时，水头损失系数 C_1 基本趋于稳定，稳定值 $C_1=1.196$。在单机设计过流量547.8m³/s条件下，水位795.00m、有拦污栅条、6层叠梁门进口段的原型水头损失值为

$$h_w = C\frac{Vp^2}{2g} = 1.196\times\left(\frac{547.8}{\pi\times5.5^2}\right)^2/(2\times9.81) = 2.03(\text{m})$$

从图5.2-19看出，上游全程当模型雷诺数 $Re_m \geqslant 4.24\times10^5$ 时，水头损失系数基本趋于稳定，稳定值为1.414；需对未测试到的59.5m直管段进行修正，修正后的稳定值 C_2 为1.476。在单机设计过流量547.8m³/s条件下，水位765.00m、6层叠梁门全程的原型水头损失值为

$$h_w = C_2 \times \frac{Vp^2}{2g} = 1.476 \times \left(\frac{547.8}{\pi \times 5.1^2}\right)^2 / (2 \times 9.81) = 3.38 \text{(m)}$$

渐变段后至水轮机进口的水头损失应用水力学公式计算值1.25m；进口段的水头损失试验值为2.03m；则可计算全程的水头损失值为2.03m＋1.25m＝3.28m，与3.38m相比，相对误差为2.9%。

上述4种工况进口段和全程的水头损失汇总于表5.2-17，并与表5.2-6比较，可得出相同工况下拦污栅条的水头损失值，均约为0.09m。表5.2-6中765.00m、1层叠梁门工况，进口段和全程的水头损失值，加上拦污栅条的水头损失值0.09m，也列入表5.2-17中。有栅条，3~5层叠梁门工况进口段和全程的水头损失值，可在2层和6层叠梁门工况之间内插，进口段的变化值仅为2.03m－1.68m＝0.35m，全程的变化值仅为3.38m－3.04m＝0.34m。

表5.2-17 各控制水位及相应叠梁门＋栅条的进口段和全程水头损失试验成果汇总

水位/m	有无栅条	叠梁门层数/层	量测范围	水头损失		水力学公式计算值/m	相对误差	栅条水头损失	
				系数	试验值/m			系数	试验值/m
765.00	无	0	进口段	0.191	0.32	—	—	—	—
			全程	0.677	1.55	0.32＋1.25＝1.57	1.3%	—	—
765.00	有	0	进口段	0.244	0.41	—	—	0.053	0.09
			全程	0.716	1.64	0.41＋1.25＝1.66	1.2%	0.039	0.09
765.00	有	1	进口段	0.466	0.79	—	—		
			全程	0.886	2.03	0.79＋1.25＝2.04	0.5%		
765.00	有	2	进口段	0.991	1.68	—	—	0.041	0.09
			全程	1.329	3.04	1.68＋1.25＝2.93	3.6%	0.039	0.09
766.50	有	3	进口段	1.045	1.77	—	—		
			全程	1.367	3.13	—	—		
773.00	有	4	进口段	1.092	1.85	—	—		
			全程	1.402	3.21	—	—		
780.00	有	5	进口段	1.145	1.94	—	—		
			全程	1.441	3.30	—	—		
795.00	有	6	进口段	1.196	2.03	—	—	0.041	0.09
			全程	1.476	3.38	2.03＋1.25＝3.28	2.9%	0.039	0.09

注　1. 进口渐变段末的流速水头为1.694m，水轮机进口前全程的流速水头为2.29m。

　　2. 3~5层叠梁门进口段和全程水头损失值，根据2层和6层叠梁门试验成果内插得出。

5.2.2.5 优化方案试验成果

1. 抗震强化措施对进口流态的影响

在原方案的基础上，将深梁底高程772.00m和相邻机组间隔墩底高程765.00m均下延至751.00m高程，安装拦污栅条。对1~6层叠梁门分别进行最小淹没水深的验证试验，每层叠梁门做2~3个水位的进口流态试验（进口流态满足要求和不满足要求）。主要成果如下：

（1）1层叠梁门。

1）水位764.80m、流量584m³/s。该水位位于联系梁底面765.00m高程下0.2m，进口流态可满足要求，但水面波动稍大。

2）水位765.10m、流量567m³/s。该水位升高了0.3m，水面在联系梁范围内，水流变得较平缓。因此，建议高程765.00m处联系梁下降0.5m，使765.00m水位水面较平稳。

（2）2层叠梁门。

1）水位765.00m、流量566m³/s。该水位处于临界面，进口流态可满足要求，水面波动同样稍大。

2）水位765.90m、流量548m³/s。该水位升高了0.9m，水面在联系梁范围内，水流变得平缓。

（3）3层叠梁门。

1）水位765.20m、流量552m³/s。该水位水流紊动较大，出现B型旋涡，进口流态不能满足要求。

2）水位766.20m、流量552m³/s。该水位接近联系梁的顶面766.50m高程，几乎没有旋涡，水流平缓，进口流态满足要求。最小淹没水深所对应的水位为766.20m。

（4）4层叠梁门。

1）水位771.60m、流量552m³/s。该水位位于第4层联系梁的底面下（水位772.00m），水流紊动较大，出现B型旋涡，有气泡进入流道，进口流态不能满足要求。

2）水位773.10m、流量552m³/s。该水位位于第4层联系梁范围内（水位772.00～773.50m），A型旋涡，水流平缓，进口流态可满足要求。最小淹没水深所对应的水位为773.10m。

（5）5层叠梁门。

1）水位778.00m、流量552m³/s。该水位位于第5层联系梁的底面下（水位779.00m），水流紊动较大，出现B型旋涡，有气泡进入流道，进口流态不能满足要求。

2）水位780.10m、流量549m³/s。该水位位于第5层联系梁范围内（水位779.00～780.50m），A型旋涡，水流平缓，进口流态可满足要求。最小淹没水深所对应的水位为780.10m。

（6）6层叠梁门。

1）水位786.80m、流量553m³/s，B型旋涡，有气泡进入流道。

2）水位788.00m、流量554m³/s，A型旋涡，水流平缓，最小淹没水深所对应的水位为788.00m。

3）水位794.60m、流量548m³/s，A型旋涡，水流平缓。

从试验结果看，采取抗震强化措施前后的最小淹没水深所对应的水位几乎相同，说明抗震强化措施对进口水深几乎没有影响。

2. 机组导叶突然关闭和开启的水击压力试验

（1）模型布置和试验工况。2号机组进水口深梁底高程751.00m恢复到772.00m高程，相邻机组间隔墩底高程 765.00m 下延到底部 734.00m 高程，即将 2 号机组的通仓与两边机组隔开，使 2 号机组导叶突然关闭（12s）和开启（30s）时，水击压力最大。导叶突然关闭和开启试验工况为 795.00m 水位、6 层叠梁门、2 号机组引用额定流量 547.8m³/s，为最不利运行工况。

模型水轮机导叶的关闭和开启时间（模型值分别为 2.2s 和 5.5s），由油缸通过接力器控制，如图 5.2-20 所示。

（2）压力传感器布置。水轮机导叶关闭在 6 层叠梁门处产生的最大水击压力位于叠梁门的底部，因此在 2 号机组中孔下面 4 层叠梁门的背面中心布置了 4 个压力传感器，在 2 号机组次中孔第 1 层叠梁门的背面中心布置了 1 个压力传感器，测试水击压力沿横向的变化，如图 5.2-21 所示；在快速闸门井侧壁处布置了 1 个压力传感器，测试水击波在快速闸门井内的波动过程；在水轮机进口侧中心布置了 1 个压力传感器，以测试在该处的水击压力最大升高值。共布置了 7 个压力传感器，测点高程见表 5.2-18。

图 5.2-20 模型水轮机接力器和油缸连接部分（控制导叶的关闭和开启）

图 5.2-21 下面 4 层叠梁门中心压力传感器布置

表 5.2-18 压力传感器布置部位和测点高程

测点编号	测 点 部 位	测点高程/m	备 注
1	3 号孔第 1 层叠梁门的中心	737.00	2 号机组中孔
2	3 号孔第 2 层叠梁门的中心	743.00	2 号机组中孔
3	3 号孔第 3 层叠梁门的中心	749.00	2 号机组中孔
4	3 号孔第 4 层叠梁门的中心	755.00	2 号机组中孔
5	2 号孔第 1 层叠梁门的中心	737.00	2 号机组次中孔
6	快速闸门井侧壁	766.45	
7	水轮机进口侧中心	615.10	

（3）导叶关闭流态和水击压力试验成果。导叶突然关闭产生的水击波使进水口前水位有所上升，水流较平静，没有出现不良流态。在快速闸门井内出现了 2 个振荡波，持续约 40s（模型值 7s），就趋于收敛。

7 个测点的水击压力过程线如图 5.2-22～图 5.2-28 所示，从图中看出，最大水击压力值均发生在导叶关闭时刻，即为极限水击（或称末相水击，与计算判断的水击类型相符）。试验库水位 795.50m、流量 547.8m³/s，各测点初始压力值和最大水击压力值见表 5.2－19，从表中看出，叠梁门背面上 1～5 号测点的水击压力升高最大值为 3×9.81kPa，位于 1 号测点，即底层的叠梁门，与初始压力值相比增加了 5.2%；上面叠梁门的水击压力值有所减小。快速闸门井内的最高水位比初始水位升高 6.6m。

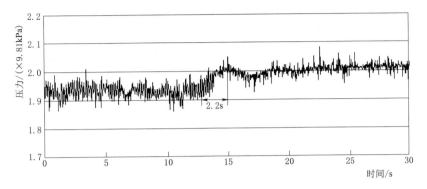

图 5.2－22　导叶关闭（2.2s）叠梁门 1 号测点水击压力过程线（模型值）

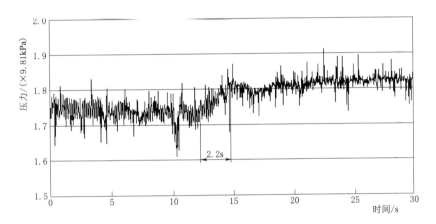

图 5.2－23　导叶关闭（2.2s）叠梁门 2 号测点水击压力过程线（模型值）

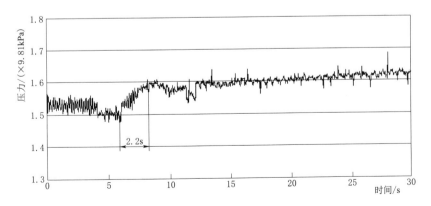

图 5.2－24　导叶关闭（2.2s）叠梁门 3 号测点水击压力过程线（模型值）

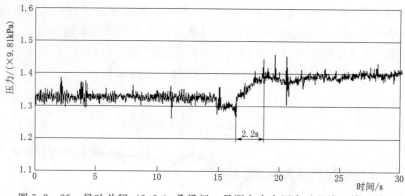

图 5.2 - 25 导叶关闭 (2.2s) 叠梁门 4 号测点水击压力过程线 (模型值)

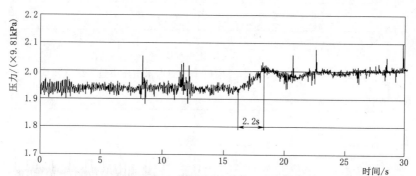

图 5.2 - 26 导叶关闭 (2.2s) 叠梁门 5 号测点水击压力过程线 (模型值)

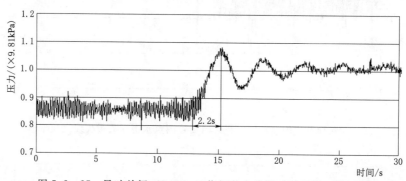

图 5.2 - 27 导叶关闭 (2.2s) 工作门井水位波动过程线 (模型值)

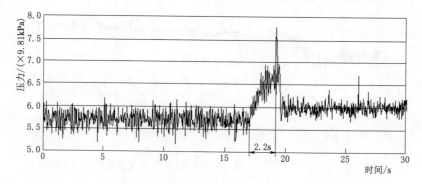

图 5.2 - 28 导叶关闭 (2.2s) 水轮机进口水击压力过程线 (模型值)

表 5.2 - 19　导叶关闭各压力测点水击压力最大值（库水位 795.50m，流速 547.8m³/s）

测点编号	测点高程 Z_p/m	初始压力值 P_0 /(×9.81kPa)	测压管水头 (Z_p+P_0/r) /m	水击压力最大值 P_{max} /(×9.81kPa)	测压管水头 (Z_p+P_{max}/r) /m	水击压力升高值	
						$(P_{max}-P_0)$ /(×9.81kPa)	$\dfrac{P_{max}-P_0}{P_0}$
1	737.00	57.6 (1.92)	794.6	60.6	797.6	3	5.2%
2	743.00	51.6 (1.72)	794.6	54.3	797.3	2.7	5.2%
3	749.00	45.3 (1.51)	794.3	48.0	797.0	2.7	5.9%
4	755.00	39.0 (1.30)	794.0	41.4	796.4	2.4	6.1%
5	737.00	57.6 (1.92)	794.6	60.3	797.3	2.4	4.1%
6	766.45	25.2 (0.84)	791.7	31.8	798.3	6.6	—
7	615.10	171 (5.70)	786.1	225	840.1	54	31.5%

水轮机进口水击压力升高试验最大值为 $54×9.81kPa$，在第 5.2.2.4 节中提到，模型高度小了 1.48m（原型 44.5m），经水击压力公式计算，该试验值约偏大了 9%，修正值为 $49×9.81kPa$，与初始压力值相比增加了 29%。

（4）导叶开启时的流态和水击压力试验成果。试验库水位 800.50m、流速 547.8m³/s，导叶开启时间 30s。导叶处于关闭状态时，7 个测点的测压管水头几乎相等，见表 5.2 - 20，说明导叶关闭性能较好。导叶开启后，压力开始下降，在导叶全开后，水位和压力基本趋于稳定，如图 5.2 - 29～图 5.2 - 35 所示，进水口和门井没有出现不良流态。

表 5.2 - 20　导叶开启各压力测点水击压力最小值

测点编号	测点高程 Z_p/m	初始压力值 P_0 /(×9.81kPa)	测压管水头 (Z_p+P_0/r) /m	水击压力最小值 P_{min} /(×9.81kPa)	测压管水头 (Z_p+P_{min}/r) /m	水击压力降低值	
						$(P_{min}-P_0)$ /(×9.81kPa)	$\dfrac{P_{min}-P_0}{P_0}$
1	737	63.3 (2.11)	800.3	60.6	797.6	2.7	4.2%
2	743	57.3 (1.91)	800.3	54.9	797.9	2.4	4.2%
3	749	51.3 (1.71)	800.3	49.2	798.2	2.1	4.1%
4	755	45.3 (1.51)	800.3	43.5	798.5	1.8	4.0%
5	737	63.3 (2.11)	800.3	60.9	797.3	2.4	3.8%
6	766.45	33.6 (1.12)	800.1	29.1	795.6	4.5	—
7	615.10	184.5 (6.15)	799.6	169.5	784.6	15	8.1%

从表中看出，叠梁门背面上的 1～5 号测点最大压力降幅为 $2.7×9.81kPa$，位于 1 号测点，同样位于底层叠梁门，与初始压力值相比降低了 4.2%。快速闸门井内下降的最低水位与初始水位相比，最大降幅为 4.5m。水轮机进口水击压力最大降幅值为 $15×9.81kPa$，与初始压力值相比降低了 8.1%。

3. 单机组独立过流进口流态和水头损失

由设计提出抗震进一步强化，机组间隔墩底高程 765.00m 下延到底部 734.00m 高程，每台机组单独过流，通仓水流互不影响，进水口流态和水头损失的变化情况。本模型中将 2 号机组的通仓与两边机组隔开，即 2 号机组单独过流。

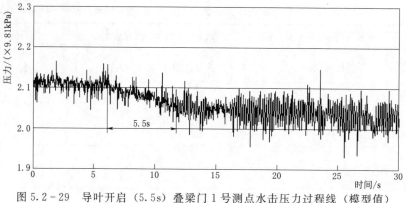

图 5.2-29　导叶开启（5.5s）叠梁门 1 号测点水击压力过程线（模型值）

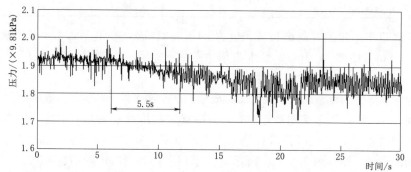

图 5.2-30　导叶开启（5.5s）叠梁门 2 号测点水击压力过程线（模型值）

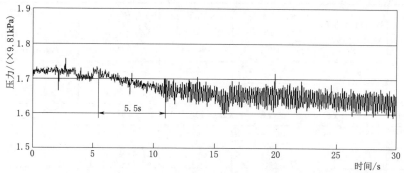

图 5.2-31　导叶开启（5.5s）叠梁门 3 号测点水击压力过程线（模型值）

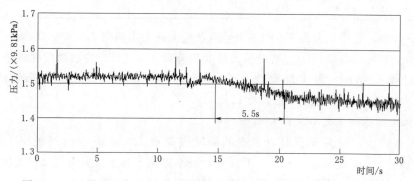

图 5.2-32　导叶开启（5.5s）叠梁门 4 号测点水击压力过程线（模型值）

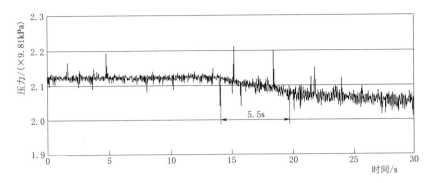

图 5.2-33　导叶开启 (5.5s) 叠梁门 5 号测点水击压力过程线 (模型值)

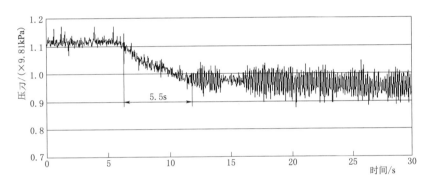

图 5.2-34　导叶开启 (5.5s) 工作门井水位波动过程线 (模型值)

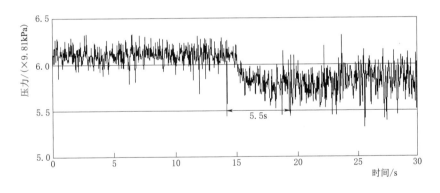

图 5.2-35　导叶开启 (5.5s) 水轮机进口水击压力过程线 (模型值)

　　前面所有的进口流态和水头损失试验条件，3 台机组均引用额定流量 $3 \times 547.8 \text{m}^3/\text{s}$，3 个进水口前流态相同，即在机组间隔墩通仓处没有流量的交换，进口流态取决于沿行进途中的边界条件。在本节甩负荷试验中，仅 2 号机过流，795m 水位，流量 547.8 m^3/s，6 层叠梁门，进口流态与 2 侧隔墩底高程延伸前相同，没有发生变化，即进口流态可满足要求。以上 2 个控制工况，进口流态均可满足要求，说明机组间隔墩底高程 765.00m 下延到底部 734.00m 高程，对进水口流态不会产生影响。

物理模型试验未测算抗震强度进一步加强方案下的各工况进口段水头损失，但数学模型做了计算。用数学模型计算的该方案下进口段水头损失和物理模型测算的通仓布置方案下进口段水头损失：765.00m、1 层叠梁门工况，单独运行数模计算的水头损失值与通仓布置物理模型试验的水头损失值几乎相等；795.00m 水位、6 层叠梁门工况，单独运行数模计算的水头损失值为 2.15m，与通仓布置物模试验值 2.03m，相差较小，说明在机组全部满发条件下，机组单独运行水头损失变化较小。

综上，在 3 台机组引用额定流量 3×547.8m³/s 条件下，机组间隔墩底高程 765.00m 下延到底部 734.00m 高程，进水口流态和水头损失变化均较小。

4. 进水口通仓布置、抗震加强和单独运行布置方案比较

（1）流态比较。模型试验 3 台机组同时过流，试验流量均为最大值 547.8m³/s，为机组运行的最不利工况组合。因此，当机组全部满发时，机组间没有流量交换，3 种布置方案进口前流态均相同且可满足要求。当每台机组过机流量不相同时（小于 547.8m³/s），进水口通仓布置和抗震加强方案，过较大流量的进水口会有部分流量从相邻的拦污栅通过，减小了行近流速，进口流态会变得更好；机组单独运行方案，机组间没有流量交换，但进口流态仍然会满足要求。

（2）水头损失比较。3 种布置方案进口段水头损失，在机组全部满发条件下，试验结果见表 5.2-21，从表中看出，物模试验和数值计算水头损失值均较接近。说明在机组全部满发条件下，抗震加强和机组单独过流对水头损失影响较小。

表 5.2-21　　　　在机组全部满发条件下，3 种布置方案进口段水头损失比较表

试 验 工 况	水头损失/m		
	通仓布置	抗震强化	单独运行
795.00m 水位、6 层叠梁门	2.03（物模）	2.10（数模）	2.15（数模）
765.00m 水位、1 层叠梁门	0.79（物模）	—	0.79（数模）

注　表中物模和数模值均包含了拦污栅的水头损失。

物模在试验过程中发现，中间机组流量不变，相邻机组流量减小，中间机组的一部分流量就会从相邻机组的拦污栅和通仓通过，行近流速减小，相应水头损失也会减小。数学模型计算了 1 组极端的工况：788.00m 水位、3 台机组放置 6 层叠梁门、但仅中间机组发电两边机组不发电情况，计算结果进口段的水头损失仅为 0.89m（包含了拦污栅的水头损失，下同），与 3 台机组满发情况进口段的水头损失 2.69m 相比，前者只有后者的 1/3，并且流态也有所改善。说明了在机组间过流不相同或部分开机情况下，大流量运行的机组就会从相邻机组的拦污栅和通仓通过，行近流速减小，相应水头损失就会减小，并且减小的幅度较大；而机组单独运行，通仓隔断，水头损失就没有减小的可能性。

因此，在满足抗震要求的前提下，建议尽量采用通仓布置或抗震强化方案。

5. 进水口横撑、纵撑对消涡影响程度的分析

深梁顶、底高程分别为 788.50m、772.00m（即广义的纵梁），在该范围内布置有第 4、5、6 层横梁。第 5.2.2.4 节最小淹没水深试验中可知，水位在联系梁内（即在横梁

内）进口流态可满足要求，水位脱离横梁，出现旋涡，进口流态不满足要求，其中唯一的变化为横梁，因此横梁具有明显的消涡作用。在单机 778MW、单机 1000MW 进水口模型试验中，对水位 765.00m 以下 2 层纵梁和横梁分别进行了详细的试验研究，均表明位于水流表层的纵梁具有明显的消涡作用，横梁可破除大旋涡。因此，位于水流表层的纵梁和横梁均具有明显的消涡作用。

5.2.2.6　结论

（1）该模型在 765.00m 水位未安装栅条和叠梁门情况下，3 台机组引用额定流量 $3 \times 547.8m^3/s$，对进口流态和水头损失进行试验，可满足要求；进口段水头损失为 0.32m，原先为 0.31m，二者较接近。

（2）765.00m 水位、1 层叠梁门（最低叠梁门高程 740.00m）；795.00m 水位、6 层叠梁门（最高叠梁门高程 770.00m），3 台机组引用额定流量 $3 \times 547.8m^3/s$，进口流态均较好，可满足要求，并且有一定的安全余地（流量增加到 $636m^3/s$，进口流态仍可满足要求）。说明进口体形、拦污栅墩和通仓的布置较合理，特别是叠梁门的数目和单节高度与 795.00m 以下联系梁的层数和间距相匹配。

（3）3 台机组引用额定流量 $3 \times 547.8m^3/s$，1 层、2 层叠梁门、765.00m 水位，进口流态均可满足要求；3～6 层叠梁门的最小淹没水深所对应的水位分别为 766.50m、773.00m、780.00m、788.00m，只要位于相应的联系梁内或以上，即可满足进口流态要求。

（4）相邻进水口叠梁门不等高放置，1 号进水口 6 层叠梁门、2 号、3 号进水口 5 层叠梁门，或 1 号、3 号进水口 6 层叠梁门、2 号进水口 5 层叠梁门，运行水位只要高于最小淹没水深对应的水位 788.00m，进口流态即可满足要求。叠梁门不等高交界处，没有不良流态。

（5）少量机组运行的通仓流态，在 795.00m 水位、3 个进水口 6 层叠梁门，1 号、3 号机组停用、2 号机组过 $547.8m^3/s$ 流量，进口流态可满足要求，通仓内没有不良流态。

（6）3 台机组引用额定流量 $3 \times 547.8m^3/s$，765.00～795.00m 水位，有栅条、无叠梁门，进口段和水轮机进口前全程的水头损失值分别为 0.41m、1.64m；有栅条、6 层叠梁门，进口段和水轮机进口前全程的水头损失值分别为 2.03m、3.38m（该工况为最大水头损失值、795.00m 水位）。

其变化规律为：765.00m 水位，加 1 层叠梁门，水头损失增加值为 0.38m；加到 2 层叠梁门，水头损失增加值达 0.89m，同一水位增加叠梁门，水头损失增加值较大。水位升高到 795.00m，再增加 4 层叠梁门至 6 层，水头损失增加值仅为 0.35m，即叠梁门顶的淹没水深减小不大，水头损失的增加值就小。

（7）水位高、门井波动幅度小，水位低、门井波动幅度大。在最低水位 765.00m 时，快速闸门井、检修门井和通气管内的最大波动幅值分别为 0.30m、0.70m 和 1.00m。

（8）各水位各叠梁门运行时，对进口段侧面的沿程时均压力变化影响较小；水位升高到 795.00m，主流位于进口段上层，顶部流速增大，进口至快速门井前，顶面的沿程时均压力均有所减小。

（9）765.00m、2 层叠梁门，795.00m、6 层叠梁门流速分布试验表明，同一断面每孔的流速值基本相同，说明同一机组拦污栅的5个孔进流较均匀；在引水渠内沿程的流速分布均呈现出底部小、表面大的特征，2个工况最大表面流速分别约为0.75m/s、0.65m/s。在叠梁门顶流速较大，有水流集中现象。

（10）拦污栅条对进口流态几乎没有影响；3台机组引用额定流量$3 \times 547.8\text{m}^3/\text{s}$，水头损失增加值为0.09m。

（11）采取抗震强化措施前后，叠梁门的最小淹没水深所对应的水位几乎相同，说明采用抗震强化措施对进口流态没有影响。

抗震进一步强化，机组间隔墩底高程765.00m下延到底部734.00m高程，即机组间独立过流，3台机组均引用额定流量$3 \times 547.8\text{m}^3/\text{s}$，进水口流态和水头损失均不会发生变化。

（12）795.00m水位、流量547.8m^3/s、6层叠梁门，导叶关闭或开启，在进水口前和门井没有出现不良流态，导叶关闭在快速闸门井内出现了2个振荡波，持续约40s就趋于收敛。最大水击压力值和水位最大降幅值均出现在导叶关闭或开启的末端，为极限水击。

叠梁门背面的水击压力升高最大值为$3 \times 9.81\text{kPa}$，位于最底层叠梁门，与初始压力值相比增加了5.2%。快速门井内因水击波产生的最高水位比初始水位升高了6.6m。水轮机进口水击压力升高最大值为$49 \times 9.81\text{kPa}$，与初始压力值相比增加了29%。

导叶开启时，叠梁门背面最大压力降幅为$2.7 \times 9.81\text{kPa}$，同样位于最底层叠梁门，与初始压力值相比降低了4.2%。快速门井内因水击波产生的最大水面降幅为4.5m。水轮机进口水击压力最大降幅值为$15 \times 9.81\text{kPa}$，与初始压力值相比降低了8.1%。

（13）进水口通仓布置、抗震加强和机组单独过流3种布置方案，在机组全部满发情况下，进水口流态均可满足要求，水头损失3者较接近；在机组间过流不相同或部分开机情况下，大流量运行的机组就会从相邻机组的拦污栅和通仓通过，行近流速减小，相应水头损失就会减小，并且减小的幅度较大；而机组单独运行，通仓隔断，流态没有进一步改善、水头损失就没有减小的可能性。因此，在满足抗震要求的前提下，建议尽量采用通仓布置或抗震强化方案。

（14）位于水流表层的纵梁和横梁均具有明显的消涡作用，纵梁和横梁的组合是个有机整体。

5.2.3 数值模拟研究

5.2.3.1 研究方法、内容和计算条件

1. 研究方法

以3个进水口为研究对象，采用数值流场分析方法，研究分层取水进水口的水力条件。研究分两个阶段进行：第一阶段根据典型控制工况分析试验成果，确定布置方案；第二阶段对选定方案进行系统分析验证。

2. 研究内容

本书采用三维RNG k-ε紊流数学模型，模拟计算不同库水位工况下的电站进水口流场。

（1）典型工况分析。与水工模型试验同步开展典型工况的流态分析工作，辅助水工模型试验分析最小淹没水深条件下的水流流态。该阶段试验工况见表5.2－22。

表 5.2－22 典型工况数值计算工况表

工况编号	水库水位/m	机组运行条件	叠梁门顶高程/m
1	765.00	3台机组引用额定流量	740.00
2	795.00		770.00
3	788.00（最小淹没水深对应水位）		770.00

（2）推荐方案流态分析。如果设计院根据中间成果对现有方案进行调整，则需对调整后的推荐方案典型工况进行复核计算，同时模拟分析叠梁门不等高开启工况，具体工况见表5.2－23。

表 5.2－23 推荐方案计算工况表

工况编号	水库水位/m	机组运行条件	叠梁门顶高程/m
4	788.00（最小淹没水深）	2号机引用额定流量	770.00
5		3台机组引用额定流量	770.00（1号机、3号机放6层叠梁门）；764.00（2号机放5层叠梁门）
6	788.00	3台机组引用额定流量	770.00（联系结构抗震强化前后对比分析）
7	795.00	3台机组引用额定流量	770.00（中间机组导叶突然关闭）

3. 试验条件

数学模型不考虑实际地形的影响，电站进水口上下游模拟范围需满足水力学试验要求，充分模拟出上游进口及下游管道内水力特性。试验条件如下：

死水位765.00m；

正常蓄水位825.00m；

分层取水运行期低水位765.00m；

分层取水运行期高水位795.00m；

水轮机额定流量 $Q_r = 547.8 \text{m}^3/\text{s}$；

机组安装高程570.00m。

机组甩负荷时，假定导叶按一段直线规律进行关闭，关闭时间为12s。

5.2.3.2 数学模型构建

1. 模拟范围

考虑计算资源有限，对典型工况的计算仅选取一台机为研究对象，对推荐方案工况则选取三台机为研究对象。

库水位795.00m、1台机引水流量547.8m³/s工况下的模拟范围如图5.2－36所示。沿水流方向，库区段长度140m（桩号0－140～0＋000，定义进水口断面桩号为0＋000）；进水口段长度33.5m（桩号0＋000～0＋033.5），包括拦污栅、通仓、喇叭口和闸门槽段；方变圆段20m（桩号0＋033.5～0＋053.5）；压力管道段长度110m，桩号0＋

053.5～0＋163.5。模拟总长度 303.5m。

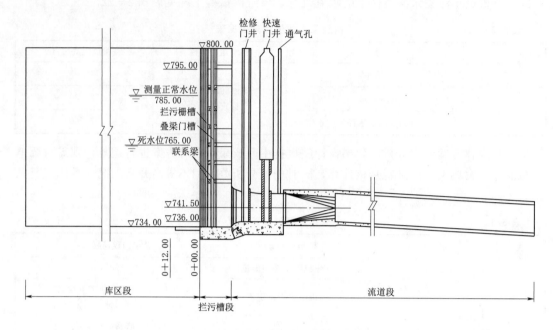

图 5.2-36　数学模型模拟范围示意图（高程单位：m）

平面上垂直水流方向，模拟的水库宽度比进水口前缘宽度稍宽，为 33.6m；拦污栅段孔口净宽 20.0m，抓斗门槽尺寸 0.5m×0.4m（宽×深），拦污栅门槽尺寸 0.7m×0.4m（宽×深），其间有诸多纵横联系梁支撑；喇叭口轮廓曲线采用双心圆，检修闸门槽与快速闸门槽尺寸均为 2.0m×10.8m（宽×深），喇叭口出口尺寸 8.8m×11.0m（宽×深）。

沿水深方向，库区段至通仓段高程均为 734.00～800.00m；流道段高程：喇叭口段高程 734.00～750.00m，门井段高程 736.00～800.00m，渐变段与圆管段高程731.00～747.00m。

推荐方案模拟宽度则为典型工况的 3 倍，水平长度及垂向高度模拟范围与典型工况一致。

2. 网格划分及边界条件

（1）网格划分。为使计算结果更加接近真实值，尽可能将网格划分细密，同时为使计算收敛性更好，计算区域全部采用六面体结构化网格进行划分。根据不同的工况网格总数范围在 96 万～120 万个。计算网格示意图如图 5.2-37 所示。

（2）边界条件。对于水流进口边界已知库水位，设定为压力入口边界；管道出口边界根据引用流量和管道断面积，设定为流速出口；空气边界为大气压力边界；其他均做固壁边界处理，固壁边界规定为无滑移边界条件。

5.2.3.3　数学模型验证

将数学模型计算结果与物理模型试验成果进行对比分析，进而验证数学模型设计的合

（a）局部网格

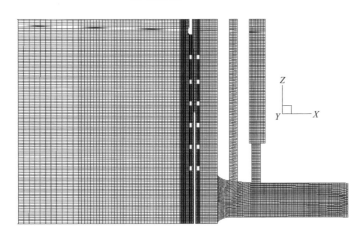

（b）沿管道纵剖面网格

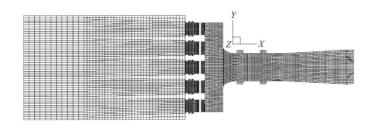

（c）沿管道横剖面网格

图 5.2－37　数学模型网格划分示意图

理性。选取试验工况 2 进行模拟计算，工况 2 有关试验条件：库水位 795.00m、引水流量 547.8m³/s、6 层叠梁门。

1. 流态

流态和流线示意参见图5.2-38。由于计算未考虑地形影响，且假定水流为正向进流，故表面水流流态基本呈对称分布。拦污栅前水流平稳，经5孔汇入通仓后，由左右边孔流入水流受到边界约束，在靠近边界处形成绕流。通仓内水流较为平顺，仅有个别小旋涡，其强度非常小。总体比较，数学模型计算的表面水流流态与物理模型观察到的流态较为一致，流态能够满足机组安全运行要求。

2. 流速分布

依次提取了拦污栅墩前0m、12m，2个断面沿5孔中心线上的垂线流速分布如图5.2-39～图5.2-40所示。从左至右依次为1～5号孔。

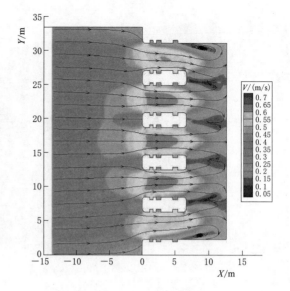

图5.2-38 表面流速分布
与流线示意图（高程：794.50m）

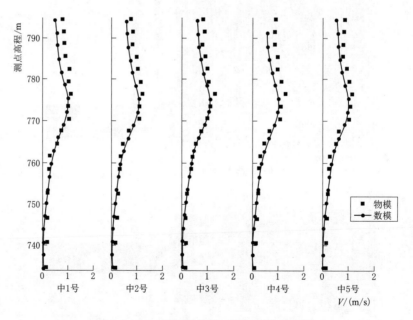

图5.2-39 拦污栅墩进口断面流速分布图

从图中看出，在栅墩前水库中，770.00～780.00m高程范围为大流速集中区，即叠梁门顶高程以上10m范围流速较大。

物模实测时电站引用流量稍大于547.8m³/s，故其流速值稍大于数模计算值。总体来讲，数模和物模各断面垂线流速分布规律基本一致。

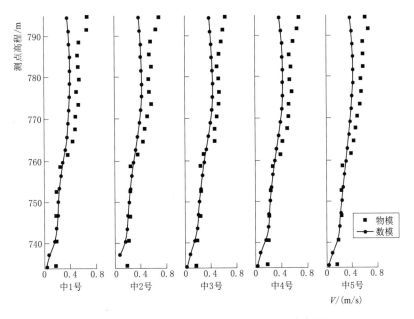

图 5.2 - 40　拦污栅墩前 12m 断面流速分布图

3. 压力分布

从管道段的压力分布分析其变化幅度是否过大，进而判断管道体型的合理性。引入无量纲数 K_d，即压力系数（下同），定义为

$$K_d = \frac{H_d}{\frac{v^2}{2g}} \qquad (5.2-4)$$

式中：H_d 为测点时均压力，$\times 9.81\text{kPa}$；v 为压力钢管的平均流速，m/s。

从压力分布表 5.2 - 24 及图 5.2 - 41 可以看出，水流绕过叠梁门顶进入通仓后汇入压力管道时管顶流速较大，故喇叭口段顶中压力远小于侧中压力；随着喇叭口段断面面积减小，水流流速逐渐增大，侧中时均压力随之减小，而由于水流的自调整顶中压力则相对增加；在检修门井与事故门井之间，过水断面积基本不变，故压力相对较为平稳，无大的变化；事故门井后压力有所减小；事故门井后至渐变段压力变化幅度较小，表明压力分布均匀。数模和物模测得 X/D 与压力系数 K_d 关系线规律基本一致。

4. 水头损失

对于拦污栅进口前断面与渐变段后断面列能量方程：

$$H + \frac{\alpha_0 v_0^2}{2g} = Z + \frac{P}{\rho g} + \frac{\alpha_1 v_1^2}{2g} + h_w \qquad (5.2-5)$$

式中：H 为库水位，m；Z 为测点的相对高差，m；$\frac{P}{\rho g}$ 为测点压强所产生的水头，m；α_0、α_1 为流速不均匀系数，取 1.0；v_0、v_1 分别为两断面的平均流速，m/s；h_w 为两断面之间的水头损失（包括局部和沿程水头损失），m。

表 5.2－24　　　　　　　　　　　进 口 段 压 力 分 布

测点部位	测点编号	测点坐标 距进口 X /m	测点坐标 高程 Y /m	X/D ($D=11m$)	$H_0=795.00m$ $Q=547.8m^3/s$ （数模） H_d /($\times 9.81$kPa)	H_d /($v^2/2g$)	$H_0=795.01m$ $Q=547.0m^3/s$ （物模） H_d /($\times 9.81$kPa)	H_d /($v^2/2g$)	数模与物模 H_d 绝对误差 /m	数模与物模 H_d 相对误差 /%
顶中	1	0	750.00	0.000	55.69	32.818	55.85	32.913	0.16	0.29
	2	0.574	748.92	0.052	55.98	32.988	56.24	33.143	0.26	0.46
	3	2.212	748.09	0.201	57.20	33.706	57.2	33.709	0.00	0.00
	4	3.850	747.72	0.350	57.33	33.784	57.26	33.744	-0.10	-0.12
	5	6.750	747.46	0.614	57.22	33.718	56.99	33.585	-0.20	-0.40
	6	11.300	747.00	1.086	57.31	33.774	57.32	33.780	0.01	0.02
	7	14.900	747.00	1.355	56.89	33.528	56.72	33.426	-0.20	-0.30
	8	20.750	747.00	1.886	57.75	34.033	57.23	33.726	-0.50	-0.91
	9	21.050	747.00	1.914	57.75	34.033	57.38	33.815	-0.40	-0.64
	10	27.617	747.00	2.511	57.70	34.001	57.44	33.850	-0.30	-0.45
	11	34.184	747.00	3.108	57.69	33.998	57.38	33.815	-0.30	-0.54
	12	40.750	747.00	3.705	57.68	33.989	57.32	33.780	-0.40	-0.63
侧中	13	0.000	741.50	0.000	58.63	34.552	58.61	34.540	-0.00	-0.03
	14	0.574	741.50	0.052	58.00	34.183	58.28	34.345	0.28	0.48
	15	2.212	741.50	0.201	57.55	33.914	57.83	34.080	0.28	0.48
	16	3.850	741.50	0.350	57.25	33.736	57.59	33.939	0.34	0.59
	17	6.750	741.50	0.614	57.13	33.666	57.56	33.921	0.43	0.75
	18	11.300	741.50	1.086	57.13	33.668	57.47	33.868	0.34	0.59
	19	14.900	741.50	1.355	56.90	33.53	57.11	33.656	0.21	0.37
	20	20.750	741.50	1.886	56.84	33.499	56.99	33.585	0.15	0.26
	21	21.050	741.50	1.914	56.86	33.508	57.41	33.833	0.55	0.96
	22	27.617	741.50	2.511	57.11	33.656	57.44	33.850	0.33	0.57
	23	34.184	741.50	3.108	57.08	33.637	57.23	33.726	0.15	0.26
	24	40.750	741.50	3.705	56.93	33.551	57.05	33.620	0.12	0.21

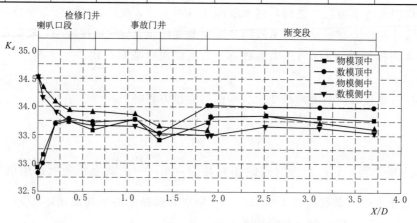

图 5.2－41　数模与物模 X/D 与压力系数 K_d 关系线对比图

定义拦污栅墩进口断面桩号为 0＋00，则数值计算提取进口段（桩号 0－015～0＋057.9 包括拦污栅段与流道段）的水头损失为 2.06m，物理模型实测值为 1.96m，两者相对误差为 4.9％。鉴于物理模型过流体型的局部水头损失系数与水流的雷诺数相关，其与数值计算模型成果会有一定偏差；总体上，数值计算模型成果与物理模型试验成果的偏差满足一般精度要求。

5.2.3.4 原方案计算成果及分析

5.2.3.4.1 典型工况计算成果

1. 流态

765.00m 水位＋1 层叠梁门（工况 1）、795.00m 水位＋6 层叠梁门（工况 2）、788.00m 水位＋6 层叠梁门（工况 3）的水流表面与流道中心线横剖面及纵剖面的流速分布与流态分别如图 5.2－42～图 5.2－44 所示。

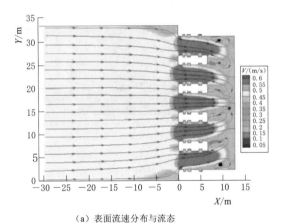

（a）表面流速分布与流态

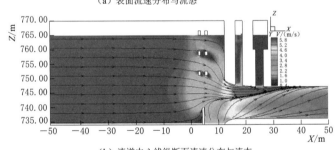

（b）流道中心线纵断面流速分布与流态

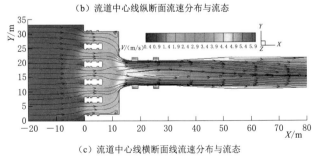

（c）流道中心线横断面线流速分布与流态

图 5.2－42　工况 1 各断面流速分布与流态示意图

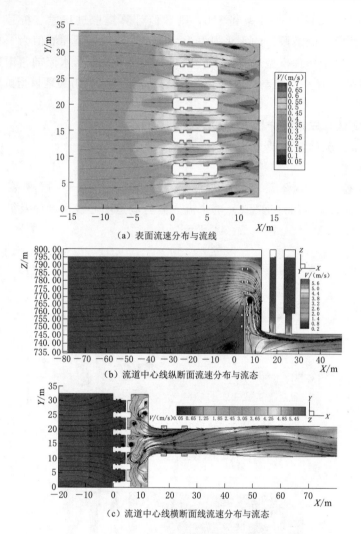

（a）表面流速分布与流线

（b）流道中心线纵断面流速分布与流态

（c）流道中心线横断面线流速分布与流态

图 5.2-43　工况 2 各断面流速分布与流态示意图

　　（1）工况 1（库水位 765.00m＋1 层叠梁门）。从图 5.2-42（a）可以看出，表面水流经 5 孔平稳汇入通仓，进入通仓后水流向中间集中，左右两侧水流受边界约束各形成一个旋涡，通仓内其他部位基本没有旋涡。由图 5.2-42（b）可以看出，受 1 层叠梁门顶的挑流影响，喇叭口有压段上部进流比较集中，流速较大，下部流速相对较小。由图 5.2-42（c）可以看出，在流道中心线横剖面上，水流从水库均匀对称进入通仓及压力管道，由拦污栅至管道水流流速逐渐增大。

　　（2）工况 2（库水位 795.00m＋6 层叠梁门）。表面水流流态与工况 1 基本一致，在通仓左右近壁各形成一个强度较小的旋涡。由图 5.2-43（b）可以看出，在 6 层叠梁门条件下，叠梁门前表面流速明显大于底部流速的水体范围在 40m 左右；墩前水库底部水流在靠近叠梁门处受到阻挡形成绕流；通过叠梁门的下泄水体类似淹没堰流，在门后形成向下流动的螺旋流，流线主要集中于偏下游一侧；水流进入引水压力管道后，流线主要集中于管道上部。由图 5.2-43（c）可以看出，通仓内有多维旋涡形成，水流紊动较为强烈；

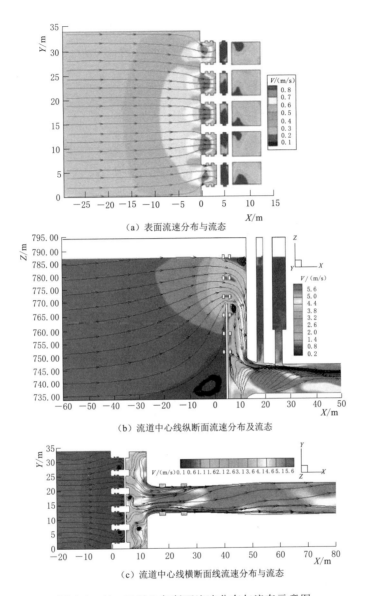

（a）表面流速分布与流态

（b）流道中心线纵断面流速分布及流态

（c）流道中心线横断面线流速分布与流态

图 5.2-44　工况 3 各断面流速分布与流态示意图

水流进入引水压力管道后，紊动水体在一定流程内上下左右摆动。

（3）工况 3（库水位 788.00m＋6 层叠梁门）。与工况 2 不同的是，同样是 6 层叠梁门，水库水位降为 788.00m，叠梁门顶水头减小了 7m。其水流流态与工况 2 类似，随着库水位的降低，汇入通仓的表面水流在邻近进口面出现了翻花现象。

总体来看，3 种典型工况下的水流流态均能满足电站安全运行要求。

2．流速分布

拦污栅墩至喇叭口段沿程各断面流速等值线图及与之对应的 5 个孔槽中心线上的垂线流速分布图分别如图 5.2-45～图 5.2-47 所示。

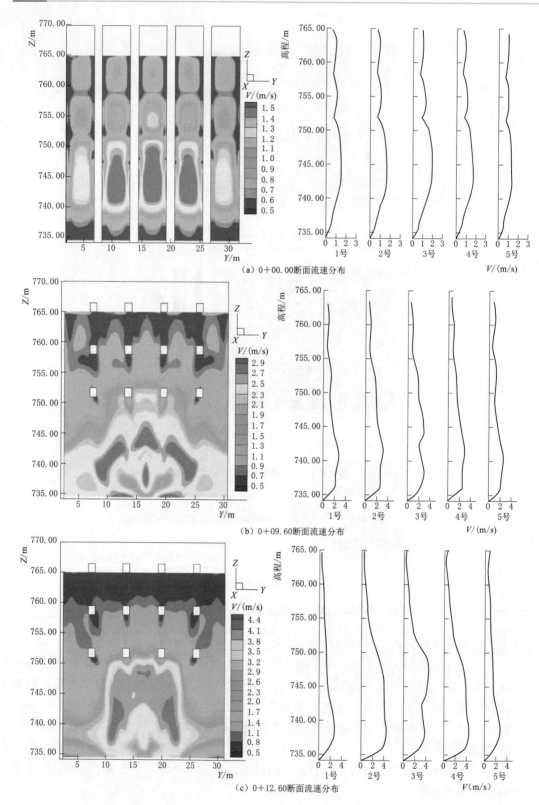

（a）0+00.00断面流速分布

（b）0+09.60断面流速分布

（c）0+12.60断面流速分布

图 5.2-45（一）　工况 1 各断面流速分布

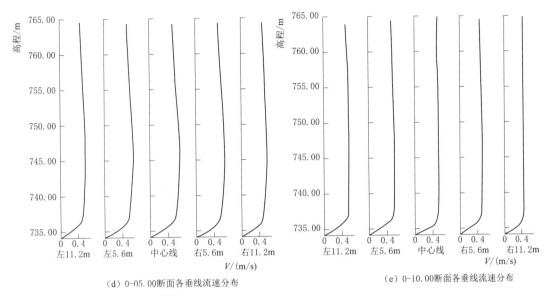

（d）0-05.00断面各垂线流速分布　　　　　　（e）0-10.00断面各垂线流速分布

图 5.2-45（二）　工况 1 各断面流速分布

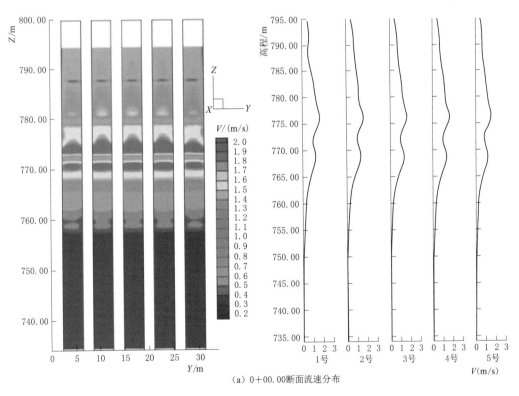

（a）0+00.00断面流速分布

图 5.2-46（一）　工况 2 各断面流速分布

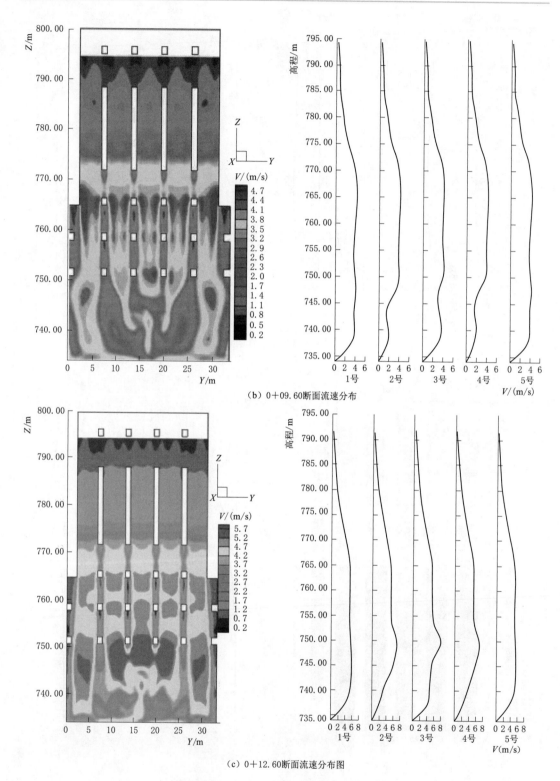

（b）0+09.60断面流速分布

（c）0+12.60断面流速分布图

图 5.2-46（二）　工况 2 各断面流速分布

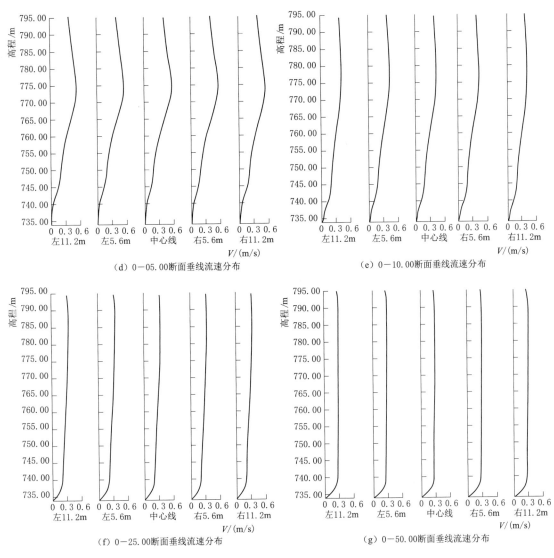

（d）0−05.00断面垂线流速分布　　　　　　（e）0−10.00断面垂线流速分布

（f）0−25.00断面垂线流速分布　　　　　　（g）0−50.00断面垂线流速分布

图 5.2-46（三）　工况 2 各断面流速分布

（1）工况 1。叠梁门前断面水流在叠梁门顶以上 10m 范围内为较大流速集中区，以 3 号孔槽为中心呈对称分布，中间 3 孔流速稍大两边孔，中间孔流速最大值为 1.8m/s，边孔流速最大值为 1.3m/s，流速最大值位于 745m 高程附近；水流绕过叠梁门后流速分布变得不均匀，其中喇叭口断面大流速集中于管顶部分，最大值为 4.5m/s，靠近管底流速要小，最小值为 1.7m/s，流速最大值与最小值相差较大；靠近联系梁附近水流流速明显要小。

（2）工况 2。随着叠梁门升高，门前断面水流同样在门顶以上 10m 范围为较大流速集中分布区，不同的是 5 孔基本呈均匀进流，而不再是以中间 3 孔进流为主，流速最大值为 2.4m/s，位于 774.00m 高程附近；进入通仓后流速分布更加不均匀，喇叭口断面较大流速仍然位于管顶部分，最大值达 7.9m/s，靠近管底两侧流速较小，最小值为 2.1m/s。

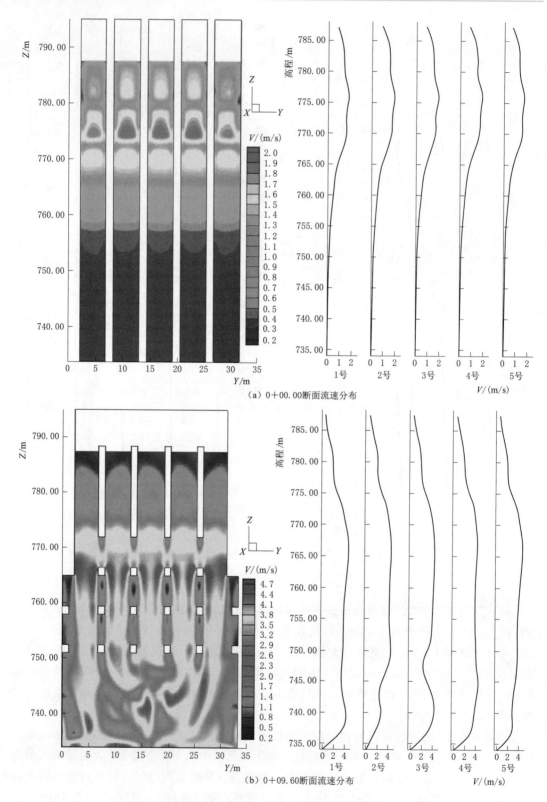

（a）0+00.00断面流速分布

（b）0+09.60断面流速分布

图 5.2-47（一）　工况 3 各断面流速分布

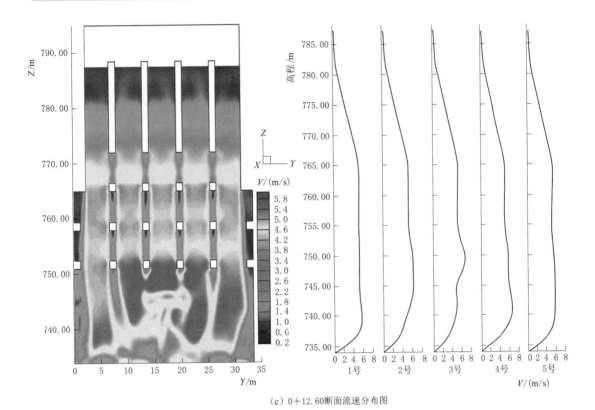

(c) 0+12.60断面流速分布图

图 5.2-47（二） 工况 3 各断面流速分布

（3）工况 3。相对工况 2 叠梁门顶淹没水深减小了 7m，水流进入通仓后更加紊乱，喇叭口断面流速最大值达 8.2m/s，最小值仅 2.0m/s。

总体来看，叠梁门前断面大流速集中于门顶上 10m 高程范围，最大值位于门顶上 4～5m；随着叠梁门顶高程的增大，绕过叠梁门顶下泄的水体更易在通仓内形成多维旋涡，使门后各断面流速不再呈对称分布（通仓内断面流速分布，6 层叠梁门工况明显较 1 层叠梁门工况紊乱）；叠梁门高程一定时，门顶淹没水深越小，汇入喇叭口流速分布越不均匀。

3. 压力分布

图 5.2-48 为 765.00m 水位、1 层叠梁门、引用额定流量工况下进口段 K_d 与 X/D 关系。该工况下叠梁门顶高程未超过喇叭口顶高程，水流绕过叠梁门汇入压力管道时直冲管顶，靠近管道顶部流速较大，喇叭口至工作门井段顶中压力小于侧中压力；工作门井以后的管道，大流速区靠近管底，侧中压力小于顶中压力；水流进入喇叭口后随着断面积的缩小，流速逐渐增大，喇叭口段压力则迅速较小；检修门井后测点由于过流断面增大，流速减小，压力随之增大，同样在工作门井后也出现这一现象；工作门井后压力系数变化不大，表明压力分布趋于均匀。

工况 1～工况 3 的流道压力梯度分布分别如图 5.2-49～图 5.2-51 所示。由图可以看出，各工况的流道侧中压力梯度分布规律基本一致，流道喇叭口段，沿流向呈顺压梯度（dp/dx<0），表明此区域内侧曲线上压力沿程减小；检修门井至渐变段，呈零压梯度，

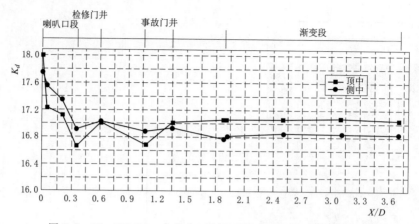

图 5.2-48　765.00m 水位 + 1 层门工况 X/D-K_d 关系曲线图

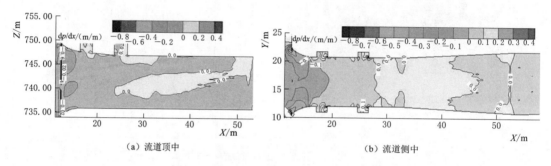

（a）流道顶中　　　　　　　　　（b）流道侧中

图 5.2-49　工况 1 压力梯度沿程分布图

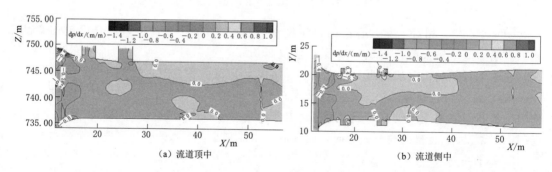

（a）流道顶中　　　　　　　　　（b）流道侧中

图 5.2-50　工况 2 压力梯度沿程分布图

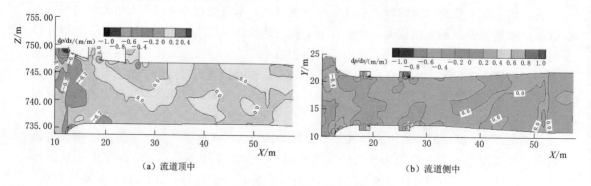

（a）流道顶中　　　　　　　　　（b）流道侧中

图 5.2-51　工况 3 压力梯度沿程分布图

表明压力沿程升降幅度较小，压力分布均匀。顶中压力梯度分布规律在喇叭口段稍有差别，其中1层叠梁门时，此区域仍然呈顺压梯度，而6层叠梁门时，此区域则呈逆压分布，即压力在此段是沿程增加的；经水流自调整，检修门井后区域呈零压梯度，即顶中曲线在此后压力沿程升降幅度较小。

4. 水头损失

表5.2-25给出了765.00m水位+1层叠梁门工况（工况1）、795.00m水位+6层叠梁门工况（工况2）、788.00m水位+6层叠梁门工况（工况3）下进口段水头损失值。模拟计算得到上述工况下进水口段（桩号0-015～0+057.9，包括拦污栅段与流道段）的水头损失分别为0.70m、2.06m、2.60m，表明叠梁门所产生的局部水头损失占进口段总水头损失的比重较大；同样的叠梁门顶高程下，门顶上淹没水深越小，水头损失则越大。

表5.2-25　　　　　　　　各工况下的水头损失表

工况	1	2	3
进口段水头损失计算值/m	0.70	2.06	2.60
物模实测值/m	0.70	1.96	—
相对误差/%	0	4.9	—

5.2.3.4.2　3台机组合运行数值模拟

模拟3台机组中的1台机运行或者3台机同时运行，叠梁门高程按等高和不等高两种放置情况考虑，从而得到相应条件下的水流流态特点。模拟的3种工况见表5.2-26。

表5.2-26　　　　　　　　　模 拟 计 算 工 况 表

工况	水位/m	叠梁门顶高程/m	机组运行状况
4	788.00	770.00	1号、3号机不运行，2号机运行
5	788.00	1号、3号764.00m，2号770.00m	3台机运行
6	788.00	770.00	3台机运行，抗震联系梁加固

1. 工况4

该工况模拟的是788.00m水位，机组进水口前都放置6层叠梁门，但仅中间机组发电，两边机组不发电情况。图5.2-52和图5.2-53分别为进水口表面、沿流道中心线横剖面、拦污栅进口断面、通仓内及喇叭进口断面流速分布图。

从图5.2-52表面流速分布来看，由于仅一台机发电，引用流量为547.8m³/s，故库前流速非常小，仅0.1m/s；拦污栅墩前20m范围受叠梁门影响表流速开始迅速增大，到拦污栅墩内表流速达到0.8m/s；3台机进水口表面流速相差不大，其中中间机组5孔流速在0.75～0.80m/s，两边机组流速分布一致，在0.68～0.72m/s；水流进入通仓后，随着过水断面积的增大，流速减缓为0.1～0.2m/s。

从图5.2-53流道中心线断面流速分布来看，叠梁门前水流几乎处于静止状态；通仓内，两边机组水流迅速向中间机组汇集，中间机组喇叭进口流速明显大于两边机组；水流进入压力管道后开始在管内上下左右摆动，管内流速在3.5～6.7m/s波动。

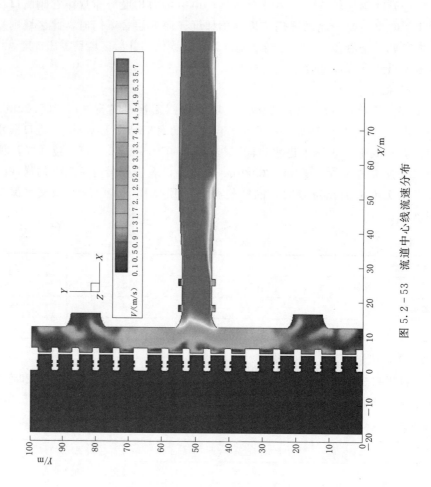

图 5.2-53 流道中心线流速分布

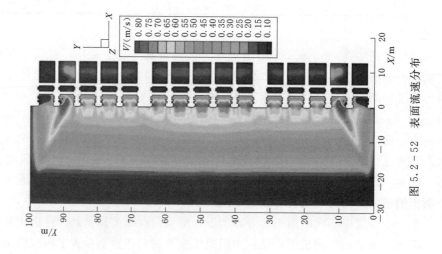

图 5.2-52 表面流速分布

图 5.2-54~图 5.2-56 为拦污栅墩至通仓内沿程流速分布变化情况。水流进入拦污栅后，受叠梁门影响大流速集中在 770.00~780.00m 高程，即叠梁门顶高程上 10m 范围，中间机组 5 个进水孔水流流速略大于两边机组，叠梁门以下水流几乎呈静止状态；水流汇入通仓后，流速分布十分紊乱，两边机组水流向中间机组汇集，同时在边界处形成旋涡；水流到达喇叭进口断面时，流速分布相对较稳定，主流已集中在中间机组。

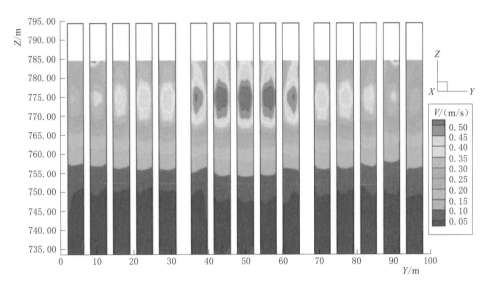

图 5.2-54　拦污栅进口断面流速分布

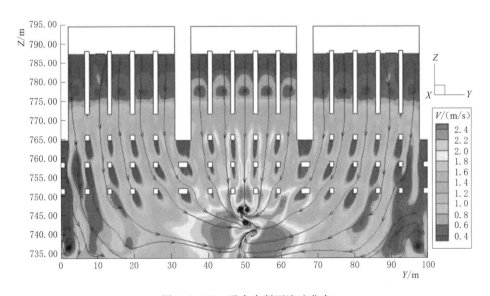

图 5.2-55　通仓内断面流速分布

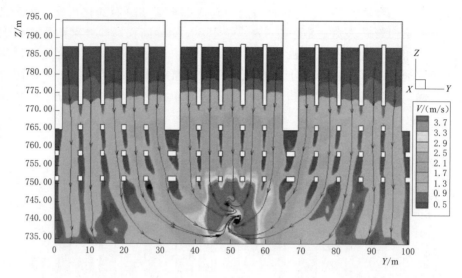

图 5.2-56　进水口断面流速分布

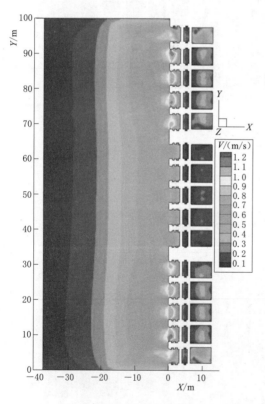

图 5.2-57　表面流速分布

该运行方式下，进水口段水头损失为 0.80m，约是 3 台机满发工况时水头损失的 1/3。总体来看，相同库水位及叠梁门高程下，少量机组运行时的通仓段流态较满发时要好一些，同时水头损失也大大减小。进一步说明放置叠梁门的电站进水口段水头损失主要来自拦污栅墩及叠梁门构成的局部水头损失。

2. 工况 5

工况模拟的是 788.00m 水位，3 台机正常运行，其中中间机组进水口放置 5 层叠梁门，两边机组进水口放置 6 层叠梁门。图 5.2-57～图 5.2-61 分别为进水口表面、沿流道中心线横剖面、拦污栅进口断面、通仓内及喇叭进口断面流速分布图。

从图 5.2-57 表面流速分布图来看，受叠梁门影响，水流在拦污栅墩前 30m 流速开始逐渐增大；进入拦污栅墩后，两边机组由于 6 层叠梁门约束，其过水断面相对中间机组要小，因此表流速相对较大，最大值为 1.0m/s，中间机组表流速最大值为 0.7m/s；水流汇入通仓后，流速相对减小，两边机组通仓流速仍然较中间机组大，两边机组通仓内流速最大值为 0.3m/s，中间机组通仓内流速最大值为 0.2m/s。图 5.2-58

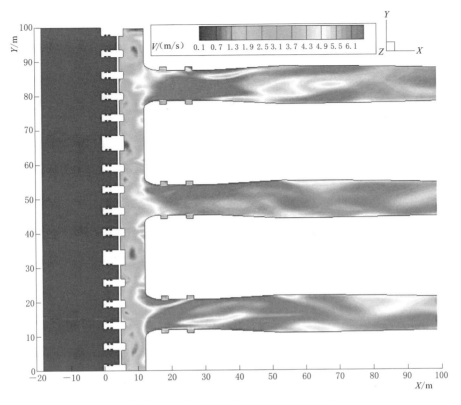

图 5.2-58　流道中心线断面流速分布

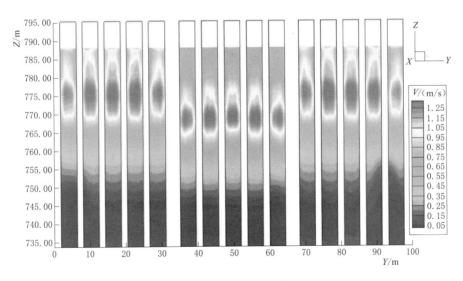

图 5.2-59　拦污栅进口断面流速分布

流道中心线断面流速分布图反映水流在此高程下，3 台机组引水管道流速分布受不等高叠梁门影响较小，流速分布基本一致。

图 5.2-59～图 5.2-61 为拦污栅墩至通仓内沿程流速分布情况。水流进入拦污栅后，

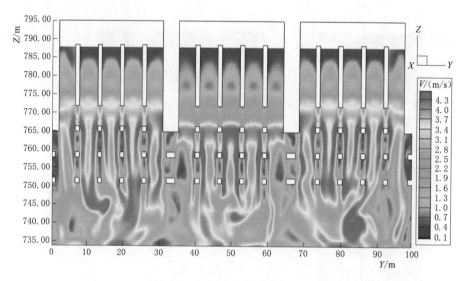

图 5.2-60　通仓断面流速分布

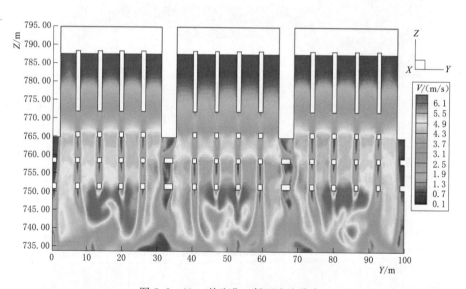

图 5.2-61　喇叭进口断面流速分布

两边机组进水口受 6 层叠梁门影响大流速集中在 770.00～780.00m 高程，即叠梁门顶高程上 10m 范围，流速最大值达 1.34m/s，位于 775.50m 高程。中间机组则在 5 层叠梁门影响下大流速集中在 765.00～773.00m 高程，即叠梁门顶高程上 8m 范围，流速最大值 1.30m/s，位于 769.20m 高程。叠梁门以下水流几乎呈静止状态；水流汇入通仓后，迅速向喇叭进口汇集，流速分布十分紊乱；水流到达喇叭进口断面时，大流速集中于管顶部位，管顶流速在 6～7m/s，而管底流速仅 3～4m/s。

总的来看，该运行方式与 3 台机组全部放置 6 层叠梁门运行方式下的进水口水流特性基本一致，因此，在一定库水位及叠梁门高程条件下，适当降低邻近机组的叠梁门高程不会对机组运行构成危害。

3. 工况 6

由于要求进水口结构的地震设计烈度要按Ⅷ度考虑，其抗震联系梁要进行加固处理，进水口段的水流边界条件可能会发生变化，需研究边界的改变对相关水力要素的影响。抗震联系梁加固前的进水口剖面图如图 5.2-62 所示。抗震联系梁加固措施是将 788.50～751.00m 高程内的纵梁沿水深方向合并为一条纵梁，其他结构不变，加固后的进水口剖面图如图 5.2-63 所示。

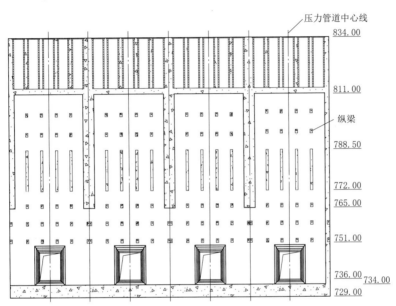

图 5.2-62　抗震联系梁加固前（高程单位：m）

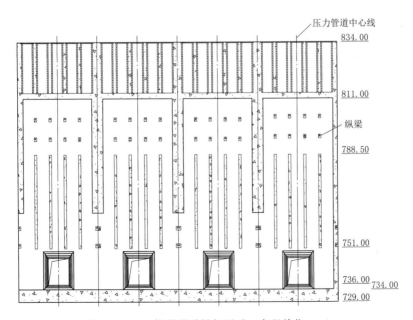

图 5.2-63　抗震联系梁加固后（高程单位：m）

选取 788.00m 水位、6 层叠梁门工况对抗震联系梁加固后的进水口进行模拟计算。从图 5.2-64 表面水流流线看出，水流呈均匀对称式进入拦污栅墩前，汇入通仓后在靠近边壁处由于边界条件约束，左右各形成一个旋涡，通仓内水流流速在 0.4m/s 左右，旋涡强度不大。沿管道中心线纵剖面图 5.2-65 来看，与联系梁加固前相比，叠梁门后形成的

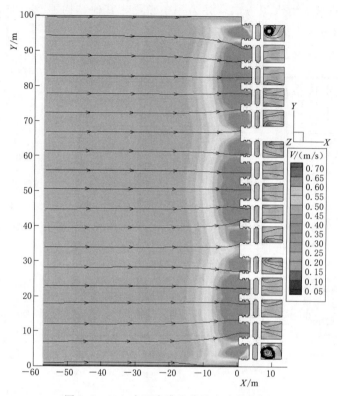

图 5.2-64　表面水流流线及流速分布图

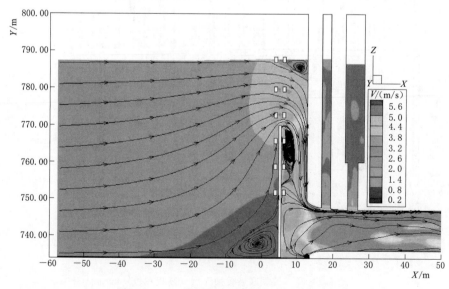

图 5.2-65　纵剖面水流流线及流速分布图

多维旋涡增多，水流仍紧贴进水口面汇入压力管道。从图 5.2-66 通仓断面流速分布图可看出，主流集中在 750.00～770.00m 高程，由于过流断面面积的缩小，流速最大值达 6.0m/s，而临底流速仅 3.0m/s。图 5.2-67 进口断面流速分布云图看出，汇入压力管道的水流仍然十分紊乱，靠近管顶流速最大值达 6.2m/s，而管底流速仅 2.2m/s。

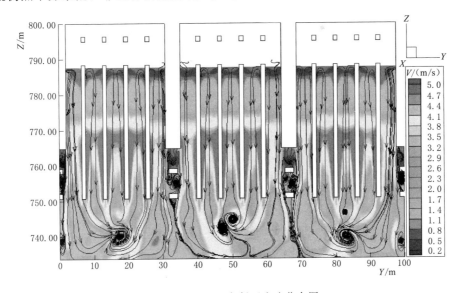

图 5.2-66　通仓断面流速分布图

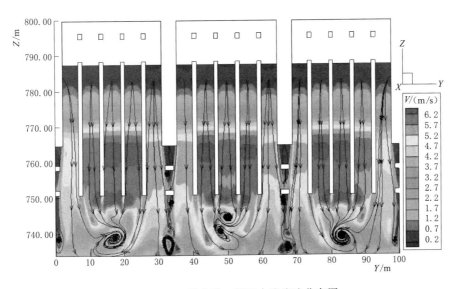

图 5.2-67　喇叭进口断面水流流速分布图

　　总体来看，抗震强化后表面流态基本无变化，各水力参数变化规律与加固前基本一致。

5.2.3.4.3　机组甩负荷对叠梁门的附加水击压力影响

　　电站进水口叠梁门一般承受上游方向的水压力，当机组甩负荷时，可能对叠梁门产生附加水击，从而造成门体反向受力。本节选取 795.00m 水位、6 层叠梁门，1 台机组满发运行时水轮机丢弃负荷过程进行计算。

采用河海大学刘启钊主编的《水电站》（第三版）教科书中关于简单管道水锤计算程序进行计算，对该电站引水管道及进水口通仓段系统做如下处理：①引水管道按均匀管径考虑，取最小管径 $\phi = 10$m 进行计算；②叠梁门与一台机所对应的通仓按竖直管道考虑，也按管径 $\phi = 10$m 考虑，取放置 6 层叠梁门时的门顶高程位置为管道进口，进口前为水库边界。经过上述简化处理后，计算 1 台机组甩负荷对叠梁门的附加水击压力影响相当于所有机组同时甩负荷时的影响，且由此计算所得底层叠梁门几何中心位置的水击压强值也比所有机组同时甩负荷时对叠梁门产生的实际水击压强值偏大。

机组甩负荷时引用流量在 12s 内由 547.8m³/s 线性降为 0m³/s，考虑该电站压力管道为埋藏式，计算选取了 1.0m、2.0m、3.0m 三种衬砌厚度时的蜗壳进口断面及底层叠梁门中心位置的极限水锤压强值，成果见表 5.2 - 27。

表 5.2 - 27　　　　　　　　　不同衬砌厚度时各部位的最大附加水击压力值

衬砌厚度 e/m	1.0		2.0		3.0	
计算点位置	蜗壳进口断面	底层叠梁门中心	蜗壳进口断面	底层叠梁门中心	蜗壳进口断面	底层叠梁门中心
最大附加水击压力值 /（×9.81kPa）	29.03	2.16	29.03	2.16	29.03	2.16

由计算结果可见，在以上假定条件下，机组甩负荷时，蜗壳进口断面的最大附加水锤压强值为 29.03×9.81kPa，底层叠梁门中心位置的最大附加水锤值为 2.16×9.81kPa，结构设计时应考虑此附加荷载；衬砌厚度变化范围不大的前提下，厚度的改变对压力管道沿程极限水锤压强值无影响。

当引水管道全程按管径 $\phi = 11$m 考虑时，底层叠梁门中心位置的最大附加水锤值为 1.78×9.81kPa。

5.2.3.5　进水口体型方案比选计算成果及建议

将 788.00m 水位、放置 6 层叠梁门、机组满发条件下，通仓隔断、通仓布置、抗震强化三种方案运行时对其水力参数进行比较，以确定最终推荐方案。三方案体型布置及运行条件见表 5.2 - 28。

表 5.2 - 28　　　　　　　　　三方案体型布置及运行条件

方案	体 型 布 置	叠梁门顶高程/m	机组运行条件	水库水位/m
1	通仓隔断	770.00	机组满发	788.00
2	通仓布置（765.00m 以下各进水口相通）	770.00	机组满发	788.00
3	抗震强化	770.00	机组满发	788.00

1. 流态及流速比较

提取各方案 0＋9.6 桩号（通仓中心）的立面图、沿流道中心线的纵剖面、$Z = 742.00$m 高程断面流线及流速分布云图进行分析，三断面位置示意图如图 5.2 - 68 所示。

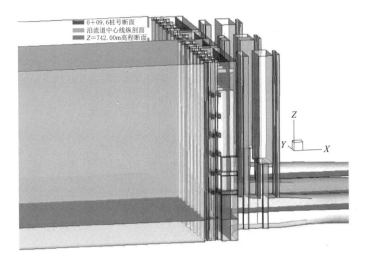

图 5.2 - 68　断面位置示意图

从图 5.2 - 69（a）通仓隔断方案看出，水库水流平顺进入拦污栅段，遇到叠梁门的阻挡，水流流速明显减小，在门槽处出现大小不同的旋涡；水流绕过叠梁门后快速向喇叭口段集中，在拦污栅墩与进水口面之间段形成旋涡，此段水流紊动较为剧烈，流速分布不均匀性较大；汇入压力管道的水流较紊乱，水流在管道内左右摆动。图 5.2 - 69（b）通仓布置及图 5.2 - 69（c）抗震强化方案，水流流线与独立方案基本一致，通仓内相邻进水口间的墩后属小流速区，即相邻进水口之间水流影响较小；流速分布与独立方案无明显差别。

从图 5.2 - 70（a）通仓隔断方案看出，叠梁门前部分临底水流形成绕流，出现横轴旋涡，水流上挑绕过门顶紧贴进水口面下泄，在门后形成横轴旋涡；表面水流在贴近进水口面出现翻花现象；水流汇入喇叭口前在临底处也形成横轴旋涡；受叠梁门阻挡，门前临底流速明显减小，而门顶流速则显著增大。图 5.2 - 70（b）通仓布置及图 5.2 - 70（c）抗震强化方案，流线与独立方案一致，流速分布无明显差别。

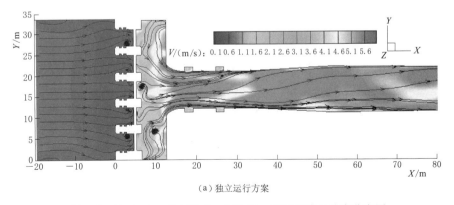

（a）独立运行方案

图 5.2 - 69（一）　各方案 $Z = 742.00\text{m}$ 高程流线及流态分布图

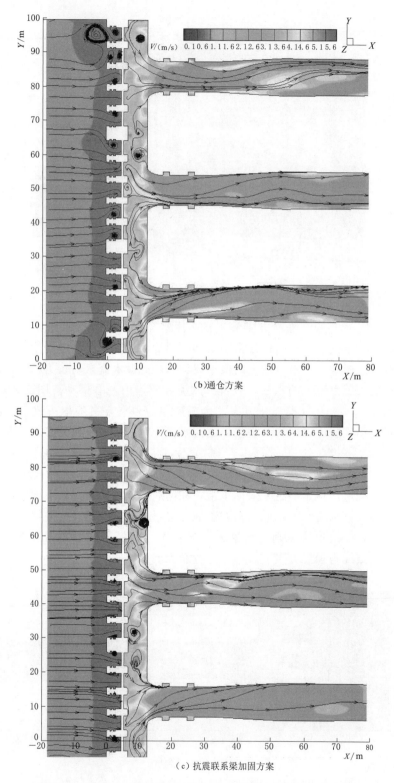

(b)通仓方案

(c)抗震联系梁加固方案

图 5.2 - 69（二）　各方案 $Z=742.00$m 高程流线及流态分布图

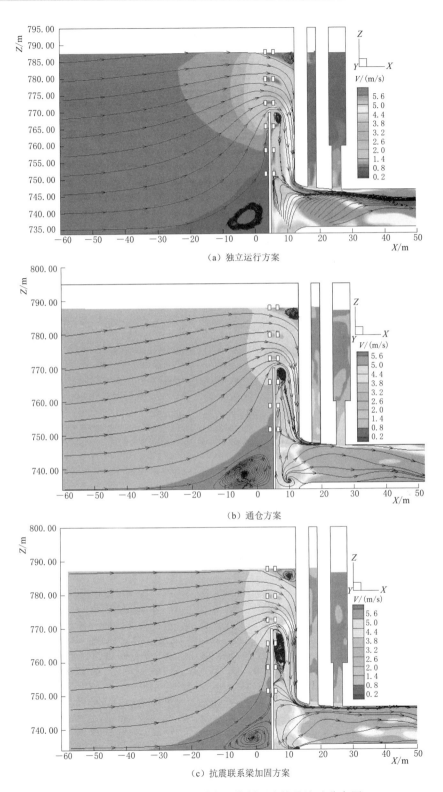

（a）独立运行方案

（b）通仓方案

（c）抗震联系梁加固方案

图 5.2-70　各方案流道中心线剖面流线及流速分布图

从图 5.2-71（a）通仓隔断方案看出，水流由上至下向喇叭口处集中，在左右边壁处由于边界条件约束各形成一个旋涡；纵梁下面流速较小；760.00～770.00m 高程范围流速分布相对集中，整个断面看来流速分布不均匀性较大。图 5.2-71（b）通仓布置，流线分布与独立方案无较大差别，主流同样由上至下向喇叭口集中，与独立布置方案不同

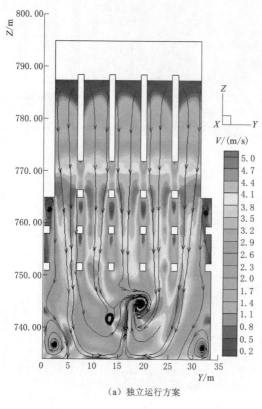

（a）独立运行方案

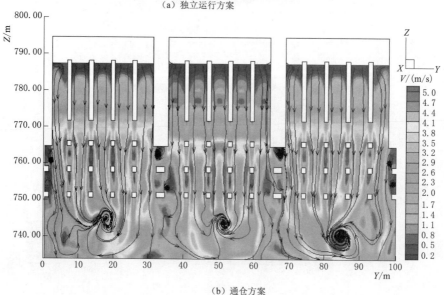

（b）通仓方案

图 5.2-71（一）　各方案 0+09.6 桩号断面流线及流速分布图

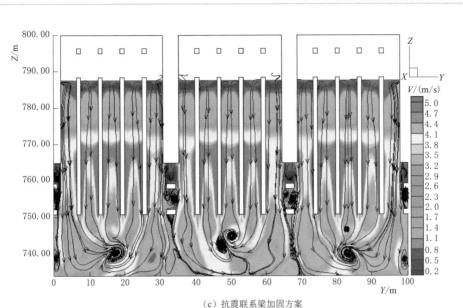

（c）抗震联系梁加固方案

图 5.2-71（二） 各方案 0+09.6 桩号断面流线及流速分布图

的是 765.00m 高程以下各进水口之间相互连通，无边界条件约束，故流线相对平顺，相邻进水口间无较大旋涡产生；通仓内相邻进水口隔墩处从 765.00m 至底部 734.00m 属小流速区，并且相邻进水口间水流无相互穿插现象，来自各进水口的水流汇入对应的压力管道内，同样说明相邻进水口之间水流影响较小，流速分布与独立方案较相似。图 5.2-71（c）抗震强化方案，流线分布与通仓方案无差别；在 750.00～770.00m 高程范围流速相对较为集中。

总体来看，通仓布置与抗震强化方案流态基本一致，两者都较通仓隔断方案稍优。

2. 水头损失比较

三个方案的进口段水头损失见表 5.2-29。通仓布置进水口段水头损失为 2.55m，较通仓隔断 2.60m 略小；抗震强化方案在三个方案中最小，为 2.31m，原因可能为该方案水流下泄过程中流线较平顺，而其他两个方案由于多个纵梁边界的存在，引起局部水头损

表 5.2-29　三方案进口段水头损失

（水位 788.00m）

方案	体型布置	水头损失/m
1	通仓隔断	2.60
2	通仓布置	2.55
3	抗震强化	2.31

失的增加。综合比较，通仓隔断方案水头损失最大，抗震强化固方案最小。

3. 小结

将 788.00m 水位、放置 6 层叠梁门、机组满发条件下，通仓隔断、通仓布置、抗震强化三种方案运行时对其流线流速、水头损失比较分析发现，三种方案在流线流速分布上无明显差别。相对来看，通仓布置及抗震强化方案流态较通仓隔断方案稍优，从水头损失来看通仓布置方案较通仓隔断方案水头损失略小，抗震强化方案最小，从结构安全考虑，在流态流速相似及水头损失相对较小的情况下，推荐抗震强化方案为最终方案。

5.2.3.6　结论

采用三维 RNG k - ε 紊流数学模型模拟电站进水口水流流场，通过对水流流态、流速分布、压力分布及进水口段水头损失等水力参数的计算分析得到电站进水口采用叠梁门取水方式后进水口水力特性。研究得到的结论如下：

（1）将 795.00m 水位、6 层叠梁门工况计算得出的水流流态、流速分布、压力系数与 X/D 关系曲线及水头损失值与物理模型实测值进行对比分析，验证了数学模型计算结果的合理性。

（2）典型工况水流流态均能满足电站安全运行要求；在相同门顶高程的进水口段总水头损失中，门顶淹没水深越小，叠梁门所产生的局部水头损失占进口段总水头损失的比重越大；在一定门顶淹没水深条件下，门顶高程越高，进水口段的总水头损失也越大，这也和高叠梁门工况下通仓内水流流态更加紊乱这一现象是相互印证的。其中工况 1 进水口水头损失为 0.70m，工况 2 水头损失为 2.06m，工况 3 水头损失为 2.60m。

（3）相同库水位及叠梁门高程下，少量机组运行时进水口通仓段的水流流态比机组满发时稍好，水头损失相应也小。工况 4 进水口水头损失仅 0.80m，约为满发时的 1/3。

（4）在一定库水位及叠梁门高程工况下，适当降低邻近机组段的叠梁门高程不会对机组运行构成危害。

（5）抗震强化方案，电站进水口流态未见明显改变，各水力参数变化规律与加固前基本一致，对电站的安全运行影响不大。

（6）在机组满发条件下，综合比较通仓隔断、通仓布置及抗震强化方案，后两者进口流态和流速分布均匀性较通仓隔断方案稍优；通仓布置和抗震强化方案相邻进水口隔墩处从 765.00m 至底部 734.00m 属最小流速区，说明相邻进水口之间水流影响较小；通仓隔断方案水头损失最大（2.60m），抗震强化最小（2.31m）。因此推荐抗震强化方案。

（7）在相当于所有机组同时甩负荷工况下，作用在叠梁门背面上的最大附加水击压力将不超过 2.16×9.81kPa，叠梁门及相关结构设计时应考虑此荷载的影响。

5.3　亭子口水电站叠梁门分层取水研究

5.3.1　工程概况

亭子口水利枢纽位于四川省广元市苍溪县境内，所选择的李家咀坝址上距广元市区 160km，下距苍溪县城 15km，控制流域面积 62550km^2，河谷呈浅 U 形，河段平直，河床宽阔，是嘉陵江干流开发中的控制性梯级工程，枢纽开发的主要任务是防洪、灌溉、发电、航运等。坝型为混凝土重力坝，最大坝高 115m，正常蓄水位 458.00m，相应库容为 34.68 亿 m^3。枢纽主要建筑物由混凝土重力坝、左岸坝后式厂房、泄水建筑物 9 个溢流表孔和 5 个泄洪底孔、右岸通航建筑物组成。

水电站厂房布置在李家咀坝址左岸的 I 级阶地台面上，电站布置形式为坝后式厂房，安装 4 台单机容量 275MW 的混流式水轮发电机组，总装机容量 1100MW。

5.3.1.1　进水口结构布置

坝式进水口底部高程 418.00m，拦污栅采用平面式 4 台机通仓方式布置，每台机各设

2 个拦污栅边墩和 3 个拦污栅中墩，拦污栅边墩和中墩的宽度均为 1.2m，顺水流方向长度均为 5.0m，拦污栅上部由 3 层横梁与大坝连接。拦污栅由高程 415.00m 直通坝顶，其孔道尺寸为 5.50m×50.00m×4（宽×高×孔数），设 2 道栅槽。电站进口设检修闸门及工作闸门各一套。引水钢管直径 8.7m，采用坝后背管式布置，引水钢管转弯半径为 27.0m，转弯角度为 51.34°。

5.3.1.2　分层取水运行参数

考虑下游河道的生态及环保要求，在电站进水口前利用备用拦污栅槽设置一道叠梁钢闸门，利用叠梁门的不同放置高度实现取水库表层水体的目标。根据亭子口水库运行特性及环保对其下泄水温的要求，初步确定叠梁门的最大顶高程为 443.00m。叠梁闸门总高度为 28m，分为 10 层，每层高度 2.8m，宽度与拦污栅门框同宽。

5.3.2　物理模型试验研究

5.3.2.1　试验目的

大型深水库库前水体温度具有明显的沿深度成层分布的特点，水库底层水体温度低于原天然河道水温。对于坝后式水电站机组，为避免电站进水口前出现不利于机组正常运行的有害旋涡流态，一般将进水口布置在水下较低位置。在正常蓄水发电情况下，机组下泄水体温度较低，其低温水流将影响下游河段的水生态环境。在水电站进水口前采用分层叠梁门取水方式，使机组发电用水尽量从水库表层获取，将减轻电站泄水对下游河道生物及水环境造成的负面影响。

采用叠梁门分层取水方式，将改变电站进水口前的水流条件，包括进水口前通仓段旋涡特性、进水口段水力损失、进水口段流道压力分布、拦污栅过栅流速等均会发生变化；需要通过水工模型试验研究电站各运行库水位条件下的叠梁门设置高度。由于电站进水口前的叠梁门为薄而高的结构，且叠梁门的支撑结构为拦污栅墩槽，在电站机组正常运行及机组甩负荷时，作用在叠梁门上的动水荷载及其特性是结构设计的重要参数；同时，叠梁门传递到拦污栅墩槽的荷载及其特性，也决定着拦污栅墩结构体系的设计。鉴于大型水电站进水口前采用叠梁门实现分层取水的实践经验较少，开展相关水工模型试验研究是非常必要的，可为电站进水口前分层取水设计及实现生态输水调度提供科学依据。

5.3.2.2　研究内容及试验条件

根据有关规范规程要求，结合该工程分层取水布置特点，本书研究内容主要包含以下 9 个方面：

（1）各种特征水位的叠梁门最大放置高度研究，以电站进水口前通仓段不产生有害流态为判据。试验工况包括：

1）正常蓄水位 458.0m、4 台机组运用，放置 8 层、9 层、10 层叠梁门。

2）库水位 452.5m、4 台机组运用，放置 7 层、8 层、9 层叠梁门。

3）防洪限制水位 447.0m、4 台机组运用，放置 6 层、7 层、8 层叠梁门。

（2）观测拦污栅过栅流速分布及叠梁门顶流速分布。试验工况包括：

1）正常蓄水位 458.0m、4 台机组运用，放置 1～10 层叠梁门。

2）库水位 452.5m、4 台机组运用，放置 1～9 层叠梁门。

3）防洪限制水位 447.0m、4 台机组运用，放置 1～8 层叠梁门。

（3）观测进水口流道的沿程时均压力值，分析进水口段流道时均压力特性。试验工况包括：

1）正常蓄水位 458.0m、4 台机组运用，放置 8 层、9 层、10 层叠梁门。

2）库水位 452.5m、4 台机组运用，放置 7 层、8 层、9 层叠梁门。

3）防洪限制水位 447.0m、4 台机组运用，放置 6 层、7 层、8 层叠梁门。

（4）观测放置叠梁门的进口段总水头损失。试验工况包括：

1）正常蓄水位 458.0m、3～4 台机组运用，放置 1～10 层叠梁门。

2）库水位 452.5m、3～4 台机组运用，放置 1～9 层叠梁门。

3）防洪限制水位 447.0m、3～4 台机组运用，放置 1～8 层叠梁门。

（5）观测各运行工况下作用在叠梁门上的水流脉动压力。试验工况包括：

1）正常蓄水位 458.0m、4 台机组运用，放置 10 层叠梁门。

2）库水位 452.5m、4 台机组运用，放置 9 层叠梁门。

3）防洪限制水位 447.0m、4 台机组运用，放置 8 层叠梁门。

（6）电站机组甩负荷对叠梁门的附加动水压力影响；导叶关闭时间 8.0s，导叶按匀速直线规律关闭控制。试验工况包括：

1）正常蓄水位 458.0m、4 台机组运用，放置 9～10 层叠梁门，甩 1 台机组负荷。

2）正常蓄水位 458.0m、4 台机组运用，放置 9～10 层叠梁门，同时甩 2 台机组负荷。

3）防洪限制水位 447.0m、4 台机组运用，放置 7～8 层叠梁门，甩 1 台机组负荷。

4）防洪限制水位 447.0m、4 台机组运用，放置 7～8 层叠梁门，同时甩 2 台机组负荷。

（7）研究机组甩负荷对相邻机组运行时水流条件的影响。

（8）研究快速闸门动水闭门对叠梁门动水压力的影响，闭门时间 3.0min，按匀速关闭控制。试验工况包括：

1）正常蓄水位 458.0m、4 台机组运用，放置 10 层叠梁门。

2）库水位 452.5m、4 台机组运用，放置 9 层叠梁门。

3）防洪限制水位 447.0m、4 台机组运用，放置 8 层叠梁门。

（9）研究减小进水口叠梁门水头损失的技术措施。

5.3.2.3　模型设计与测点布置

1. 模型设计

水电站进水口水力学模型试验，要涉及水流旋涡问题，在考虑重力作用的弗劳德数（Fr）相似的前提下，还要考虑水流黏滞力作用和表面张力的相似。由于模型水流中黏滞力和表面张力对旋涡的抑制作用较原型强，可能导致模型中水流旋涡与原型不相似。因此，对有关压力管进水口水流旋涡的水力学试验，提出了对模型水流雷诺数和韦伯数的约束条件，即模型水流雷诺数要满足 $Re = Q/\nu s > 3 \times 10^4$，韦伯数要满足 $We = \rho V^2 d/\sigma \geqslant 120$，其中 Q 为流量，ν 为水体运动黏滞系数，s 为进水口孔口中心淹没深度，ρ 为水体密度，d 为孔口高度，σ 为水体表面张力系数。

亭子口水电站进水口水力学模型采用几何比尺 $Lr=50$，相应的水力要素比尺分别为：流量比尺 $\lambda_Q=17677.67$；动水压力比尺 $\lambda_P=50$；流速比尺 $\lambda_v=7.07$；时间比尺 $\lambda_t=7.07$。各运行条件下模型水流雷诺数 Re_m 和韦伯数 We_m 见表 5.3-1。由表可见，该水力学模型各工况的水流雷诺数 Re_m 和韦伯数 We_m 均满足上述临界值要求。

表 5.3-1　　　　　　　　　模型水流雷诺数 Re 和韦伯数 We 计算表

库水位 /m	流量 /(m³/s)	进口平均流速 /(m/s)	孔口高度 d/m	孔口中心淹没深度 s/m	Re_m /($\times 10^4$)	We_m
458	432	1.36	16.95	33.65	3.6	1673
447	430	1.36	16.95	20.53	5.3	1673

注　水温取 20℃。

模型上游水库纵向模拟到进水口前 600m（模型 12m），其中前 200m 为库前水流平流段；模型横向模拟水域宽度 272m，其中电站进水口段宽度 112m。水库底部最深点高程为 365.00m，坝体顶部高程为 465.00m。模型拦污栅墩结构体及 4 条引水管道均采用有机玻璃制作，水库地形用水泥浆抹面材料制作。模型包括水库、拦污栅（包括栅片）、通仓段（包括各种梁柱、左右侧边墙及边墙透水孔）、管道进口段、渐变段、检修闸门段、工作闸门段、下弯管段、斜管段、上弯管段、水平管段及控制电站机组流量的阀门段等。鉴于模型试验内容中包含了机组甩负荷工况及快速闸门闭门工况，为避免模型机组甩负荷及快速闸门闭门试验造成库水位上升，在模型水库中设计布置了可升降的溢水装置，以模型 2 台机组同时甩负荷的流量变化作为溢水槽长度的设计控制条件。在模型蜗壳位置安装与水轮机导叶启闭类似的百叶阀，用启闭机控制百叶阀的启闭时间。

2. 测点布置

在 1 号机（从左至右编号为 1~4 号，下同）进口前叠梁门上共布置 20 个时均压力测点，在电站进口段引水管道内壁布置 21 个时均压力测点，见表 5.3-2 和表 5.3-3。

表 5.3-2　　　　　　　　　叠梁门时均压力测点布置表

测点编号	对应叠梁门层数 （自下而上）/层	叠梁门 正面测点高程/m	测点编号	对应叠梁门层数 （自下而上）/层	叠梁门 背面测点高程/m
1	1	416.4	11	1	416.4
2	2	419.2	12	2	419.2
3	3	422.0	13	3	422.0
4	4	424.8	14	4	424.8
5	5	427.6	15	5	427.6
6	6	430.4	16	6	430.4
7	7	433.2	17	7	433.2
8	8	436.0	18	8	436.0
9	9	438.8	19	9	438.8
10	10	441.6	20	10	441.6

表 5.3 - 3　　　　　　　　　　　　进口压力管段时均压力测点表

测点部位	测点坐标	测 点 编 号						
		1	2	3	4	5	6	7
顶中心线	距喇叭进口/m	0.4	2.1	4.6	7.4	8.7	12.7	21.5
	高程/m	430.99	428.88	427.75	427.03	426.83	426.70	426.70
侧中心线	距喇叭进口/m	0.4	2.1	4.6	7.4	8.7	12.7	21.5
	高程/m	422.35	422.35	422.35	422.35	422.35	422.35	422.35
底中心线	距喇叭进口/m	0.4	2.1	4.6	7.4	8.7	12.7	21.5
	高程/m	417.20	418.00	418.00	418.00	418.00	418.00	418.00

　　在对应于1号机进口前的叠梁门上分别布置5个压力传感器测点，在通仓段左侧边墙的内侧面布置1个压力传感器测点，在1号机的检修门井和快速门井内各布置1个传感器测点，在1号机、2号机、3号机引水管特征部位布置7个压力传感器测点，压力传感器测点布置见表5.3-4。

表 5.3 - 4　　　　　　　　　　　　压力传感器测点布置表

测点编号	测点部位	坐　标	
		纵向位置	高程/m
1	第2层叠梁门中心	叠梁门下游面	419.20
2	第4层叠梁门中心	叠梁门下游面	424.80
3	第6层叠梁门中心	叠梁门下游面	430.40
4	第8层叠梁门中心	叠梁门下游面	436.00
5	第10层叠梁门中心	叠梁门下游面	441.60
6	通仓段边墙内侧	流道进口前 5.0m	424.50
7	1号机检修门井	井壁下游面	442.50
8	1号机快速门井	井壁下游面	442.50
9	1号机渐变段中部	距流道进口 17.25m	426.70
10	1号机斜管段中部	距流道进口 69.21m	397.29
11	2号机渐变段中部	距流道进口 17.25m	426.70
12	3号机渐变段中部	距流道进口 17.25m	426.70
13	1号机蜗壳进口断面	距流道进口 124.68m	366.60
14	2号机蜗壳进口断面	距流道进口 124.68m	366.60
15	3号机蜗壳进口断面	距流道进口 124.68m	366.60

5.3.2.4　原设计方案试验成果

5.3.2.4.1　机组正常运行时叠梁门放置高度研究

　　1. 正常水位 458.00m 时

　　亭子口水电站的正常水位为458.00m，此时的单机引水流量为432m³/s。在该库水位和4台机组同时运用条件下，进行了几种可能的叠梁门放置高度试验。叠梁门放置高度及相关特征参数见表5.3-5。

　　模型试验以电站进水口前无叠梁门的水流流态为背景，首先对在进水口前放置9层及10层叠梁门的水流流态进行对比观测。

表 5.3 - 5　　　　　　　　**458.00m 水位的叠梁门放置高度与门顶水头关系表**

叠梁门放置数量/层	叠梁门总高度/m	叠梁门顶高程/m	门顶以上水头/m
9	25.2	440.20	17.8
10	28.0	443.00	15.0
11	30.8	445.80	12.2

在进水口前未放置叠梁门、4 台机组运行条件下，拦污栅前后水流平缓，通仓段水流表面波动小，无旋涡形成。当在进水口前放置 10 层叠梁门时，在拦污栅墩尾部附近间歇性地出现了游移状的浅表型旋涡，旋涡平面尺寸最大约 1.5m，旋涡中心未出现水面凹陷。当在进水口前放置 9 层叠梁门时，进口通仓段水面更平静，随机出现的浅表型旋涡尺寸更小，最大涡径约 1.0m。

为了研究在正常蓄水位及放置 10 层叠梁门条件下通仓段不出现更大水流旋涡的可能性，在 4 台机同时运行条件下，将叠梁门增加至 11 层进行旋涡流态观测。模型试验结果表明：虽然叠梁门顶水深由 15.0m 减至 12.2m，门顶流速增大了约 20%，但通仓段流态未见明显变化，栅墩尾部出现游移状浅表型旋涡的频度略有增加，涡径略有增大（最大涡径小于 2.0m），但旋涡中心水面仍无凹陷。当放置 8 层叠梁门时，进口通仓段水流表面几乎没有旋涡生成。随着叠梁门放置层数的减少，水面更加平稳。

在 3 台机组运行条件下，放置同样数量的叠梁门，其进口通仓段水流流态比 4 台机组运行时稍好。

进口通仓段的流态试验结果表明，电站进水口前设置 1～10 层叠梁门均不会产生有害旋涡流态，可满足电站安全运行要求。

2. 防洪限制水位 447.00m 时

在防洪限制水位 447.00m、单机引水流量 430m³/s 以及 4 台机组同时运用条件下，亦进行了几种可能的叠梁门放置高度试验。叠梁门放置高度及相关参数见表 5.3 - 6。

表 5.3 - 6　　　　　　　　**447.00m 水位的叠梁门放置方式与门顶水头关系表**

叠梁门放置数量/层	叠梁门总高度/m	叠梁门顶高程/m	门顶以上水头/m
6	16.8	437.40	15.2
7	19.6	434.60	12.4
8	22.4	437.40	9.6
9	25.2	440.20	6.8

在防洪限制水位 447.00m、4 台机组运行（$Q = 1720\text{m}^3/\text{s}$）条件下，首先观测了放置 8 层、7 层和 6 层叠梁门的进水口水流流态。

在 4 台机运行条件下，当放置 8 层叠梁门时，电站进水口通仓段水面波动较大，最大水面波动值约 0.2m，相对于每台机组的边栅墩后均会随机出现不挟气立轴旋涡，涡心无凹陷，旋涡最大直径约 1.5m，旋转水体最大深度约 0.5m，上述旋涡约 90s 出现一次，持续时间约 30s；当放置 7 层叠梁门时，进水口通仓段水流流态与放置 8 层叠梁门时类似，但通仓段水面波动值、立轴旋涡尺寸以及旋涡出现的频次均有所减小；当放置 6 层叠梁门时，通仓段内水面基本无旋涡。

当放置 9 层叠梁门时，叠梁门顶相对于库水位的堰顶水头为 6.8m，流经叠梁门顶的水流为自由堰流，通仓段出现了明显的水面跌落，并有大量气泡进入进水口管道，此时叠梁门顶的过流能力也小于机组发电所需流量。

从上述四种工况的进水口流态来看，在进水口前放置 9 层叠梁门时，不能满足机组安全运行要求；在进水口前放置 8 层及以下叠梁门时，机组可以正常运行。

3. 库水位 452.50m 时

该库水位条件下的叠梁门放置高度及相关参数见表 5.3-7。在 4 台机组同时运用工况下，进水口前放置 9 层叠梁门时，拦污栅墩尾部出现间歇性的浅表型旋涡，旋涡最大直径约为 0.9m，涡心未出现水面凹陷；放置 8 层叠梁门时，通仓段的最大涡径约为 0.6m；放置 7 层叠梁门时，旋涡强度及尺寸进一步减小，最大涡径仅 0.3m 左右。当放置 6 层叠梁门时，通仓段的旋涡基本消失。

表 5.3-7   452.50m 水位的叠梁门放置方式与门顶水头关系表

叠梁门放置数量/层	叠梁门总高度/m	叠梁门顶高程/m	门顶以上水头/m
6	16.8	431.80	20.7
7	19.6	434.60	17.9
8	22.4	437.40	15.1
9	25.2	440.20	12.3

因此，在库水位 452.50m 及 4 台机组同时运用条件下，在电站进水口前放置 9 层及以下叠梁门（门顶水深 12.3m 以上）时，其通仓段内均不会形成对机组安全运行有害的不良流态。

在该库水位及 3 台机组同时运用时，由于电站坝段引水总流量相对于 4 台机组同时运用时有所减小，在叠梁门放置数量相同的前提下，电站进口通仓段的流态均有不同程度的改善。因此，在 3 台机组同时运用、放置 9 层及以下叠梁门时，更不会出现对机组安全运行有害的不良流态。

5.3.2.4.2   机组正常运行时的时均压力

1. 叠梁门及通仓段的压力特性

根据前述试验成果可以得出，在兼顾尽量多地获取水库表层水和不危害机组安全运行的原则下，水库正常蓄水位 458.00m 及 4 台机组运行时，叠梁门的最大放置高度是 10 层门；在防洪限制水位 447.00m 及 4 台机组运行条件下，叠梁门的最大放置高度是 8 层门。

根据库水位、机组运行方式以及叠梁门可能的放置方式，选定了相应的模型试验工况。模型各试验工况下作用在叠梁门上的时均压力成果见表 5.3-8 和表 5.3-9。

从表中成果可知，在叠梁门的上游面板上，各测点所承受的时均压力基本呈静压分布，各测点的测压管水头基本相等且与库水位接近；虽然通仓段内水流结构复杂，但作用在叠梁门下游面上的各测点时均压力亦基本呈静压分布，各测点的测压管水头仅比相应的库水位低 0.3~0.7m；叠梁门同一位置的上游面时均压力均大于下游面时均压力。

表 5.3-8 　　　　　　　　$H_库$＝458.00m 时叠梁门面板时均压力表

叠梁门从下至上编号		测点高程/m	$H_库$＝458.00m，Q＝1728m³/s，4 台机组运行			
			10 层叠梁门		9 层叠梁门	
			测压管水头/m	时均压力/(×9.81kPa)	测压管水头/m	时均压力/(×9.81kPa)
叠梁门上游面	1	416.40	457.98	41.58	457.98	41.58
	2	419.20	457.98	38.78	457.98	38.78
	3	422.00	457.98	35.98	457.98	35.98
	4	424.80	457.98	33.18	457.98	33.18
	5	427.60	457.98	30.38	457.98	30.38
	6	430.40	457.98	27.58	457.98	27.58
	7	433.20	457.98	24.78	457.98	24.78
	8	436.00	457.98	21.98	457.98	21.98
	9	438.80	457.98	19.18	457.98	19.18
	10	441.60	457.98	16.38	—	—
叠梁门下游面	1	416.40	457.58	41.18	457.73	41.33
	2	419.20	457.53	38.33	457.68	38.48
	3	422.00	457.48	35.48	457.58	35.58
	4	424.80	457.48	32.68	457.58	32.78
	5	427.60	457.48	29.88	457.58	29.98
	6	430.40	457.48	27.08	457.58	27.18
	7	433.20	457.48	24.28	457.58	24.38
	8	436.00	457.48	21.48	457.58	21.58
	9	438.80	457.48	18.68	457.58	18.78
	10	441.60	457.48	15.88	—	—

注　测点均位于单层叠梁门的平面几何中心。

表 5.3-9 　　　　　　　　$H_库$＝447.00m 时叠梁门面板时均压力表

叠梁门从下至上编号		测点高程/m	$H_库$＝447.00m，Q＝1720m³/s，4 台机组运行			
			8 层叠梁门		7 层叠梁门	
			测压管水头/m	时均压力/(×9.81kPa)	测压管水头/m	时均压力/(×9.81kPa)
叠梁门上游面	1	416.40	446.98	30.58	446.98	30.58
	2	419.20	446.98	27.78	446.98	27.78
	3	422.00	446.98	24.98	446.98	24.98
	4	424.80	446.98	22.18	446.98	22.18
	5	427.60	446.98	19.38	446.98	19.38
	6	430.40	446.98	16.58	446.98	16.58
	7	433.20	446.98	13.78	446.98	13.78
	8	436.00	446.98	10.98	—	—

续表

叠梁门从下至上编号		测点高程 /m	$H_库=447.00m$，$Q=1720m^3/s$，4 台机组运行			
			8 层叠梁门		7 层叠梁门	
			测压管水头/m	时均压力 /(×9.81kPa)	测压管水头/m	时均压力 /(×9.81kPa)
叠梁门下游面	1	416.40	446.48	30.08	446.63	30.23
	2	419.20	446.33	27.13	446.48	27.28
	3	422.00	446.28	24.28	446.43	24.43
	4	424.80	446.28	21.48	446.43	21.63
	5	427.60	446.28	18.68	446.43	18.83
	6	430.40	446.28	15.88	446.43	16.03
	7	433.20	446.28	13.08	446.43	13.23
	8	436.00	446.28	10.28	—	—

注　测点均位于单层叠梁门的平面几何中心。

2. 进水口有压管段时均压力特性

在正常库水位 458.00m、4 台机组运行工况下，模型试验观测了放置 8 层、9 层和 10 层叠梁门时的进水口流道时均压力，时均压力分布如图 5.3-1 所示。试验结果表明，流道段沿程时均压力均为较大正压，各测点时均压力均随叠梁门放置数量的增多而减小，沿程时均压力变化平缓，压力梯度较小。在各试验工况下，进口流道段各测点时均压力值为 $(25.70 \sim 40.28) \times 9.81kPa$。

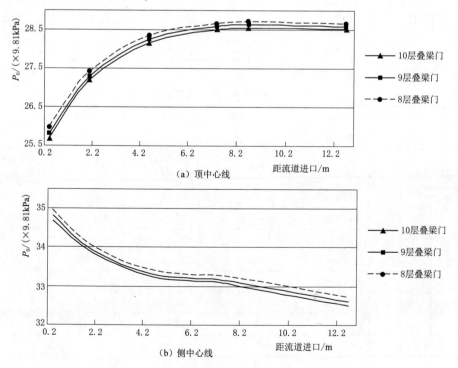

(a) 顶中心线

(b) 侧中心线

图 5.3-1（一）　进水口流道沿程时均压力分布图（$H_库=458.00m$）

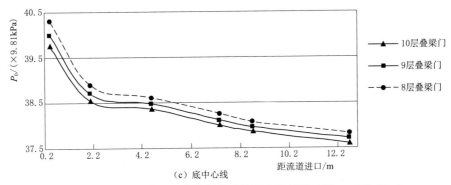

图 5.3-1（二） 进水口流道沿程时均压力分布图（$H_库 = 458.00\text{m}$）

在库水位 452.50m、4 台机组同时运行工况下，分别观测了进口前放置 7 层、8 层和 9 层叠梁门时的流道时均压力分布，成果如图 5.3-2 所示。从图中可以看出，在三种叠

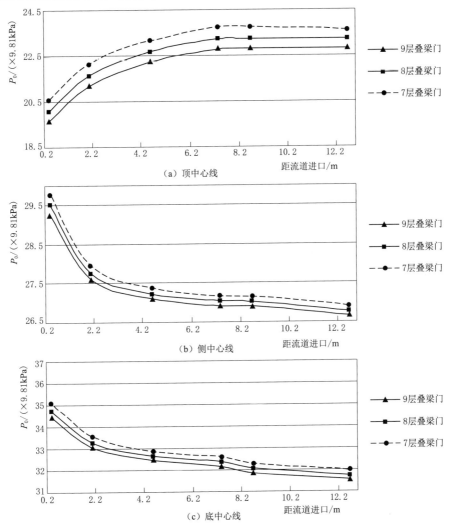

图 5.3-2 进水口流道沿程时均压力分布图（$H_库 = 452.50\text{m}$）

梁门放置情况下，各测点时均压力值变化均不大，最大压力变化约 0.90×9.81kPa；进口段流道顶面、侧壁及底板沿程压力变化均匀，压力梯度较小。在叠梁门高度为 7～9 层时，电站进口流道段各测点时均压力值为（20.55～35.09）×9.81kPa。

在防洪限制水位 447.00m、4 台机组运行条件下，分别观测了放置 6 层、7 层和 8 层叠梁门时的进水口流道时均压力，如图 5.3-3 所示。从图可以看出，在同一试验工况下，进水口流道顶面、侧面和底部沿程时均压力变化平缓，压力变化平缓，压力梯度较小；当叠梁门数量增减时，沿程压力分布特性未发生改变，但各测点压力值与叠梁门放置数量成反比关系。在进水口前放置 6～8 层叠梁门时，流道各测点的时均压力值范围为（14.50～28.95）×9.81kPa。

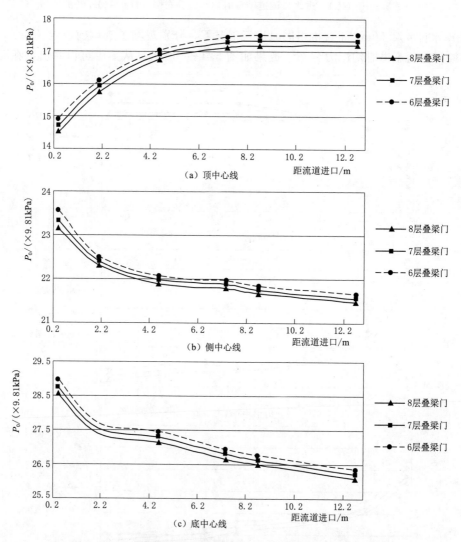

图 5.3-3　进口段流道沿程时均压力分布图（$H_库$＝447.00m）

5.3.2.4.3　快速闸门井水面波动特性

模型试验分别观测了库水位 458.0m 和 447.0m 时的快速闸门井水面波动参数，试验值见表 5.3 - 10。

表 5.3 - 10　　　　　　　　　　　**快速门井水面波动特性表**

水流条件	叠梁门放置情况	水面最大变幅/m	波动周期/s
$H_库=458.0m$，$Q=1728m^3/s$，4 台机组运行	无叠梁门	0.10	7
	9 层叠梁门	0.40	15
	10 层叠梁门	0.50	17
	11 层叠梁门	0.60	20
$H_库=447.0m$，$Q=1721m^3/s$，4 台机组运行	无叠梁门	0.10	6
	7 层叠梁门	0.60	12
	8 层叠梁门	0.70	18

可以看出，在库水位 458.0m、未放置叠梁门时，快速闸门井内水面波动较小，最大波动变幅约 0.10m；放置叠梁门后，门井内水面波动增大，且与叠梁门顶水头成反比关系，波动周期也有类似关系。放置 9 层叠梁门时，门井水面最大波动约 0.4m，波动周期约 15s；放置 10 层叠梁门时，门井水面最大波动约 0.5m，波动周期约 17s；放置 11 层叠梁门时，门井水面波动约 0.7m，波动周期约为 20s。

在库水位 447.0m 时，亦有类似的规律。

5.3.2.4.4　叠梁门及进口段水头损失

定义栅墩前水库断面和快速闸门井后的圆管起始断面的总能头差为叠梁门及进口段水头损失，通仓段左右两侧边墙的透水孔按位置及面积相似模拟。鉴于上述两断面流程较短，沿程损失所占比重较小，主要是局部水头损失，故定义上述两断面间的局部水头损失系数为

$$C=\frac{h_w}{\frac{V^2}{2g}} \tag{5.3-1}$$

式中：h_w 为两断面总能头差，m；V 为圆管起始断面平均流速，m/s；g 为重力加速度，m/s^2。

1. 库水位 458.00m 时

模型试验在 4 台机组和 3 台机组运行条件下，对无叠梁门及放置 1～10 层叠梁门的进水口段总水头损失进行了观测，试验观测及计算成果如图 5.3 - 4 所示。从图可以看出，在相同机组运行条件下，水头损失随叠梁门放置层数增多而增大；在相同叠梁门放置层数条件下，水头损失随机组运行台数增多而增大。在 4 台机组运用条件下，无叠梁门时，h_w 为 0.09m；当放置 1～10 层叠梁门时，h_w 为 0.12～1.20m。在 3 台机组运用条件下，无叠梁门时，h_w 为 0.05m；当放置 1～10 层叠梁门时，h_w 为 0.08～1.02m。

2. 库水位 452.50m 时

在 4 台机组同时运行和 3 台机组同时运行条件下，分别观测了无叠梁门和放置 1～9 层叠梁门时的电站进水口段水头损失，并计算了该段的水头损失系数，叠梁门放置数量与水头损失关系如图 5.3 - 5 所示。

试验结果表明，当无叠梁门时，3 台机组及 4 台机组同时运用时的进口段水头损失分

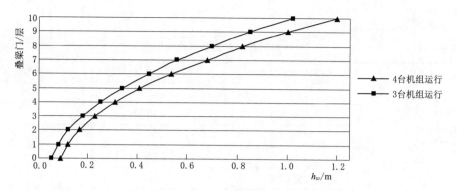

图 5.3-4　叠梁门放置层数-水头损失 h_w 关系图（$H_库 = 458.00\text{m}$）

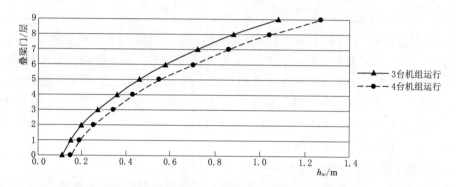

图 5.3-5　叠梁门放置层数-水头损失 h_w 关系曲线图（$H_库 = 452.50\text{m}$）

别为 0.11m 和 0.15m。放置叠梁门后，进口段的水头损失随叠梁门放置层数的增多而增大；当 4 台机组同时运用时，放置 1～9 层叠梁门的进口段水头损失为 0.19～1.27m；3 台机组同时运用时，放置 1～9 层叠梁门的进口段水头损失为 0.15～1.08m。

3. 防洪限制水位 447.00m 时

在库水位 447.0m、4 台机组及 3 台机组运行条件下，分别观测了无叠梁门和放置 1～8 层叠梁门时的进水口段水头损失，并计算了该段的水头损失系数，叠梁门放置数量与水头损失关系如图 5.3-6 所示。

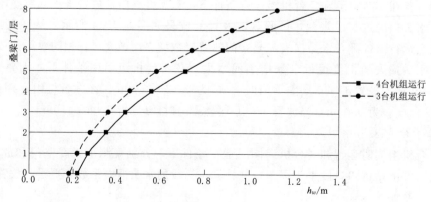

图 5.3-6　叠梁门放置层数-水头损失 h_w 关系图（$H_库 = 447.00\text{m}$）

试验结果表明，当无叠梁门时，3 台机组及 4 台机组运用时的进口段水头损失分别为 0.18m 和 0.22m。放置叠梁门后，进口段水头损失增大，且与叠梁门放置数量成正比关系；当 4 台机组运用时，放置 1~8 层叠梁门的进口段水头损失为 0.27~1.32m；在 3 台机组运用时，放置 1~8 层叠梁门的进口段水头损失为 0.22~1.12m。

5.3.2.4.5　拦污栅及叠梁门断面流速分布

1. 库水位 458.00m 时

在正常蓄水位 458.0m、4 台机组运行条件下，分别观测了放置 1~10 层叠梁门时的拦污栅断面、叠梁门顶断面垂线流速分布。试验选择 1 号、6 号、10 号和 16 号孔槽（机组过流孔槽编号按自左至右编排）进行测流，每个孔槽仅观测中心一条垂线。流速分布如图 5.3-7 和图 5.3-8 所示。

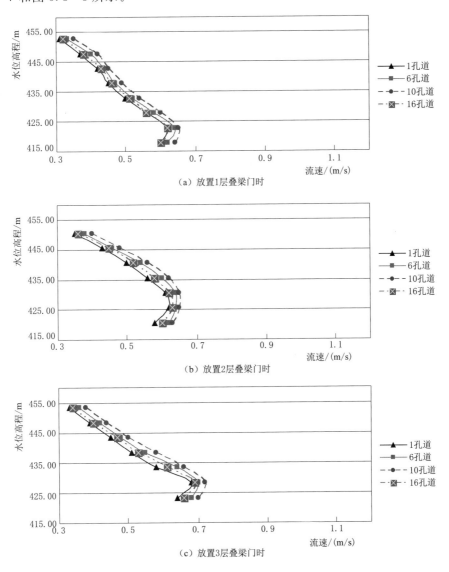

（a）放置1层叠梁门时

（b）放置2层叠梁门时

（c）放置3层叠梁门时

图 5.3-7（一）　拦污栅断面垂线流速分布图

（4 台机组运行，$Q=1782\text{m}^3/\text{s}$，$H_库=458.00\text{m}$）

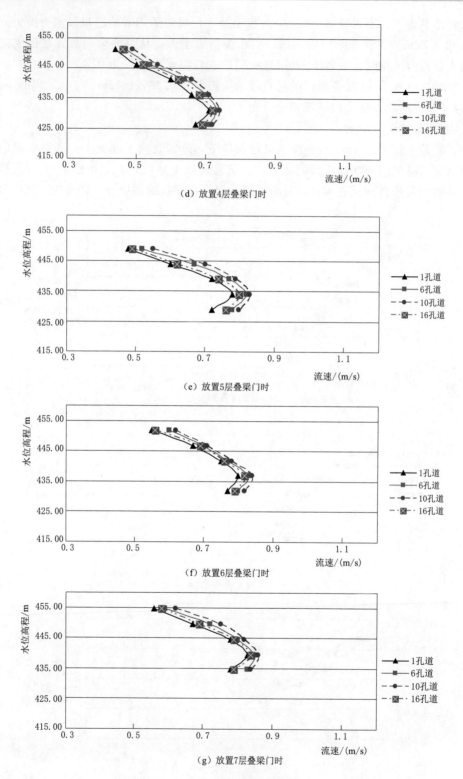

（d）放置4层叠梁门时

（e）放置5层叠梁门时

（f）放置6层叠梁门时

（g）放置7层叠梁门时

图 5.3-7（二）　拦污栅断面垂线流速分布图

（4 台机组运行，$Q=1782\mathrm{m}^3/\mathrm{s}$，$H_库=458.00\mathrm{m}$）

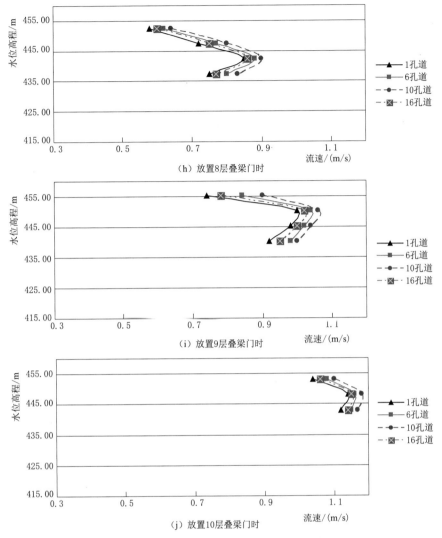

（h）放置8层叠梁门时

（i）放置9层叠梁门时

（j）放置10层叠梁门时

图 5.3-7（三） 拦污栅断面垂线流速分布图

（4 台机组运行，$Q=1782\text{m}^3/\text{s}$，$H_{库}=458.00\text{m}$）

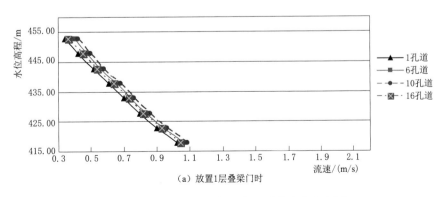

（a）放置1层叠梁门时

图 5.3-8（一） 叠梁门顶断面垂线流速分布图

（4 台机组运行，$Q=1782\text{m}^3/\text{s}$，$H_{库}=458.00\text{m}$）

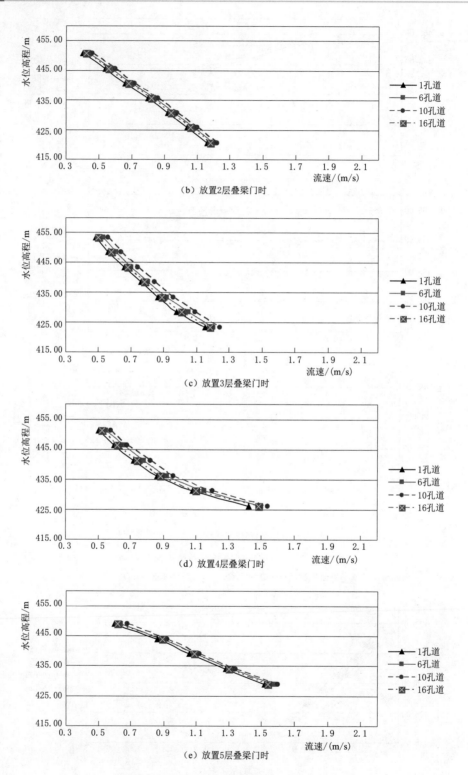

图 5.3-8（二）　叠梁门顶断面垂线流速分布图

（4 台机组运行，$Q=1782\text{m}^3/\text{s}$，$H_库=458.00\text{m}$）

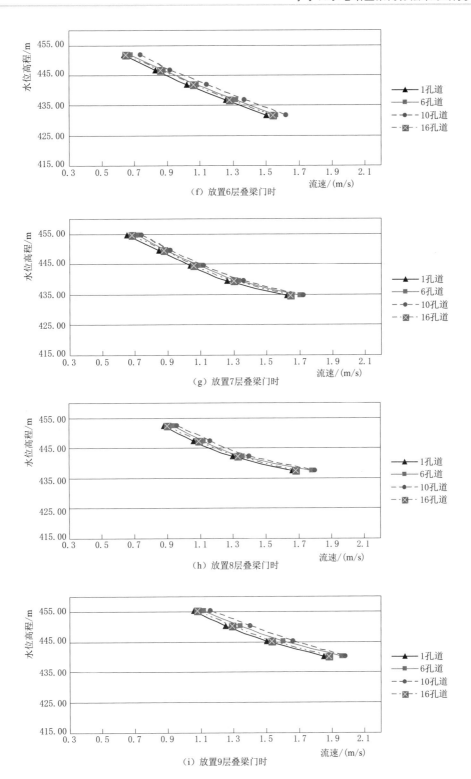

图 5.3-8 (三)　叠梁门顶断面垂线流速分布图

（4 台机组运行，$Q=1782\text{m}^3/\text{s}$，$H_{库}=458.00\text{m}$）

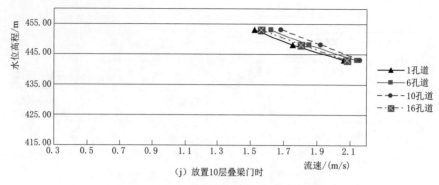

(j) 放置10层叠梁门时

图 5.3 - 8（四）　叠梁门顶断面垂线流速分布图

（4 台机组运行，$Q=1782\text{m}^3/\text{s}$，$H_{库}=458.00\text{m}$）

（1）拦污栅断面流速特性。从图 5.3 - 7 可以看出，在同一运行工况下，中间孔槽拦污栅断面最大流速值比两边孔槽最大流速值稍大。在同一库水位条件下，拦污栅断面孔槽最大测点流速值随叠梁门层数增加而增大，测点最大流速值为 1.18m/s，发生在放置 10 层叠梁门条件下。

（2）叠梁门顶流速分布。在相同试验工况下，叠梁门顶断面流速明显大于拦污栅断面流速，叠梁门顶流速分布呈现上小下大的分布规律，中间孔道的流速值较两边孔道稍大；并且随着叠梁门放置层数的增多，门顶最大流速值亦愈大。叠梁门顶流速分布如图 5.3 - 8 所示。

当 4 台机组运行时，叠梁门顶断面的流速范围如下：放置 1 层叠梁门时为 0.34～1.08m/s；放置 2 层叠梁门时为 0.40～1.22m/s；放置 3 层叠梁门时为 0.48～1.24m/s；放置 4 层叠梁门时为 0.50～1.54m/s；放置 5 层叠梁门时为 0.60～1.60m/s；放置 6 层叠梁门时为 0.64～1.62m/s；放置 7 层叠梁门时为 0.65～1.72m/s；放置 8 层叠梁门时为 0.88～1.80m/s；放置 9 层叠梁门时为 1.06～1.98m/s；放置 10 层叠梁门时为 1.52～2.06m/s。

2. 库水位 452.50m 时

在 4 台机组同时运行条件下，观测了放置 1～9 层叠梁门时的拦污栅断面、叠梁门顶断面垂线流速分布，流速分布如图 5.3 - 9 和图 5.3 - 10 所示。

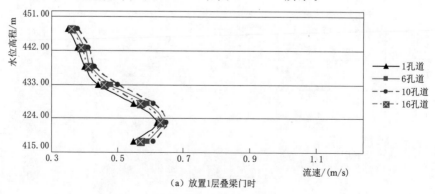

(a) 放置1层叠梁门时

图 5.3 - 9（一）　拦污栅断面垂线流速分布图

（4 台机组运行，$Q=1782\text{m}^3/\text{s}$，$H_{库}=452.50\text{m}$）

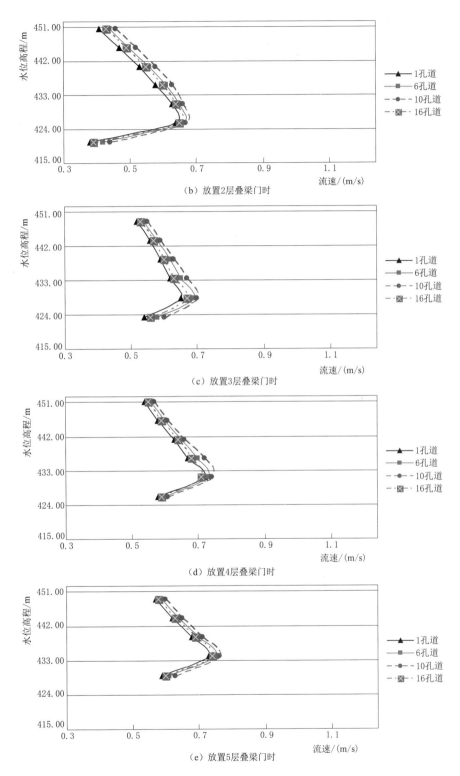

（b）放置2层叠梁门时

（c）放置3层叠梁门时

（d）放置4层叠梁门时

（e）放置5层叠梁门时

图 5.3-9（二）　拦污栅断面垂线流速分布图
（4 台机组运行，$Q=1782\mathrm{m^3/s}$，$H_库=452.50\mathrm{m}$）

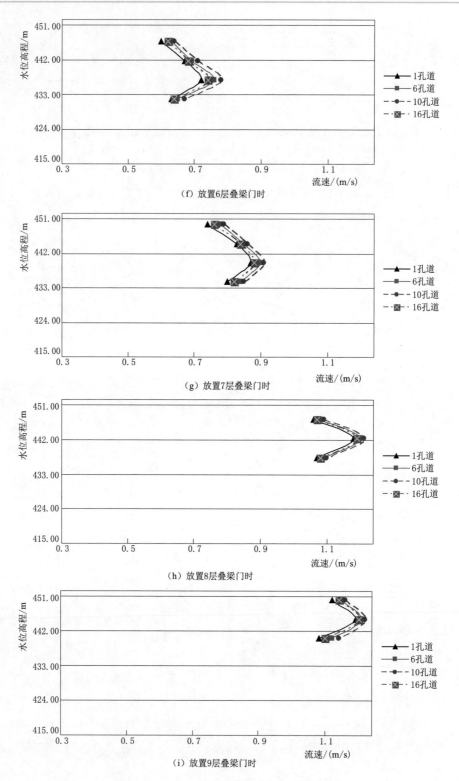

（f）放置 6 层叠梁门时

（g）放置 7 层叠梁门时

（h）放置 8 层叠梁门时

（i）放置 9 层叠梁门时

图 5.3-9（三）　拦污栅断面垂线流速分布图

（4 台机组运行，$Q=1782\text{m}^3/\text{s}$，$H_库=452.50\text{m}$）

（1）拦污栅断面垂线流速分布。从图5.3-9中可以看出，拦污栅断面垂线流速分布规律与正常库水位时类似；断面上垂线最大流速值与叠梁门放置数量成正比关系，试验实测最大流速为1.22m/s。

（2）叠梁门顶垂线流速分布。由图5.3-10的成果可以看出，在同一水位条件下，随着叠梁门放置数量的增加，通过叠梁门顶的水流流速也逐渐增大。放置1层叠梁门时，门顶垂线流速为0.46～1.08m/s；放置2层叠梁门时，门顶垂线流速为0.54～1.09m/s；放置3层叠梁门时，门顶垂线流速为0.60～1.66m/s；放置4层叠梁门时，门顶垂线流速为0.62～1.75m/s；放置5层叠梁门时，门顶垂线流速为0.67～1.79m/s；放置6层叠梁门时，门顶垂线流速为0.93～1.80m/s；放置7层叠梁门时，门顶垂线流速为0.99～1.92m/s；放置8层叠梁门时，门顶垂线流速为1.43～2.30m/s；放置9层叠梁门时，门顶垂线流速为1.83～2.40m/s。

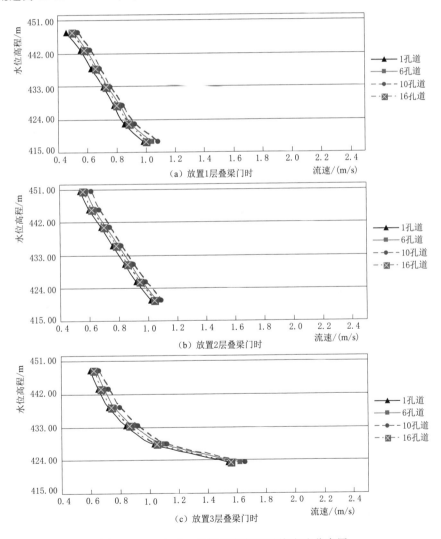

图5.3-10（一） 叠梁门顶断面垂线流速分布图
（4台机组运行，$Q=1782m^3/s$，$H_库=452.50m$）

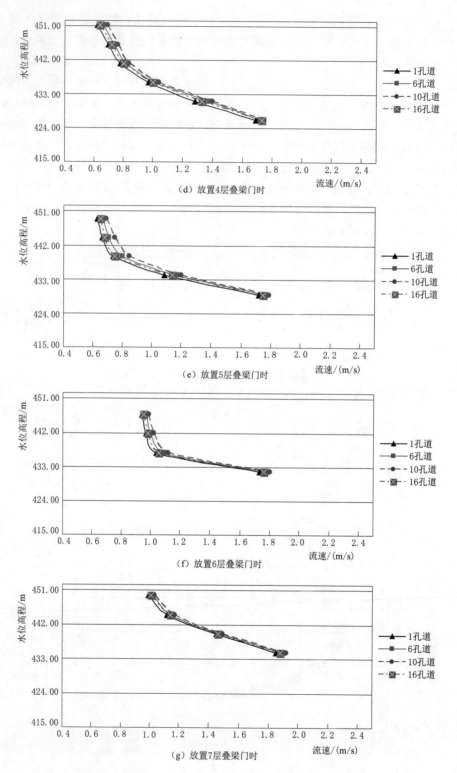

（d）放置4层叠梁门时

（e）放置5层叠梁门时

（f）放置6层叠梁门时

（g）放置7层叠梁门时

图 5.3－10（二）　叠梁门顶断面垂线流速分布图

（4 台机组运行，$Q=1782 \mathrm{m}^3/\mathrm{s}$，$H_库 =452.50\mathrm{m}$）

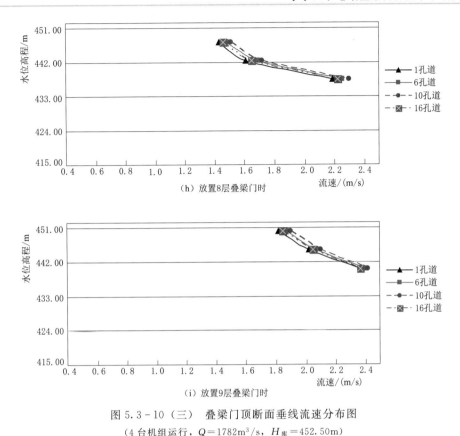

图 5.3-10（三）　叠梁门顶断面垂线流速分布图

（4 台机组运行，$Q = 1782\mathrm{m}^3/\mathrm{s}$，$H_库 = 452.50\mathrm{m}$）

3．防洪限制水位 447.00m 时

在防洪限制水位 447.00m、4 台机组运行条件下，观测了放置 1～8 层叠梁门时的拦污栅断面、叠梁门断面垂线流速分布。选择 1 号、6 号、10 号和 16 号孔道进行测量。流速分布如图 5.3-11 和图 5.3-12 所示。

（1）拦污栅断面垂线流速分布。从图 5.3-11 中成果可以看出，拦污栅断面测点最大流速总体上与叠梁门放置数量成正比关系，在 8 层叠梁门时，其测点最大流速为 1.35m/s。在同一运行工况下，两侧孔道的测点最大流速小于中间孔道。

（2）叠梁门顶流速分布。叠梁门顶流速及分布如图 5.3-12 所示。试验结果表明，在同一试验工况下，叠梁门顶断面的流速均比拦污栅断面大；叠梁门顶断面的流速值随叠梁门放置数量的增加而增大。当放置 8 层叠梁门时，叠梁门顶流速为 2.64～2.88m/s。

5.3.2.4.6　机组甩负荷引起的叠梁门附加水击压力特性

在 4 台机组正常运行条件下，分别进行了同时甩 2 台机组负荷和甩 1 台机组负荷的模型试验，试验时对模型门槽内的各叠梁门进行了位移限制，蜗壳内导叶按 8s 直线均匀关闭。模型上各特征部位的水击压力波形图例如图 5.3-13～图 5.3-17 所示。

模型试验结果表明，在同一库水位、4 台机正常运行条件下，同时甩 2 台机负荷的进水口前叠梁门上的附加水击压力比甩 1 台机负荷大；在同一甩负荷条件下，叠梁门多放置一层或者少放置一层，对叠梁门的附加水击压力值影响较小。

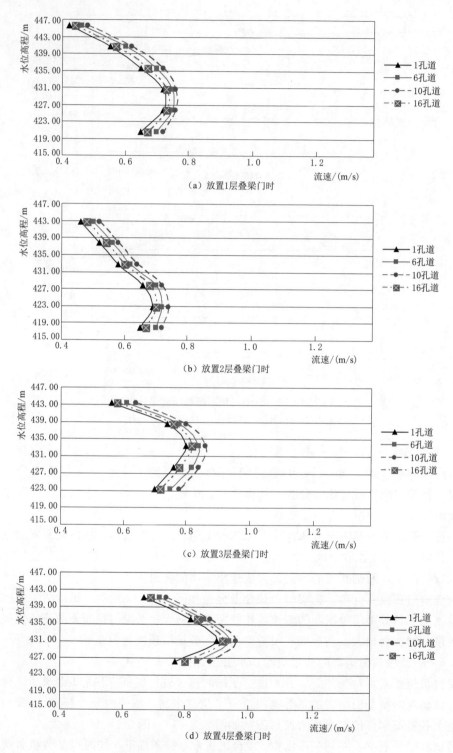

图 5.3-11（一）　拦污栅断面垂线流速分布图

（4 台机组运行，$Q = 1721 \mathrm{m^3/s}$，$H_{\mathrm{库}} = 447.00 \mathrm{m}$）

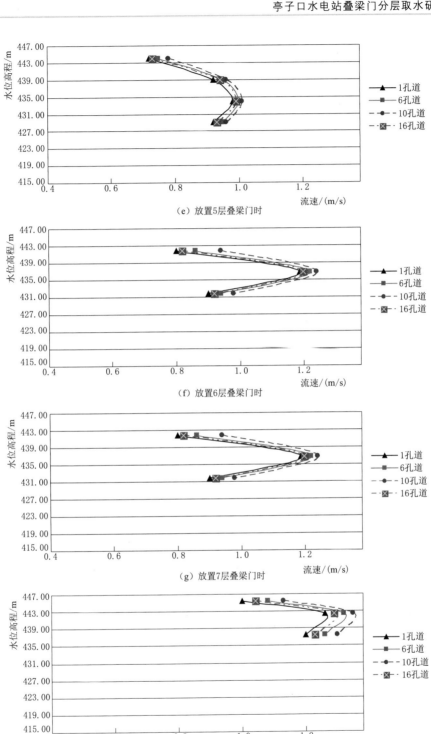

（e）放置5层叠梁门时

（f）放置6层叠梁门时

（g）放置7层叠梁门时

（h）放置8层叠梁门时

图 5.3－11（二）　拦污栅断面垂线流速分布图

（4 台机组运行，$Q=1721\mathrm{m}^3/\mathrm{s}$，$H_{库}=447.00\mathrm{m}$）

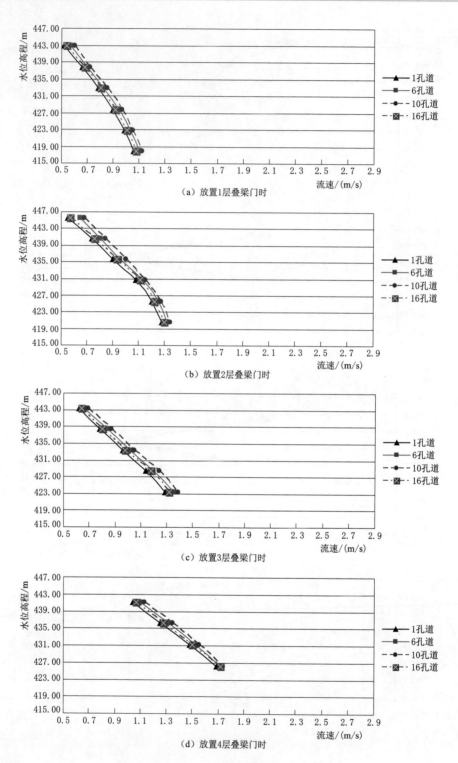

图 5.3-12（一）　叠梁门顶垂线流速分布图

（4 台机组运行，$Q = 1721 \text{m}^3/\text{s}$，$H_库 = 447.00\text{m}$）

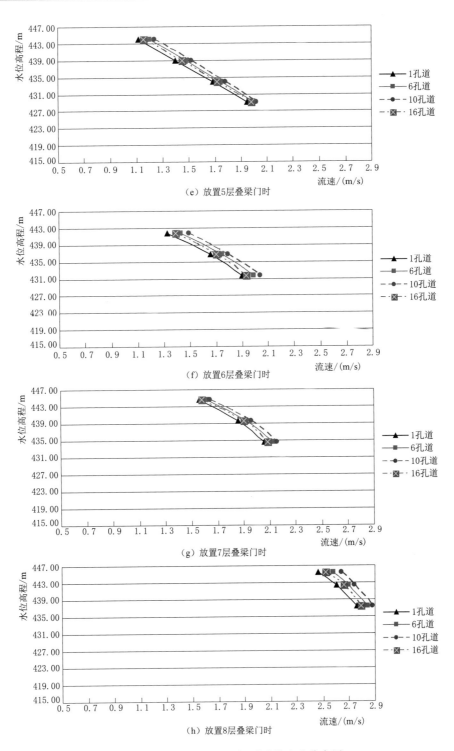

（e）放置5层叠梁门时

（f）放置6层叠梁门时

（g）放置7层叠梁门时

（h）放置8层叠梁门时

图 5.3-12（二） 叠梁门顶垂线流速分布图

（4 台机组运行，$Q=1721\mathrm{m}^3/\mathrm{s}$，$H_{库}=447.00\mathrm{m}$）

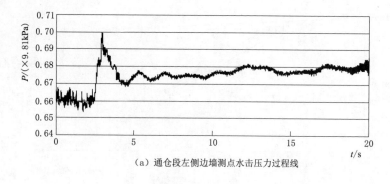

（a）通仓段左侧边墙测点水击压力过程线

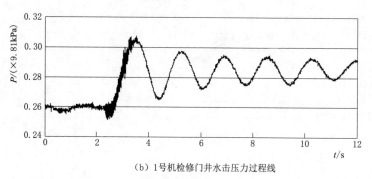

（b）1号机检修门井水击压力过程线

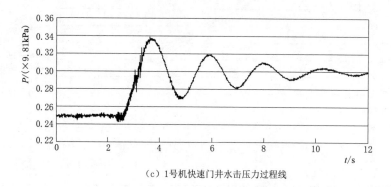

（c）1号机快速门井水击压力过程线

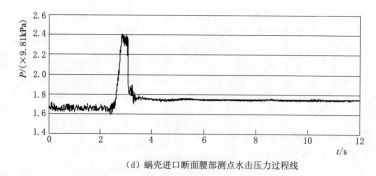

（d）蜗壳进口断面腰部测点水击压力过程线

图 5.3-13 模型特征部位水击压力波形态图
（$H_库$＝458.00m，10 层叠梁门，2 台机同时甩负荷）

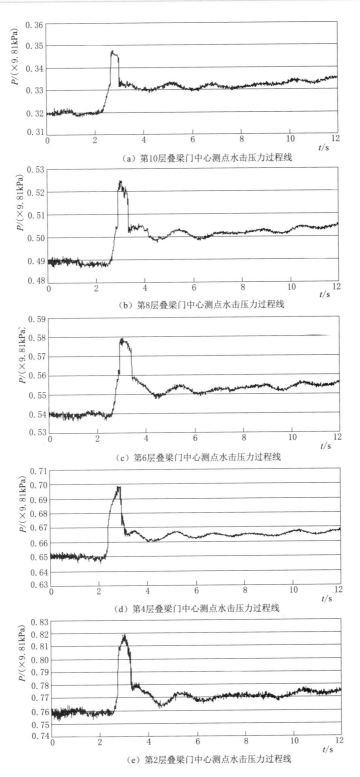

（a）第10层叠梁门中心测点水击压力过程线

（b）第8层叠梁门中心测点水击压力过程线

（c）第6层叠梁门中心测点水击压力过程线

（d）第4层叠梁门中心测点水击压力过程线

（e）第2层叠梁门中心测点水击压力过程线

图 5.3-14　模型特征部位水击压力波形态图

（$H_库$＝458.00m，10 层叠梁门，2 台机同时甩负荷）

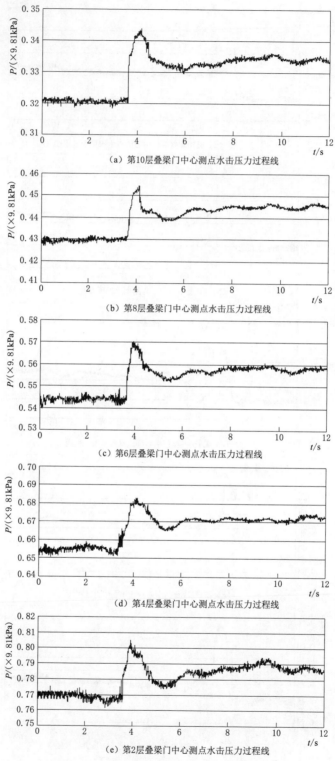

（a）第10层叠梁门中心测点水击压力过程线

（b）第8层叠梁门中心测点水击压力过程线

（c）第6层叠梁门中心测点水击压力过程线

（d）第4层叠梁门中心测点水击压力过程线

（e）第2层叠梁门中心测点水击压力过程线

图 5.3-15　模型特征部位水击压力波形态图

（$H_库 = 458.00$m，10层叠梁门，1台机甩负荷）

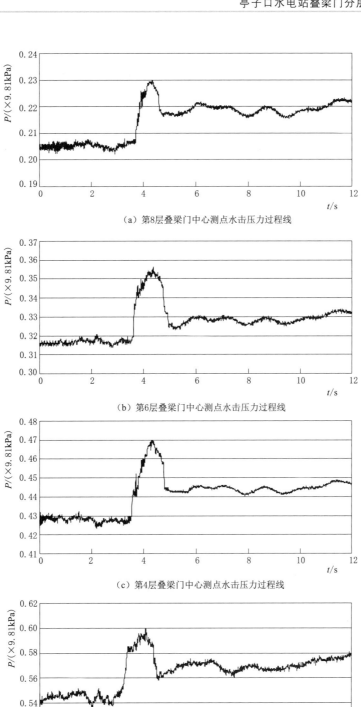

（a）第8层叠梁门中心测点水击压力过程线

（b）第6层叠梁门中心测点水击压力过程线

（c）第4层叠梁门中心测点水击压力过程线

（d）第2层叠梁门中心测点水击压力过程线

图 5.3－16　模型特征部位水击压力波形态图
（$H_库$＝447.00m，8 层叠梁门，2 台机甩负荷）

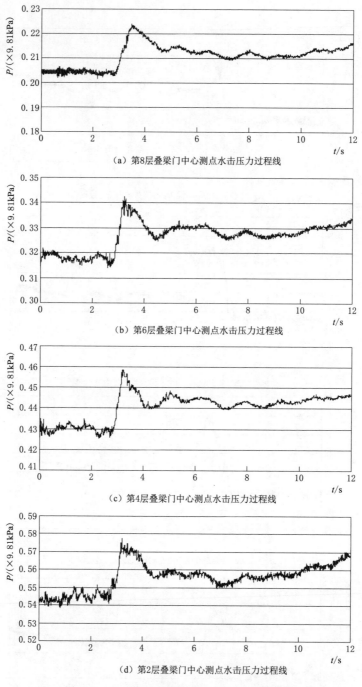

（a）第8层叠梁门中心测点水击压力过程线

（b）第6层叠梁门中心测点水击压力过程线

（c）第4层叠梁门中心测点水击压力过程线

（d）第2层叠梁门中心测点水击压力过程线

图 5.3-17　模型特征部位水击压力波形态图
（$H_库$＝447.00m，8层叠梁门，1台机甩负荷）

　　在正常库水位 458.00m、进水口前放置 10 层叠梁门、4 台机运行条件下，同时甩 1
号、2 号机负荷时，在叠梁门下游面板上所产生的附加水击压力值（指向上游方向，下
同）为 （1.33～3.03）×9.81kPa，底部叠梁门所承受的附加水击压力大于上部叠梁门；

通仓段左侧边墙 424.50m 高程位置所承受的附加水击压力为 2.01×9.81kPa。

在正常库水位 458.00m、进水口前放置 10 层叠梁门、4 台机运行条件下，甩 1 号机组负荷时，在叠梁门下游面板上所产生的附加水击压力为 $(0.97 \sim 1.88) \times 9.81$kPa，叠梁门所承受的附加水击压力从下至上依次递减；通仓段左侧边墙内侧 424.50m 高程位置所承受的附加水击压力为 1.47×9.81kPa。

在防洪限制水位 447.00m、进水口前放置 8 层叠梁门、4 台机运行条件下，同时甩 1 号、2 号机组负荷时，在叠梁门下游面板上所产生的附加水击压力为 $(1.27 \sim 2.84) \times 9.81$kPa，各叠梁门所承受的附加水击压力从下至上依次递减；通仓段左侧边墙内侧 424.50m 高程位置所承受的附加水击压力为 1.91×9.81kPa。

在防洪限制水位 447.00m、进水口前放置 8 层叠梁门、4 台机运行条件下，甩 1 号机组负荷时，在叠梁门下游面板上所产生的附加水击压力为 $(0.91 \sim 1.77) \times 9.81$kPa，各叠梁门所承受的附加水击压力分布规律与双机同时甩负荷时的规律一致；通仓段左侧边墙内侧 424.50m 高程位置的附加水击压力值为 1.41×9.81kPa。

对布置在检修门井及快速门井内的测点而言，由于具有自由水面，相对于压力管道中的水击压力有明显降低；在机组甩负荷工况下，检修门井及快速门井内的最大附加水击压力分别为 3.17×9.81kPa 和 4.31×9.81kPa。

5.3.2.4.7 机组甩负荷时的通仓段涌浪特性

在机组甩负荷工况下，电站进水口前通常会产生一定的水面波动。模型试验分别观测了机组各种甩负荷工况的通仓内涌浪特性。

在正常库水位 458.00m、4 台机运行条件下，不管是放置 9 层叠梁门还是放置 10 层叠梁门，单机甩负荷时，在通仓内产生的瞬时最大水面升高均约 0.5m；在双机同时甩负荷时，在通仓内产生的瞬时最大水面升高约 0.7m。无叠梁门时，单机甩负荷在通仓内产生的瞬时最大水面升高仅 0.1m，双机同时甩负荷在通仓内产生的瞬时最大水面升高仅 0.2m。

在防洪限制水位 447.00m、4 台机运行条件下，不管是放置 7 层叠梁门还是放置 8 层叠梁门，单机甩负荷在通仓内产生的瞬时最大水面升高值均约 0.4m；双机同时甩负荷在通仓内产生的瞬时最大水面升高约 0.6m。

在上述各种机组甩负荷工况下，通仓段内的水面涌浪衰减均较快，基本在两个周期内结束，原型上持续时间约 10s。

5.3.2.4.8 机组甩负荷对相邻机组运行的影响

在各种机组甩负荷工况下，通仓内的水面涌浪以及叠梁门反射的水击波可能对相邻的正常运行的机组产生一定影响，主要表现在机组甩负荷时，相邻正常运行的机组引水管内也出现了较小的水击波，但衰减较快，基本在 10s 左右结束。模型试验成果见表 5.3 - 11。

从模型试验成果可以看出，2 台机组同时甩负荷比 1 台机组甩负荷对相邻正在运行的机组产生的影响要大。

从布置在引水管渐变段中间断面顶部的测点试验数据来看，该处的瞬时最大压力升高均在 1.3×9.81kPa 以内。从布置在引水管蜗壳进口断面腰部的测点试验数据来看，该断面的瞬时最大压力升高均在 1.1×9.81kPa 以内，即对相邻正在运行的机组工作水头有不超过 1.1m 的波动影响，但持续时间不长，基本在 10s 左右趋于稳定。

表 5.3 - 11　　　　　机组甩负荷在相邻机组引水管中产生的附加水击压力　　　单位：×9.81kPa

试 验 工 况	引水管渐变段中间断面 顶部（水位 426.70m）			引水管蜗壳进口断面 腰部（水位 366.60m）		
	1 号机	2 号机	3 号机	1 号机	2 号机	3 号机
$H_上$ =458.00m，10 层叠梁门，4 台机组运行时 1 号、2 号机同时甩负荷	7.98	7.83	1.29	35.21	35.12	1.08
$H_上$ =458.00m，9 层叠梁门，4 台机组运行时 1 号、2 号机同时甩负荷	7.87	7.91	1.24	35.10	35.17	1.05
$H_上$ =458.00m，10 层叠梁门，4 台机组运行时 1 号机甩负荷	7.84	1.17	1.03	35.06	1.07	0.96
$H_上$ =458.00m，9 层叠梁门，4 台机组运行时 1 号机甩负荷	7.79	1.11	0.97	35.08	1.02	0.90
$H_上$ =447.00m，8 层叠梁门，4 台机组运行时 1 号、2 号机同时甩负荷	6.83	6.89	1.23	30.13	30.32	1.05
$H_上$ =447.00m，7 层叠梁门，4 台机组运行时 1 号、2 号机同时甩负荷	6.77	6.81	1.20	29.97	30.18	1.02
$H_上$ =447.00m，8 层叠梁门，4 台机组运行时 1 号机甩负荷	6.79	1.03	0.97	30.02	0.91	0.84
$H_上$ =447.00m，7 层叠梁门，4 台机组运行时 1 号机甩负荷	6.77	0.99	0.94	30.11	0.87	0.81

5.3.2.4.9　快速闸门动水闭门对叠梁门的压力影响

在电站正常运行条件下，叠梁门所承受的总水平荷载指向下游，为正向受力。在机组甩负荷而导叶拒动时，电站进水口快速闸门将紧急闭门，由此产生的非恒定水流将改变对叠梁门的作用力，在模型上需对此进行试验分析。

首先，对正常库水位 458.00m（4 台机运行、10 层叠梁门）、库水位 452.50m（4 台机运行、9 层叠梁门）以及防洪限制水位 447.00m（4 台机运行、8 层叠梁门）条件下作用在叠梁门背面上的水流脉动压力特性进行试验，成果见表 5.3 - 12。试验结果表明，在机组正常运行时，作用在叠梁门背面上的水流脉动压力均方根值均不大，其最大值为 0.23×9.81kPa，脉动压力较大值一般出现在上层叠梁门和下层叠梁门位置。

表 5.3 - 12　　　　　4 台机组运行时叠梁门背面水流脉动压力均方根表　　　单位：×9.81kPa

测 点 位 置	$H_库$ =458.00m，10 层叠梁门	$H_库$ =452.50m，9 层叠梁门	$H_库$ =447.00m，8 层叠梁门
第 10 层叠梁门中心（高程 441.60m）	0.23	—	—
第 8 层叠梁门中心（高程 436.00m）	0.14	0.16	0.17
第 6 层叠梁门中心（高程 430.40m）	0.11	0.12	0.11
第 4 层叠梁门中心（高程 424.80m）	0.10	0.11	0.10
第 2 层叠梁门中心（高程 419.20m）	0.14	0.15	0.15

在上述三种运行条件下，分别进行了一台机组快速闸门动水闭门试验，主要观测叠梁门背面的动水压力变化，快速闸门的闭门时间为 3.0min（模型时间 25s）。试验成果见表

5.3－13～表5.3－15，快速闸门动水闭门时叠梁门背面各测点的水压力变化波形图如图5.3－18所示。

表 5.3－13　　　　快速闸门动水闭门过程压力变化表

$(H_库＝458.00m，10 层叠梁门)$　　　　单位：×9.81kPa

测点位置	闭门前平均压力 P_0	闭门过程最大压力 P_{max}	附加动水压力 $P_{max}－P_0$
第 10 层叠梁门中心（高程 441.60m）	13.27	13.74	0.47
第 8 层叠梁门中心（高程 436.00m）	20.14	20.67	0.53
第 6 层叠梁门中心（高程 430.40m）	27.09	27.67	0.58
第 4 层叠梁门中心（高程 424.80m）	32.90	33.52	0.62
第 2 层叠梁门中心（高程 419.20m）	38.38	38.97	0.59

表 5.3－14　　　　快速闸门动水闭门过程压力变化表

$(H_库＝452.50m，9 层叠梁门)$　　　　单位：×9.81kPa

测点位置	闭门前平均压力 P_0	闭门过程最大压力 P_{max}	附加动水压力 $P_{max}－P_0$
第 8 层叠梁门中心（高程 436.00m）	14.67	15.15	0.48
第 6 层叠梁门中心（高程 430.40m）	21.48	22.01	0.53
第 4 层叠梁门中心（高程 424.80m）	27.35	27.99	0.64
第 2 层叠梁门中心（高程 419.20m）	32.83	33.45	0.62

表 5.3－15　　　　快速闸门动水闭门过程压力变化表

$(H_库＝447.00m，8 层叠梁门)$　　　　单位：×9.81kPa

测点位置	闭门前平均压力 P_0	闭门过程最大压力 P_{max}	附加动水压力 $P_{max}－P_0$
第 8 层叠梁门中心（高程 436.00m）	9.85	10.35	0.50
第 6 层叠梁门中心（高程 430.40m）	16.02	16.65	0.63
第 4 层叠梁门中心（高程 424.80m）	21.76	22.45	0.69
第 2 层叠梁门中心（高程 419.20m）	27.24	27.89	0.65

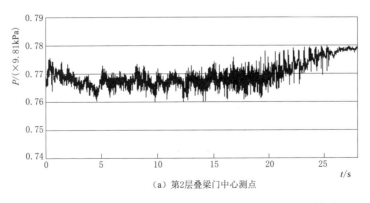

（a）第2层叠梁门中心测点

图 5.3－18（一）　快速闸门动水闭门时的动水压力过程线图

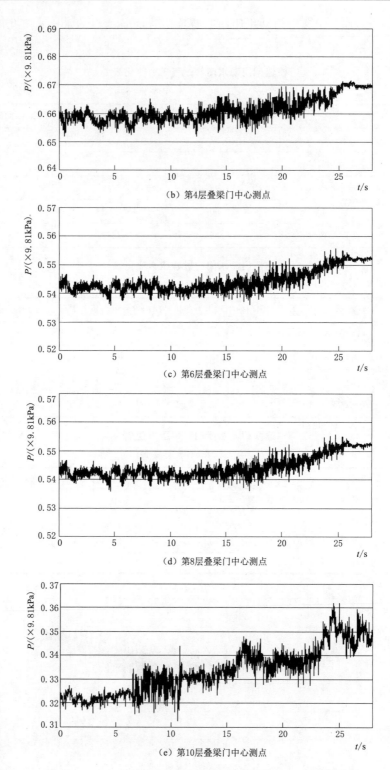

图 5.3-18（二） 快速闸门动水闭门时的动水压力过程线图

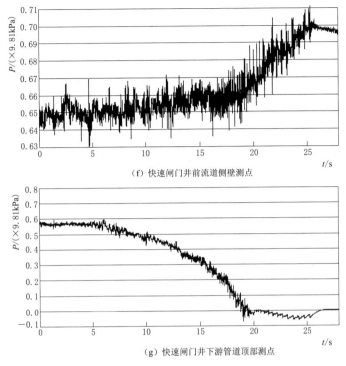

（f）快速闸门井前流道侧壁测点

（g）快速闸门井下游管道顶部测点

图 5.3-18（三） 快速闸门动水闭门时的动水压力过程线图
（$H_库$=458.00m，放置 10 层叠梁门）

试验结果表明：在快速闸门闭门过程中，叠梁门背面均产生了一定的附加动水压力，各测点的附加动水压力值均相差不大，在（0.4～0.7）×9.81kPa 之间。考虑到快速闸门闭门前上述各测点水流均有一定的压力脉动，叠梁门面板上真正因快速闸门闭门而产生的附加动水压力值将更小。

5.3.2.5 减小叠梁门水头损失的试验探讨

高坝水电站下泄低温水体将对下游河道的生态环境产生危害，在电站进水口前布置分层取水叠梁门可以降低其危害程度，但必须牺牲一定的发电水头。在保证下游河道生态环境要求（即不降低叠梁门高度）的前提下，对叠梁门的布置及型式进行优化，使带有叠梁门的电站进水口段水头损失减小，会产生一定的发电效益。在水库正常水位 458.00m、4 台机组同时运行条件下，分两个步骤进行了试验研究：

步骤一（方案一），将原来放置在备用拦污栅槽内的叠梁门移到拦污栅槽内，将拦污栅移到备用拦污栅槽内，即第一道门槽内放置叠梁门，第二道门槽内放置拦污栅，如图 5.3-19 所示。

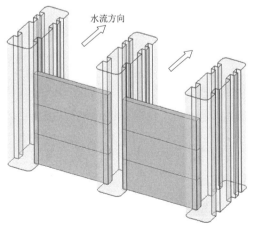

图 5.3-19 方案一叠梁门布置示意图

步骤二（方案二），将最顶层的一道叠梁门面板改为向上游倾斜的形式，其目的是让叠梁门顶缘伸向水库，使叠梁门顶位于库前低流速区，从而降低水流通过叠梁门顶时的局部水头损失。斜面叠梁门顶缘比原设计的叠梁门顶缘前移 1.2m，如图 5.3-20 所示。

（a）叠梁门布置

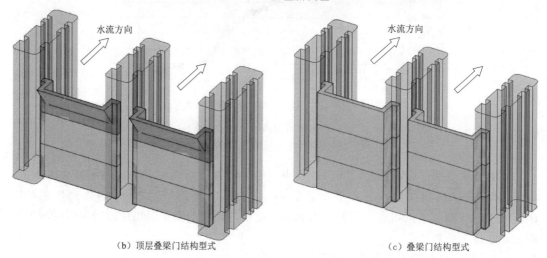

（b）顶层叠梁门结构型式　　　　　　　（c）叠梁门结构型式

图 5.3-20　方案二叠梁门布置及型式示意图

在 4 台机组同时运用条件下，分别观测了放置 8～10 层叠梁门时的进口段总水头损失，并计算了该段的水头损失系数，叠梁门放置层数与进口段总水头损失关系如图 5.3-21 所示。

模型试验结果表明，在 10 层叠梁门条件下，方案一的进水口段总水头损失为 0.86m，比原方案减小 0.34m，减小率为 28%；方案二的进水口段总水头损失为 0.56m，比原方案减小 0.64m，减小率为 53%。同样，在 9 层叠梁门条件下，方案一和方案二的总水头损失分别减小 31% 和 58%；在 8 层叠梁门条件下，方案一和方案二的总水头损失分别减小 32% 和 61%。因此，上述两个方案减小进水口段总水头损失的效果较好，且方案具备可实施性。

5.3.2.6　结论

（1）在兼顾尽量多地获取水库表层水和保证进水口通仓段不出现有害旋涡的前提下，模型试验基本确定了亭子口水电站进水口的叠梁门放置方式：在水库正常蓄水位 458.0m

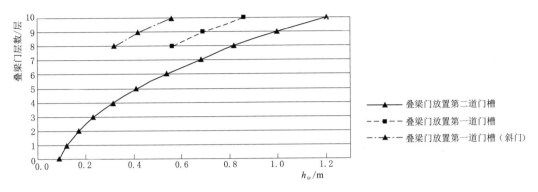

图 5.3 - 21　各方案叠梁门放置层数-水头损失 h_w 关系

及 4 台机组运行时，电站进水口前最多可放置 10 层叠梁门；在库水位 452.5m 及 4 台机组运行条件下，电站进水口前最多可放置 9 层叠梁门；在防洪限制水位 447.0m 及 4 台机组运行条件下，电站进水口前最多可放置 8 层叠梁门。在叠梁门放置层数相同时，3 台及以下机组运行时，进水口通仓段的流态比 4 台机组同时运行时要好。

（2）在 4 台机组同时运行条件下，叠梁门上游面所承受的时均压力基本呈静压分布，沿水深布置的各测点测压管水头基本相等且与库水位接近；虽然通仓段水流结构复杂，但作用在叠梁门下游面各测点的时均压力亦基本呈静压分布，各测点的测压管水头比相应的库水位低 0.3～0.7m，即在叠梁门所有可能的放置条件下，作用在叠梁门同一高程位置的上游面时均压力差不大于 0.7×9.81kPa。在各水位条件下，4 台机组满发运行时，作用在叠梁门下游面板上的水流脉动压力均方根值均不大，其最大值为 0.23×9.81kPa。

（3）进水口前放置叠梁门后，进水口引水管道内的测点时均压力均有所降低，叠梁门放置越多，流道内的时均压力值越小；与无叠梁门相比，各测点时均压力降低均未超过 2.0×9.81kPa。在相同叠梁门层数条件下，机组运行台数越少，引水管道内的测点时均压力值降低也越少。

（4）进水口前放置叠梁门后，快速闸门井内的水面波动特性发生了变化，波幅增大、周期变长。在 $H_库$=458.0m 和 4 台机组发电运用时，放置 11 层叠梁门的快速门井水面波动值由无叠梁门的 0.10m 增大到 0.60m；在 $H_库$=447.0m 和 4 台机组发电运用时，放置 8 层叠梁门的快速门井水面波动值由无叠梁门的 0.10m 增大到 0.70m。

（5）在库水位及电站机组运行台数一定的前提下，叠梁门放置层数越多，通过拦污栅的局部最大流速越大，通过叠梁门顶的最大流速也越大；在各种可能的运行工况下，通过拦污栅的最大流速为 1.35m/s；通过叠梁门顶的最大流速为 2.88m/s。

（6）电站进水口段总水头损失与叠梁门放置高度成正比关系，与叠梁门顶水深成反比关系；在相同库水位及相同叠梁门放置条件下，进水口段总水头损失还与机组运行台数成正比关系。在 4 台机组同时运用、库水位 458.0m 条件下，放置 1～10 层叠梁门的进口水头损失从 0.12m 增加到 1.20m；在库水位 452.5m 条件下，放置 1～9 层叠梁门的进口水头损失从 0.19 增加到 1.26m；在库水位 447.0m 条件下，放置 1～8 层叠梁门的进口水头损失从 0.27 增加到 1.34m。当机组由 4 台运用改为 3 台运用时，上述各工况的进口总水头损失比 4 台机组运用时减小 20％左右。

（7）在 4 台机组满发运行时，同一库水位、同时甩 2 台机组负荷比甩 1 台机组负荷对叠梁门的附加水击压力大；在双机同时甩负荷、导叶 8s 关闭条件下，电站进水口叠梁门所承受的最大附加水击压力（指向上游方向）为 $3.03\times9.81\mathrm{kPa}$，底部叠梁门所承受的附加水击压力大于其上部叠梁门；通仓段侧边墙所承受的最大附加水击压力值为 $2.01\times9.81\mathrm{kPa}$。鉴于电站机组正常运行条件下的叠梁门及通仓段两侧边墙的内外时均水压力差小于 $1.0\times9.81\mathrm{kPa}$，应注意机组甩负荷时作用在叠梁门下游面（或者边墙内侧）的瞬时荷载大于其上游面（或者边墙外侧）荷载问题。

（8）在机组各种甩负荷试验工况下，电站进水口前均会产生一定的水面涌浪。在双机同时甩负荷工况下，电站进水口通仓内所产生的瞬时最大水面涌浪高度约 0.7m；在单机甩负荷工况下，通仓内所产生的瞬时最大水面涌浪高度约 0.5m；在各种甩负荷工况下，通仓段内的水面涌浪衰减均较快，基本在两个周期内结束，原型上持续时间约 10s。

（9）在各种甩负荷试验工况下，进水口通仓段的水面涌浪以及叠梁门反射的水击波均对相邻正在运行的机组会产生一定的影响；2 台机组同时甩负荷比 1 台机甩负荷对相邻的正在运行的机组的影响要大；模型试验实测 2 台机组同时甩负荷时，相邻正在运行的机组工作水头会产生不超过 1.1m 的波动，但衰减较快，基本在 10s 左右趋于稳定，其影响在机组运行正常调节可控范围内。

（10）在快速闸门动水闭门条件下，各叠梁门背面上均会产生一定的附加动水压力；在 1 台机组快速闸门动水闭门条件下，各叠梁门上的最大附加动水压力为 $0.7\times9.81\mathrm{kPa}$，其对叠梁门的反向作用力小于 1 台机组甩负荷工况。

（11）通过对叠梁门放置位置的调整以及对叠梁门结构型式的优化，可使电站进水口段总水头损失明显减小。当采用模型试验推荐的叠梁门布置方式及结构型式时，在正常库水位及 4 台机组满发运行条件下，电站进水口段总水头损失可减小 50％～60％，即放置 10 层叠梁门时的进水口段总水头损失仅相当于原设计方案放置 6 层叠梁门，该技术对提高电站发电效益有重要意义。

鉴于物理模型试验已针对放置叠梁门时进口流态、拦污珊段流速分布、门井水面波动、流道压力分布、水头损失以及叠梁门自身受力情况等开展了全面系统研究，并在原设计方案基础上对减小水头损失的叠梁门体型进行了探讨，已解决工程问题，故不再采用数值模拟手段开展辅助研究工作。

5.4　叠梁门分层取水进水口水力特性研究总结

电站进口前加设叠梁门后引起局部水流条件复杂，本书以模型试验和数值模拟为研究手段，系统阐述了叠梁门分层取水进口水流流态、门顶最小运行水深、水头损失和叠梁门反向附加水击压力等。三个工程的研究结果表明，加设叠梁门后机组各栅孔进流较为均化，门井水面波动加大，主要引流区间在门顶以下 10m 至门顶以上 25m 水域，叠梁门门顶最小运行水深一般为 15～30m，进口段水头损失为 1.20～1.95m（水头损失系数为 0.45～1.15），较无叠梁门时增大 1.11～1.63m，对机组发电经济效益将产生一定影响，机组甩负荷对叠梁门下游面板产生的附加水击压力为 $(2.9\sim3.0)\times9.81\text{kPa}$。

5.4.1 研究方法

电站进水口水力学问题研究方法通常采用大比尺水工模型试验和三维数值模拟计算。模型试验涉及水流旋涡问题，由于模型水流中黏滞力和表面张力对旋涡的抑制作用较原型强，为保证模型水流与原型相似，通常要求模型水流雷诺数 $Re>30000$、韦伯数 $We>120$。为此，水工模型比尺选取较大，一般为 $1:30\sim1:50$，可模拟一个或多个流道，顺水流向模拟范围包括上游部分水库、拦污栅结构体、叠梁门、通仓段、进口段、门槽段、渐变段、压力管道全程（至蜗壳部位）等。乌东德模型比尺 $1:30$，模拟 1 台机组流道；白鹤滩模型比尺 $1:30$，模拟 3 台机组流道；亭子口模型比尺 $1:50$，模拟全部 4 台机组流道。为避免模型机组甩负荷过程中造成库水位上升，在模型水库中加设可升降的溢水装置。在模型蜗壳部位安装模型水轮机，以保证模型导叶关闭过程与原型相似，也可简化安装与水轮机导叶闭启类似的百叶阀，用启闭机控制百叶阀的启闭时间。

数值模拟通常采用三维 RNG $k-\varepsilon$ 紊流数学模型模拟电站进水口水流流场，自由液面采用 VOF 处理方法，通过定义控制单元的体积分数，追踪网格中的流体体积，在每个控制体积内，所有项的体积分数之和为 1。当为自由液面时，水的体积分数介于 0 和 1 之间。

（1）网格划分。为使计算收敛性更好，计算区域全部采用六面体结构化网格进行划分，同时对拦污栅前至渐变段重点关注区域进行加密，使计算结果更接近真实值。

（2）边界条件。对于水流进口边界已知库水位，设定为压力入口边界；管道出口边界根据引用流量和管道断面积，设定为流速出口；空气边界为大气压力边界；固壁边界规定为无滑移边界条件。

5.4.2 主要研究成果

5.4.2.1 进口水流流态

电站进水口流态和流速分布是评价分层取水效果的一个主要指标，引流范围越接近底部水温越低，越接近表层则水温越高。常规电站进水口（无叠梁门）机组引流时，机组 6 个栅孔呈对称进流，中间 4 孔大流速分布范围较两侧边孔要大，流速可达 $1.0\sim1.8\text{m/s}$，大流速位于进水口底板至喇叭口上缘高程区间，在喇叭口以上流速分布显著减小。水流到达通仓段后迅速往喇叭口汇集，最大流速值为 2.4m/s，位于距底板高程 $2\sim3$ m 处。可以看出，中间栅孔进流多，边孔进流少，引流范围主要集中在底部喇叭口附近水域。放置叠梁门后，水流绕过叠梁门形成淹没薄壁堰流，流线经过 2 次近 $90°$ 弯折后进入压力管道。6 个栅孔进流大大均化，大流速位于门顶附近（2.8m/s）。通仓段竖井内水流流线紊乱，流速分布不均，最大流速达 5.1m/s，进入压力管道后流线摆动仍然剧烈，在门槽里有小立轴旋涡形成。引流区间在叠梁门顶以下 10m 至门顶以上 25m 水域。

门井水面波动是辅助评价进口流态优劣的一个指标，未放置叠梁门时，电站进水口门井水面波动较小约 $0.06\sim0.10$m。放置叠梁门后，门井水面波动有加大的趋势，可达 $0.12\sim0.50$ m，见表 5.4-1。

表 5.4-1 放置叠梁门前后门井水位波动表 单位：m

工 程 名 称	乌东德	白鹤滩	亭子口
未放置叠梁门时门井水面波动	0.06	0.10	0.10
放置叠梁门时门井水面波动	0.12	0.24	0.50

5.4.2.2 叠梁门顶最小运行水深

从分层取水效果角度来讲，尽可能引取表层水，提高下泄水温，叠梁门放置位置越高越好。但放置叠梁门后，不可避免地恶化进口水流流态，可能诱发危害性吸气旋涡。一般而言，叠梁门门顶最小运行水深避免受以下几方面因素限制：①避免出现危害性吸气旋涡；②避免出现不利流态，如薄壁堰自由堰流，水面跌落明显，波动大；③过栅流速限制。从乌东德、白鹤滩、亭子口模型试验研究成果和收集掌握的资料来看，大型电站叠梁门门顶最小运行水深为 15～30m（表 5.4-2），门顶水深越大，水面波动越小。

表 5.4-2 国内大型电站叠梁门门顶最小运行水深

工程名称	乌东德	白鹤滩	亭子口	溪洛渡	糯扎渡	锦屏一级	光照
最小门顶水深/m	30	21	15	25	29	16	15

乌东德电站正常蓄水位 975.00m 条件下，进水口前最多可放置 8 节叠梁门（8×4m），最大门顶高程 945.00m，相应最小门顶运行水深 30m；白鹤滩电站库水位 795.00m 条件下，进水口前最多可放置 10 节叠梁门（10×4m），最大门顶高程 774.00m，相应门顶水深 21m；亭子口电站正常蓄水位 458.00m 条件下，进水口前最多可放置 10 节叠梁门，最大门顶高程 443.00m，相应门顶水深 15m。

需要指出的是，拦污栅墩和大坝主体结构之间往往通过纵、横支撑梁进行联系，将支撑梁顶面高程布置在特征水位以下 0.30～0.50m，可起到破除表面旋涡的作用，低水位条件下进口流态改善更为明显，这一结论已在白鹤滩和乌东德模型试验中反复得到证实。

5.4.2.3 进口段水头损失

进口段水头损失起止断面定义为拦污栅前水库断面和渐变段末端（圆形压力钢管始端）断面。进口段水头损失与叠梁门放置高度呈正比关系，与门顶水深呈反比关系，叠梁门放置位置越高，门顶水深越小，水头损失越大。以亭子口电站为例，未放置叠梁门时，进口段水头损失为 0.09m，放置 2 节后水头损失为 0.17m，放置 4 节后水头损失为 0.31m，放置 6 节后水头损失为 0.54m，放置 8 节后水头损失为 0.82m，放置 10 节后水头损失为 1.20m。

同时，由表 5.4-3 可知，在常规电站进水口引流条件下（无叠梁门），进口段水头损失较小，h_w 为 0.09～0.34m，水头损失系数 ξ 为 0.03～0.21。放置叠梁门后，进口段水头损失明显增加，相应进口段水头损失增大为 1.20～1.95m，水头损失系数为 0.45～1.15。换言之，叠梁门分层取水附加水头损失约 1.11～1.63m，将对机组发电经济效益产生一定影响。叠梁门设置改变了常规进水口的水流运动轨迹，进口水流流向经过 2 次 90°转弯后进入引水管道，加之叠梁门及通仓段支撑梁对水流的局部阻力影响，使进口段水头损失及水头损失系数均明显增大，叠梁门顶水深越小，水头损失及水头损失系数越大。由初步分析可知，进口段水头损失与门顶水深、通仓段长度和纵横联系梁布设密切相关。

表 5.4－3　　　　　　放置叠梁门前后电站进口段水头损失和水头损失系数

工　程　名　称		乌东德	白鹤滩	亭子口
无叠梁门	水头损失 h_{w1}/m	0.34	0.32	0.09
	水头损失系数 ξ_1	0.21	0.19	0.03
放置叠梁门	水头损失 h_{w2}/m	1.33	1.95	1.20
	水头损失系数 ξ_2	0.82	1.15	0.45
增加值 $h_{w2}-h_{w1}$		0.99	1.63	1.11
h_{w2}/h_{w1}		3.9	6.1	13.3

5.4.2.4　机组甩负荷对叠梁门反向附加水击压

加设叠梁门结构后在机组甩负荷条件下，叠梁门下游面板将遭受反向水击压力，这也是拦污栅墩结构设计关注的一个技术指标。试验表明：叠梁门下游面板产生的水击压力竖向分布特征为顶部小、底部大，亭子口电站实测底部附加水击压力为 $3.0\times9.81\text{kPa}$，顶部为 $1.3\times9.81\text{kPa}$（表 5.4－4），沿水深方向越往上水击压力越小。平面分布特征为中间栅孔大两侧栅孔小，符合一般规律。机组全部甩负荷极端条件下，试验测得叠梁门反向附加水击压力约为 $(2.9\sim3.0)\times9.81\text{kPa}$（表 5.4－5），3 个工程模型试验测得的最大附加水击压力值较为接近。

表 5.4－4　　　　　亭子口电站叠梁门下游面板水击压力沿水深分布　　　　　单位：$\times9.81\text{kPa}$

测点部位	甩前平均压力 P_0	甩后最大压力 P_{max}	甩后最大压力（$P_{max}-P_0$）
第 10 层叠梁门中心	15.83	17.16	1.33
第 8 层叠梁门中心	21.51	23.38	1.87
第 6 层叠梁门中心	27.11	29.19	2.08
第 4 层叠梁门中心	32.71	34.97	2.26
第 2 层叠梁门中心	38.36	41.39	3.03

表 5.4－5　　　　　　　　机组甩负荷引起叠梁门附加水击压力

工程名称	乌东德	白鹤滩	亭子口
机组甩负荷引起叠梁门附加水击压力	2.9	3.0	3.0

第 6 章

水温控制幕分层取水研究

水温控制幕分层取水是针对常规设计底层取水的已建电站下泄低温水问题提出的一种全新治理思路。水温控制幕取水措施能够有效提高下泄水温。相较于其他分层取水方式，水温控制幕分层取水方案有以下优点：①水头损失基本可以忽略，不影响电站发电效益；②行洪时可以降低缆索高度，增加幕布淹没水深，不影响行洪；③施工方便，蓄水、无水环境均能施工；④施工周期短，建设成本低；⑤运行维护方便，便于更换，灵活性强。该方案具有投资少、施工方便和不损失发电水头的优点。本章介绍美国、日本、中国的水温控制幕相关工程资料和澳大利亚 Burrendong 大坝控制幕水温分层取水工程的水温、水环境和水生态影响等相关情况。

6.1 水温控制幕分层取水研究现状

6.1.1 水温控制幕分层取水机理研究

根据水库水温垂向分层分布特点，在坝前某一位置一定深度以下建设不透水柔性控制幕，有效隔断部分温跃层和底层的水体流向进水口，将温跃层和底层低温水隔挡在控制幕布前，表层温度较高水体则加速流向进水口，达到选择性分层取水的目的。同时，在电站进水口泄流的带动下，控制幕布下游水体在垂向上扩散，加速热交换，打破原有水温垂向分层结构，实现提高下泄水温的目的。

6.1.2 水温控制幕分层取水典型案例介绍

美国早在 20 世纪 40—50 年代有少量的分层取水结构出现，20 世纪 60—70 年代出现大量分层取水结构且基本属于固定式取水口，主要是为了生态，满足下游的水产养殖、旅游、环境保护和火电厂的冷却水等需求。美国水温控制幕分层取水起于 20 世纪 80—90 年代，并在美国 Shasta、Lewiston、Whiskeytown 等水库有少量的工程实践，有较好的调节水温的效果，对下游大马哈鱼产卵起到保护作用。

日本很早就将水温控制幕应用于河道整流和水库分层取水，是世界上拥有水温控制幕工程案例最多的国家。早在 20 世纪 50 年代以前，日本针对水库下泄低温水问题建造了分层取水建筑物。60 年代以后，针对温水放流、浊水放流、富营养化等环境问题，很多水库都设置了分层取水设备，至 80 年代中期，约 40％的水库设置了表层取水设备，约 30％的水库设置了分层取水设备，并被国际大坝会议环境特别委员会作为典型工程推荐。日本于 1989 年公布了《分层取水设备设计要领（案）同解说》，于 2005 年公布了《曝气循环设备及分层取水设备的运用手册（案）》，在水库分层取水机理研究、设备设计及工程运管方面技术先进，经验丰富。总体而言，日本已从单纯的水温分层取水调控向浊水、富营养化、藻类等多目标分层取水调控发展，是当今国际最前沿的分层取水技术代表（图6.1-1）。但受其地理位置和地形地貌的影响，日方的研究和应用主要针对中小型水库，在大型水库的应用及理论研究等方面有其不足之处。

图 6.1-1　日本柔性控制幕分层取水设置案例

我国在中华人民共和国成立初期，采用简易的表层取水结构，此后逐渐被深式取水所代替。在当时的情况下，修水库主要是解决灌溉水量的调节问题。从 20 世纪 60 年代中期开始，我国陆续在广西、湖南、四川、江西等省修建了一些分层取水结构，采用消灭分层和利用分层特性取水。70 年代，开始交替出现表层取水、底层取水及分层选择取水工程，但规模相对较小。近年来随着国内高坝大库的不断增多，基于下游鱼类产卵繁殖保护、灌溉农业发展、工业生活取水为目标的大中型水库分层取水措施的研究和设计成为重点，但目前仍缺乏相关的指导性标准及规范，特别是具有经济实用、运行灵活、施工便利的柔性控制幕研究还处于起步阶段。天津大学、河海大学等单位针对贵州三板溪水库，开展了底部水温控制幕调控下泄水温效果初探，分析了控制幕的受力情况，目前工程正在建设中。对于水温控制幕调控下泄水温的内在湍浮力流机理以及针对水库多目标的运行调控方法，目前并未开展研究。这一现状与当前巨大的工程需求不相适应。

6.2　水温控制幕分层取水机理试验

6.2.1　试验目的和研究内容

为了揭示水温控制幕分层取水机理及不同影响因素作用规律，开展水温控制幕分层取水研究。主要研究包括：分析不同试验方案条件下水库入流流量（不同水温分层结构）、水温控制幕位置、形式和高度等试验参数与布置幕布后库内水温分层结构变化的内在关系，研究水温控制幕运行位置、形式和高度对温度分层结构（温跃层强度、厚度、位置等）的影响，识别影响分层取水效果的关键参数，建立垂向流速分布关系式；分析水温控制幕表层浮力射流流态，阐明水温控制幕束流作用下温分层取水的内在运动规律。

6.2.2 试验装置和工况设计

6.2.2.1 试验水槽及温水供应系统

该概化水槽试验在长江水利委员会长江科学院水工程环境与生态试验大厅大型钢框架玻璃结构水槽内开展，该试验设施主要包括水流分层流水槽、加热水箱和恒压设施，水温分层流水槽尺寸为高 $0.5m$、宽 $0.4m$、长 $25m$，槽底部高于地面 $1m$。试验水槽设计最大流量为 $0.24m^3/s$，试验水槽设计流速为 $0.01\sim1.5m/s$，加热水箱设计流量为 $0.03\sim0.05m^3/s$。控制热水水温在 $33℃$ 左右，冷水水温为室温（该试验在一定时间内集中进行，试验过程中冷水温度基本恒定），约 $12℃$。试验装置由供水区、掺混区、测试区以及尾水区几个部分组成，如图 6.2-1（a）所示。测试区内布设不透水的水温控制幕（因该试验不考虑水温控制幕受力变形，故以有机玻璃板代替柔性幕布），可灵活控制其运行高度和位置，使水流缓慢从水温控制幕顶部通过，以实现分层取水的功能。测试段水槽上设移动数控测车，可为水位计、旋桨流速仪、多点水温测控仪、ADV 流速仪等量测设备提供准确的定位和便捷移动操作，如图 6.2-1（b）所示。水槽尾部设置尾门控制系统。

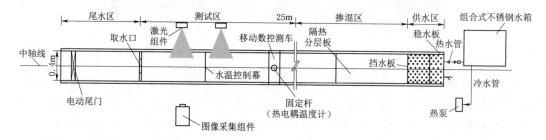

（a）试验水槽平面布置示意图

（b）测试区水体分层试验图

图 6.2-1 水温控制幕温分层取水试验水槽

6.2.2.2 试验过程

试验时，分别通过水泵向水槽内注入冷水、热水，并设置稳水板，保证水位和流量的平稳。冷、热水体进入试验水槽后，形成一定范围的掺混区，经足够距离过渡后，形成平稳的温分层流，较好地模拟原型水库的水温分布，满足测试区入流断面目标水温分布的要求。试验中，冷水、热水分别注入水槽，并将水位调节至所需水位后，严格控制冷、热水入流流量以及下泄流量，保持水槽内水位稳定，经过足够的时间和距离充分掺混，在水槽内形成稳定的分层水体，如图 6.2-1（b）所示。在正式测试之前，在测试区内滞温层、温跃层和表温层分别选取测点，验证测点温度是否保持恒定，以满足试验条件。待确认温分层稳定后，将水温控制幕缓缓放入水中于固定槽内卡住，实现分层取水。

6.2.2.3 试验工况

考虑到水库水温分层现象具有明显的季节性特征，其在不同季节体现出不同的水温结构，其中春末夏初水体分层现象最为明显，水体底部与表面温差可达 20℃ 左右，故选取一年中该时段作为典型时间段，主要考虑了热水流量 Q，幕布高度 H，水温控制幕形式的影响。根据已有研究成果，选择这几个变量进行研究的原因在于，热水流量 Q 其本质会影响水库本身水温分层，而幕布高度涉及分层取水效果，水温控制幕形式的研究是出于不同取水目的的考量。在研究热水流量的影响时，保持水槽内水深 35cm、冷水流量 5L/s 不变，幕布高度为 20cm，采用底部水温控制幕形式分别设置热水流量为 2.0L/s、2.5L/s、3.0L/s，对应工况 A2、A8 和 A9。考虑幕布高度影响，保持水槽内水深 35cm 不变，冷水流量、热水流量分别为 5.0L/s 和 2.0L/s，设置不同高度的水温控制幕 15cm、20cm 和 25cm，对应工况 A1、A2 和 A3。保持水深 35cm，冷水流量、热水流量分别为 5.0L/s 和 2.0L/s，水温控制幕高度为 20cm，通过调节水温控制幕在水体中的垂向相对位置，实现不同的水温控制幕布置形式，即顶部、中部和底部，分别对应工况 A5、A4 和 A2。该试验不考虑水温控制幕与取水口的距离的影响，试验工况汇总见表 6.2-1。

表 6.2-1　　　　　　　　　试验工况汇总表

工况	水深/cm	冷水流量/(L/s)	热水流量/(L/s)	幕布高度/cm	水温控制幕形式	水温控制幕与取水口的距离/m
A1				15	底部	0.5
A2				20	底部	0.5
A3				25	底部	0.5
A4			2.0	20	中部	0.5
A5	35	5.0		20	顶部	0.5
A6				20	底部	1.0
A7				20	底部	1.5
A8			2.5	20	底部	0.5
A9			3.0	20	底部	0.5

6.2.3 试验结果与分析

6.2.3.1 水温控制幕附近局部流态观测试验

建立了水温控制幕分层取水物理模型，利用 PIV 系统对水温控制幕分层取水幕布附近上下游的流态进行了初步观测。

（1）不同热水流量条件下水温控制幕附近流态。不同热水流量的设置，本质上是形成不同的水温分层结构。如图 6.2-2 所示，水槽上游来水底部受水温控制幕阻拦，在水温控制幕上游几乎静止，主流区位于水体上部，大量热水下泄，当热水流量增大，水温控制幕上方过流断面流速增大。比较冷热水分界面，可以发现，在水温控制幕上游，随着 Q

值的增大分界面相对于水槽底部的倾角 θ 增大，由 $3°$ 增大至 $5°$，这是由于热水流量增大，热水层变厚引起的。在水温控制幕下游，随着 Q 值增大，分界面波动加剧。当 Q 值为 2.0L/s 和 3.0L/s，在水温控制幕下游分别形成一个旋涡，且 Q 值为 2.0 时，旋涡尺度更大。

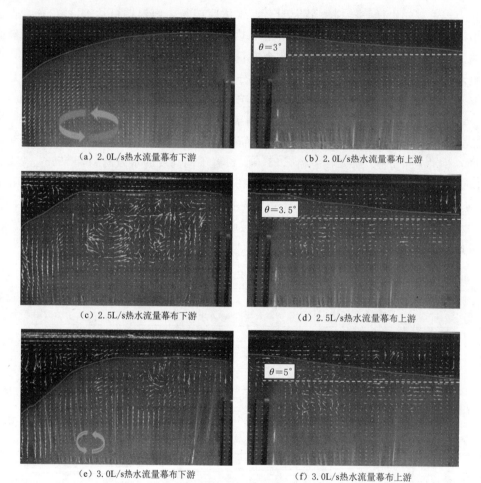

(a) 2.0L/s热水流量幕布下游　　　　　　　(b) 2.0L/s热水流量幕布上游

(c) 2.5L/s热水流量幕布下游　　　　　　　(d) 2.5L/s热水流量幕布上游

(e) 3.0L/s热水流量幕布下游　　　　　　　(f) 3.0L/s热水流量幕布上游

图 6.2-2　不同热水流量条件下幕布上下游流场图

（2）不同水温控制幕高度条件下幕布附近流态。当水深一致，不同水温控制幕高度的改变，实质上是过流断面大小的改变。如图 6.2-3 所示，比较不同水温控制幕高度条件下幕布附近流场。在水温控制幕上游流态平顺，水流高度收缩导致通过幕布时流速加快，幕布上方流速随着幕布高度的增加及过流断面的减小而增大。在水温控制幕上游随着幕布高度升高，冷热水分界面相对于水槽底部的倾角 θ 越来越大，最大达到 $5.5°$。由于幕布的存在，流速突然加快形成局部的急流区，而幕布下游水体本身流速较小，受越过幕布水流带动形成逆时针方向的旋涡，且旋涡的尺寸随着幕布高度的增加而增大。当幕布高度不够大时，旋涡在没有完全形成之前由于取水口对水体的拖曳作用，而直接下泄。当水温控制幕高度足够高 ［图 6.2-3（e）］ 时，最先形成的旋涡可以再引起反方向的另一个旋涡。

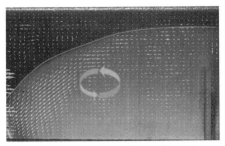
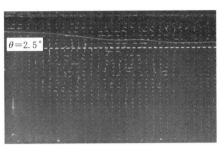

（a）15cm水温控制幕高度幕布下游　　　　　　　（b）15cm水温控制幕高度幕布上游

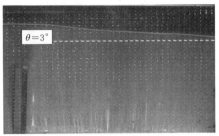

（c）20cm水温控制幕高度幕布下游　　　　　　　（d）20cm水温控制幕高度幕布上游

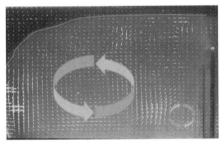
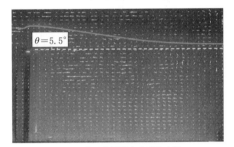

（e）25cm水温控制幕高度幕布下游　　　　　　　（f）25cm水温控制幕高度幕布上游

图 6.2-3　不同水温控制幕高度条件下幕布上下游流场图

（3）不同水温控制幕形式条件下幕布附近流态。如图 6.2-4 所示，当水温控制幕位于底部时，水体流态不再赘述。当幕布位于中部时，冷水层分为两部分：一部分通过幕布下方流向下游；另一部分与热水层一起流经幕布上方。在幕布下游，由于幕布的束流作用，在水体通过幕布后，会在垂向上扩散，并且两股水流在垂向上方向相反，从而促进了水体的掺混，冷热水分界面也不再光滑，波动明显。在幕布上游冷热水分界面呈下凹状。当幕布位于顶部时，冷水层厚度减小，与热水层一起经过幕布下方流向下游，冷热水分界面顺水流方向向下倾斜。由于取水口的抽取作用，水体通过幕布后，将直接下泄，水体下部流速较大，主流区位于底部，没有产生旋涡。

6.2.3.2　典型断面垂线水温流速分布观测试验

（1）温跃层定量指标。试验分析在热水流量 Q、水温控制幕高度 H、水温控制幕形式、水温控制幕距取水口距离 L 不同的条件下，水温控制幕对幕布附近水体结构的影响，揭示流速、水温的分布规律，分析其原因。针对温跃层主要关注了以下两个指标：

1）温跃层厚度。借鉴前人对于温跃层中若干特征的定义[86]，本书中对温跃层定义

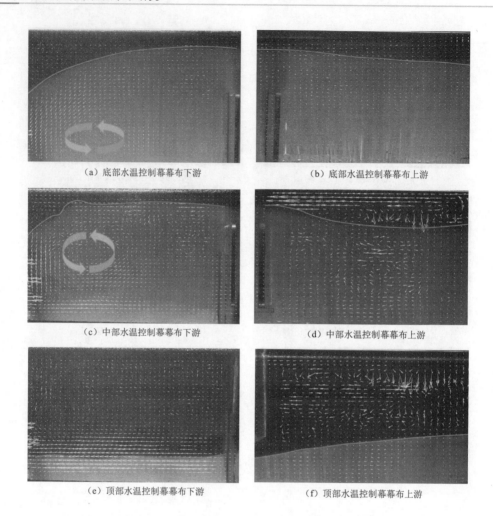

（a）底部水温控制幕幕布下游　　　　　　　　（b）底部水温控制幕幕布上游

（c）中部水温控制幕幕布下游　　　　　　　　（d）中部水温控制幕幕布上游

（e）顶部水温控制幕幕布下游　　　　　　　　（f）顶部水温控制幕幕布上游

图 6.2-4　不同水温控制幕形式条件下幕布上下游流场图

为，当水温分布中某一段的垂向温度梯度大于温跃层的临界值 0.2℃/cm 时，确定该段为温跃层，该段的厚度为温跃层厚度 D。

2）温跃层强度。该试验引入温跃层强度 E，作为衡量温跃层内掺混强度的评价指标，是温跃层上端与下端水温差与温跃层厚度的比值，即温跃层的平均温度梯度。温跃层强度越大表明温跃层内掺混越不明显。记温跃层上端和下端的温度分别为 T_t 和 T_b，温跃层厚度为 D，则温跃层强度的计算公式如下：

$$E = \frac{T_t - T_b}{D}$$
　　　　　　　　　　　　　　　　　　　　　　　　（6.2-1）

（2）无水温控制幕时水温分布。考虑不同热水流量引起的水库水温分层结构，如图 6.2-5 不同热水流量时无水温控制幕测试区稳定段垂线水温分布。图 6.2-5 表明，水温在很长的一段水深内保持不变，底层约 11.5℃，表层约 33℃，即在水体底部和水面存在滞温层和表温层，滞温层和表温层中间水体即为温跃层，表现为较大的温度梯度，水温变化剧烈。通过对比图中曲线，可知不同 Q 值条件下，可以形成不同的水温分层，主要体现在温跃层所处高度和温跃层厚度方面。当 Q 值增大时，温跃层所处位置降低，从 $Q=$ 2.0L/s 的 27cm 处降至 $Q=3.0$L/s 的 23cm 处。温跃层厚度增加，尽管图 6.2-6 中 $Q=$ 2.5L/s 和 3.0L/s 对应的温跃层厚度相同均为 5cm，但这可能是由于测量误差或者测点位置刚好错过了转折点。

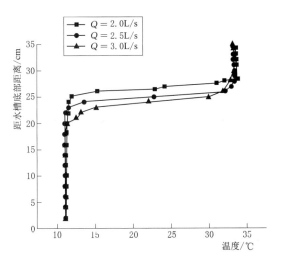

图 6.2-5　不同热水流量时无水温控制　　　　图 6.2-6　不同热水流量时无水温控制
　　　　幕测试区稳定段垂线水温分布图　　　　　　　　幕测试区稳定段温跃层厚度对比图

（3）水温控制幕作用下典型断面温度场、流速场分布。以工况 A2 为例说明水温控制幕作用下库区流速、水温分布情况。图 6.2-7 显示了断面 1~断面 4 垂线流速、温度的分布。观察到在幕布上游，水体呈现明显的分层现象，随着与取水口距离的缩短，温跃层所处位置抬升。在断面 4 处即幕布上方位置，水温分布依然呈分层状态，不难发现，滞温层、温跃层和表温层水体厚度均有减小，而不是单一的某一层尺度有所变化，这是由于水温控制幕对水体整体的束流作用造成的。

流速在温跃层内变化剧烈。在温跃层流速突然增大，增至最大值后再随着测点水深的减小而逐渐减小，直至水面以下 2~4cm 处，如图 6.2-7（b）所示。可以观察到在表温层厚度足够的情况下，流速完全可以再次符合对数流速分布规律。随着与幕布距离的缩短，温跃层内流速最大值点位置抬升，如图 6.2-7（a）所示。由于幕布阻隔了一部分水体下泄，使过水断面收窄，断面平均流速明显增大，一定程度上形成牵引作用。在水温控制幕附近这种牵引作用变大，使温跃层内流速在越靠近幕布的断面最大与最小值相差越大。在滞温层和表温层流速沿水深从水槽底部向水面递增，呈对数分布。其流速分布近似满足式（6.2-2）。

$$\frac{u}{u^{*}}=5.75\lg\left(\frac{u^{*}y}{\gamma}\right)+5.3 \qquad (6.2-2)$$

式中：u 为测点流速，m/s；u^{*} 为摩阻流速，m/s；y 为测点距水槽底部距离，cm；γ 为运动黏性系数。

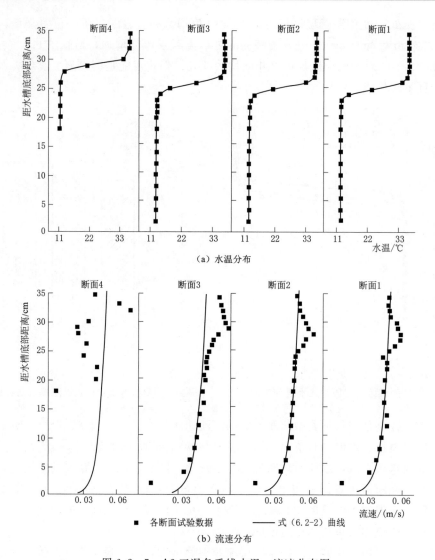

（a）水温分布

（b）流速分布

■ 各断面试验数据　　　——式（6.2-2）曲线

图 6.2-7　A2 工况各垂线水温、流速分布图

在断面 4 处，水温控制幕显著破坏了原水体的层流特性，使流速更多地表现出紊流特征。

（4）热水流量对水温分层的影响。不同热水流量水温和流速分布及温跃层指标如图 6.2-8 所示。在水温分布图 6.2-8（a）中，不同 Q 值工况同一断面垂向水温变化的上下拐点出现的位置随 Q 值的增大而降低，温跃层所处高度下降，可以看到在 $Q=3.0L/s$ 时，温跃层所处高度较 $Q=2.0L/s$、$Q=2.5L/s$ 这两种情况下降最明显，约 0.68 位置处，这表明热水流量增加，会使热水层厚度增加。从图 6.2-8（b）可以看到，在远离幕布的断面，各工况流速分布曲线交替波动上升。然而在水温控制幕附近，流速分布更加稳定，体现出明显的规律性。流速最大值点不是在水体表面，而是在温跃层内 $h/H=0.8$ 相对位置处，且随着 Q 值的增大，最大值点出现的位置下降。图 6.2-8（c）、（d）反映了不同 Q 值条件下温跃层的情况。同一断面处，不同工况的温跃层厚度，在水温控制幕附近，呈现

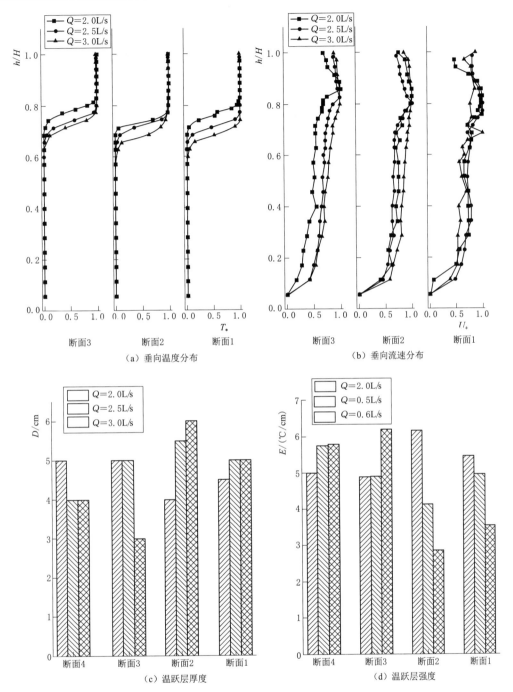

图 6.2-8 不同热水流量时各测量断面温度、流速分布及温跃层特性参数

注：h/H 为测点距水槽底部距离 h 与水槽内水深 H 的比值；$T_* = \dfrac{T - T_{\min}}{T_{\max} - T_{\min}}$，$T$ 为该测点水温，℃，

$T_{\max}$ 和 $T_{\min}$ 为该测垂线上水温的最大和最小值，℃；$U_* = \dfrac{U - U_{\min}}{U_{\max} - U_{\min}}$，$U$ 为该测点流速，m/s，

$U_{\max}$ 和 $U_{\min}$ 分别为该测垂线上流速的最大和最小值，m/s。

出 Q 值越大温跃层越薄的规律，但在远离幕布的区域恰恰相反。温跃层强度在靠近幕布区域随 Q 的增大而增大，远离幕布断面减小。这表明，Q 值增大会使来流温跃层厚度增大，但在近幕布区域受幕布影响也越大。水温控制幕的存在会使温跃层强度增大，加剧靠近幕布区域水体的分层，抑制上下层水体交换，且 Q 值越大越严重。

（5）水温控制幕高度对水温分层的影响。图 6.2 - 9（a）~（d），比较了不同水温控制

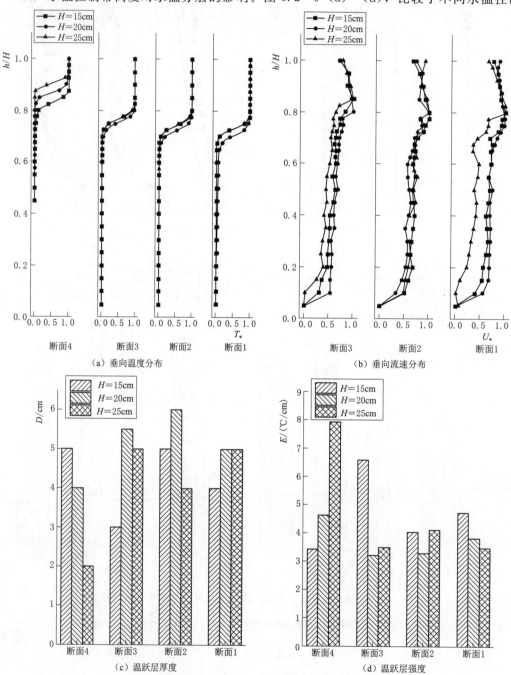

图 6.2 - 9　不同水温控制幕高度时各测量断面温度、流速分布及温跃层特性参数

幕高度条件下温度、流速分布、温跃层厚度及强度的情况。如图 6.2 - 9 所示，由于幕布的束流作用，断面 4 处随着 H 值变大，温跃层逐渐上移，厚度越来越小，当 $H=$ 25cm 时，温跃层厚度为 2cm，与 $H=15$cm 时相差达 3cm，同样 H 值越大 E 值越大，这表明随着 H 值的增大，水温控制幕上游掺混作用被抑制越明显。水温控制幕高度增高会导致幕布所在断面处平均流速提高，在远离水温控制幕的断面，随着 H 值增大，断面流速垂向波动程度加剧。尤其是在温跃层内，$H=25$cm 相较于另两种工况，流速梯度显著变大。

（6）水温控制幕形式对水温分层的影响。图 6.2 - 10 分别展示了底部、中部和顶部水温控制幕形式流速、水温及温跃层指标分布情况。可知不同水温控制幕形式下，温跃层厚度、强度差别不大，但温跃层分布的位置差异巨大。比如随着距幕布距离的缩短，在底部水温控制幕形式下温跃层位置由 $h/H=0.7$ 变为 0.75，在中部水温控制幕形式下温跃层位置由 $h/H=0.6$ 变为 0.7，而顶部水温控制幕形式下温跃层位置由 $h/H=0.5$ 变为 0.45。由于幕布的挡水作用，使断面水流向未受阻隔部分流动，流速分布大体也与水温控制幕布置高度一致。即当幕布位于顶部时主流带位于底部；当幕布位于水流中部时，流速分布较为均匀；当幕布位于底部时，最大流速点位于 $h/H=0.8$ 相对位置处。

（7）水温控制幕位置对水温分层的影响。通过图 6.2 - 11 （a）、（b）可知，不同 L 值对应的流速分布以及温度分布类似，几乎没有差别。由图 6.2 - 11 （c）、（d）可知，在水温控制幕上游，温跃层厚度约为 5cm，E 值各工况差别也不明显。在水温控制幕下游，温跃层厚度大幅增长，可见水温控制幕促进幕后水流强烈掺混效果明显。

由于在远离取水口的位置，取水口对水流的牵引作用降低，水体受到的浮力作用较强，在水温控制幕顶，随 L 值的增加温跃层厚度减小，温跃层强度增大，最大达到了 10.7℃/cm。

6.2.4　结论

通过改变热水流量 Q（水库水温分层结构）、水温控制幕距取水口距离 L、水温控制幕高度 H 和水温控制幕形式四个影响因素，研究了不同工况条件下，分层水体中设置水温控制幕后其上下游流态分布特征。采用流速、水温同步测量的手段，测量了幕布上游若干断面垂向的水温、流速分布，并进行了分析，得出以下几点认识。

（1）不同的热水流量 Q 和水温控制幕高度 H 会影响幕布上游冷热水分界面与水槽底部平面夹角的大小，Q 值越大，该夹角越大。H 值越大，该夹角越大。

（2）水温控制幕的设置会在幕布上方形成急流区，会引起幕布下游水体产生旋涡，旋涡的尺度和个数与水温控制幕高度 H 有关。H 值越大，旋涡尺寸越大，个数越多。

（3）当采用中部和顶部形式的水温控制幕时，幕布下游一般不会形成旋涡，但中部形式水温控制幕水体掺混充分，冷热水分界面波动较大。

（4）水温控制幕的设置抑制了幕布上游水体上下层的掺混，增大了温跃层强度，改变了水体温度、流速分布。流速沿水深从水槽底部向水面递增，在滞温层内呈对数分布。温跃层内流速逐渐增大到极大值，再逐渐减小，这样温跃层内流速分布呈尖状。

（5）分层水体中水温控制幕上游温跃层厚度、温跃层位置以及流速分布受多重因素影

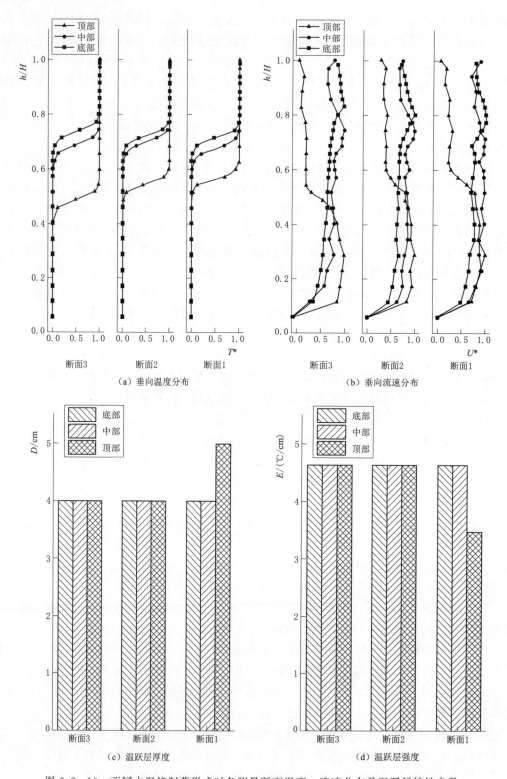

（a）垂向温度分布　　　　　　　　　（b）垂向流速分布

（c）温跃层厚度　　　　　　　　　　（d）温跃层强度

图 6.2-10　不同水温控制幕形式时各测量断面温度、流速分布及温跃层特性参数

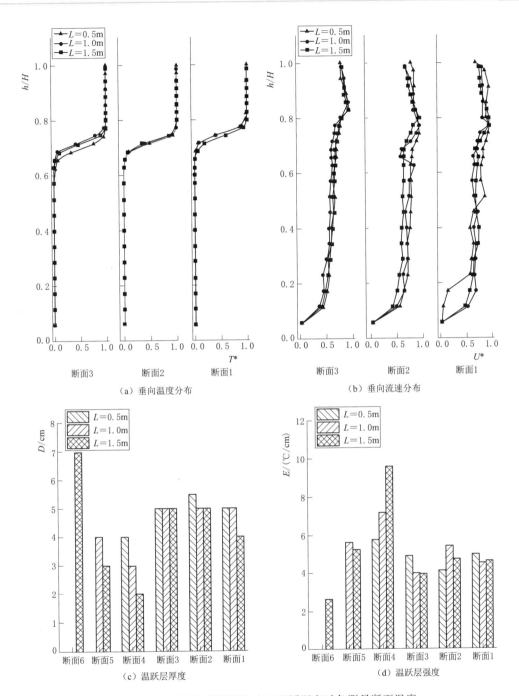

（a）垂向温度分布　　　　　　　　　（b）垂向流速分布

（c）温跃层厚度　　　　　　　　　　（d）温跃层强度

图 6.2-11　水温控制幕距取水口不同距离时各测量断面温度、
流速分布及温跃层特性参数

响。温跃层厚度主要与上游来流情况有关，Q 值越大，上游温跃层厚度越大，但在近幕布区域厚度越小。水温控制幕高度 H 值越大，温跃层位置越高。幕布位置对于水温和流速分布的影响有限，水温控制幕具有明显的促进幕下游水体掺混的作用。

6.3 河道全断面水温控制幕分层取水研究

6.3.1 工程概况

三板溪水电站位于沅水上游清水江中下游，坝址在贵州省锦屏县境内，下距锦屏县城25km，距湖南省怀化市直线距离约140km，是沅水干流15个梯级水电站中的第二级，也是目前沅水干流梯级水电站中唯一具有多年调节性能的龙头水电站。工程以发电为主，兼有防洪、灌溉、旅游等综合效益（见图6.3-1）。

图6.3-1 三板溪水电站

坝址控制流域面积11051km²，年径流量75.69亿m³，水库正常蓄水位475.00m，相应库容37.48亿m³，总库容40.94亿m³，死水位425.00m，有效库容26.16亿m³，具有多年调节性能。电站装机4台，总装机容量1000MW，保证出力234.9MW，多年平均发电量24.28亿kW·h。三板溪水电站对下游13个梯级水电站具有可观的梯级补偿效益，近期可增加已建的五强溪、凌津滩和洪江3个水电站保证出力55MW，年发电量6.4亿kW·h。

6.3.1.1 水文气象

清水江主流河长485km，三板溪坝址控制流域面积11051km²。流域属副热带季风气候区，暖湿多雨，四季分明。坝址以上流域年均气温15.3℃，多年平均降雨量1279mm。坝址年均气温16.4℃，多年平均年降雨量1241mm，最高可达1800mm，多年平均相对湿度84%；多年平均风速1.0m/s，实测最大风速12.0m/s。

坝址径流根据51年实测资料计算，多年平均流量240m³/s，相应径流量75.69亿m³。径流年内分配不均，历年4—8月为汛期，其水量占全年水量的68.3%，径流年际变化较稳定。

清水江洪水由暴雨形成，洪水暴涨暴落，且洪中有枯，具有典型的山区性河流特性。洪水以单峰型居多，一次洪水过程一般为3～7d，最大24h洪量约占3d洪量的50%。三板溪坝址洪水、入库洪水成果不同频率最大流量见表6.3-1。

表6.3-1　　　　　　　　坝址各频率年最大洪水成果表

$P/\%$	0.01	0.02	0.1	0.2	1.0	2.0	5.0	10.0	20.0
$Q_m/(m^3/s)$	23600	22000	18100	16500	12600	11000	8790	7120	5480

坝址泥沙根据29年悬移质泥沙资料分析计算，坝址多年平均含沙量0.281kg/m³，多年平均输沙量204万t。

6.3.1.2 枢纽布置

三板溪枢纽由混凝土面板堆石坝、右岸引水发电系统和左岸开敞式溢洪道、泄洪洞等建筑物组成。大坝分为两部分，河谷布置主坝，左岸条形山脊布置副坝，溢洪道位于主、副坝之间。

拦河大坝：主坝最大坝高 185.5m，坝顶长度 423.3m。副坝利用原条形山脊岩质山体作为坝体的一部分，为贴坡坝型，从趾板建基面起算最大坝高 50.5m，从下游建基面起算最大坝高 92.1m，坝轴线处最大坝高 26.5m，坝顶长度 233.7m，主、副坝上下游坝坡均为 1:1.4。

溢洪道：布置在左岸，位于主坝和副坝之间，为岸边开敞式溢洪道。溢流堰堰型为 WES 实用堰，堰顶高程 456.00m，设 3 孔溢流表孔，孔口闸门尺寸为 20m×19m（宽×高），出口采用斜鼻坎挑流消能。设计洪水位时下泄流量 10306m³/s，校核洪水位时下泄流量 13100m³/s，最大流速 45.6m/s。

泄洪洞：位于溢洪道左侧，塔式进水口底高程 400.00m，进水口设 2 孔 5m×9m（宽×高）的深孔，其后接 12m×13m（宽×高）的城门洞型无压隧洞，总长 745m，出口采用斜鼻坎挑流消能。设计洪水位时下泄流量 2880m³/s，校核洪水位时下泄流量 2940m³/s，洞内最大流速 41m/s。

右岸引水发电系统：地下厂房装有 4 台单机容量为 250MW 混流式水轮发电机组，电站进水口为岸塔式，4 条引水隧洞内径均为 7.0m，单机单洞引水。主厂房尺寸为 147.5m×22.7m×55.8m（长×宽×高），主变开关室位于主厂房下游，尺寸为 132.0m×18.6m×32.5m（长×宽×高）。尾水系统采用"2 机 1 井 1 洞"的布置方式。尾水管下游设尾水调压井，尾水调压井为阻抗式，内径 24m，总高度约 73m。调压室后接尾水隧洞，两条尾水隧洞内径均为 12.0m。

6.3.1.3 运行方式

1. 水库运行方式

三板溪以梯级补偿的运行方式为主。非补偿期为 4—10 月，水库以蓄水为主，补偿期为 11 月至次年 3 月，水库为下游梯级进行补偿发电，一般年份水库 4 月放水至年消落水位 448.50m，5 月开始蓄水，电站在蓄水过程中满足 120MW 最小平均出力的要求，以充分发挥三板溪水电站在电力系统中的容量效益。通常 7—8 月可蓄至正常蓄水位，之后水电站按天然来水量发蓄出力。水库自 11 月进入枯水期，水电站运行以补偿调节为主。

水库多年平均运行水位为 464.52m，相应保证率约为 60%。三板溪水库各月平均运行水位见表 6.3-2，水库调度如图 6.3-2 所示。水库多年平均弃水流量 3.15m³/s，水量利用系数达 98.8%，水量利用较充分。

表 6.3-2　　　　　　　三板溪水库各月平均运行水位表

月份	1	2	3	4	5	6	7	8	9	10	11	12	年均
水位/m	460.00	455.00	447.00	452.00	465.00	473.00	475.00	475.00	472.00	471.00	470.00	466.00	465.00

由表 6.3-2 可见，三板溪水库建成蓄水后，径流调节使下泄流量变化趋于均匀，6—11 月水库平均运行水位高于 470.00m，在供水期末的 3 月水库平均运行水位最低

为 447.00m。

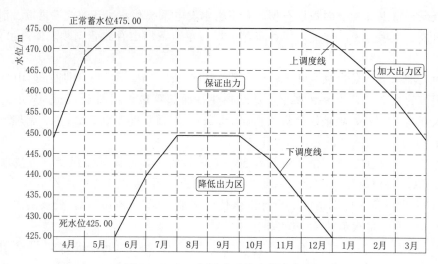

图 6.3-2　三板溪水电站水库调度图

2. 电站调度运行方式

（1）当三板溪水库坝前水位蓄至正常蓄水位 475.00m，且入库洪峰流量小于电站最小泄洪流量 4870m³/s（电站满发流量与溢洪道最小安全下泄流量 4000m³/s 的合计出库流量）时，按以下小洪水调度方案运行。

1）汛期 5—7 月中旬，当三板溪水电站水库坝前水位为正常蓄水位 475.00m，且入库洪峰流量大于此时电站全厂发电流量时，开启溢洪道闸门，按溢洪道最小安全泄量 4000m³/s 下泄；当库水位降至 474.00m 后，关闭溢洪道闸门，只通过机组发电过流，直到水库回蓄至正常蓄水位 475.00m；若此时入库洪峰流量仍大于电站全厂发电流量，且其差值小于 4000m³/s，则再次开启溢洪道，按溢洪道最小安全泄量 4000m³/s 下泄；在此过程中，三板溪水库坝前水位最低消落至 474.00m，最高不超过正常蓄水位 475.00m。白市水电站可按原设计的洪水调度方案运行。

2）汛后（7 月下旬至次年 4 月），三板溪水电站洪水调度与汛期一致。但三板溪开闸泄洪前，白市水电站需通过三板溪水库洪水预报，将库水位预泄至 298.00m 运行，白市水电站控制出库流量（含电站发电流量）为 4296～4570m³/s。

（2）当三板溪水库坝前水位蓄至正常蓄水位 475.00m，且入库洪峰流量大于电站最小泄洪流量 4870m³/s 时，三板溪水库按如下调度方式运行：

1）当入库洪峰流量小于或等于洪水重现期 20 年的洪峰流量时，除考虑机组发电过流外，同步同开度均匀开启溢洪道 3 孔闸门，按来流量控制泄洪，控制坝前最高水位不超过正常蓄水位 475.00m。

2）当洪峰流量大于洪水重现期 20 年的洪峰流量时，除发电过流外，应同步全开度开启溢洪道 3 孔闸门和同步全开度开启泄洪洞 2 孔闸门联合泄洪，水库敞泄，水库水位自然壅高。洪峰过后，水库水位尽快回降至正常蓄水位 475.00m。

3）对各频率洪水，经调洪后的最大下泄流量，不得大于该次洪水过程最大流量。

按照上述调度规则，对三板溪水库各频率入库洪水进行调洪计算，成果见表6.3-3。

表6.3-3　　　　　　　　三板溪水电站工程安全调洪计算成果表

项　　目	P/%				
	1	0.5	0.2	0.1	0.01
1．起调水位/m	475.00	475.00	475.00	475.00	475.00
2．入库最大流量/(m³/s)	14200	16200	18800	20600	27000
3．坝前最高水位/m	475.04	475.43	476.21	476.92	479.29
4．最大下泄流量/(m³/s)	13100	13400	13600	14200	16300
其中：泄洪洞流量/(m³/s)	2840	2850	2870	2880	2940
溢洪道流量/(m³/s)	9820	10100	10730	11320	13360
厂房发电流量/(m³/s)	450	450	0	0	0
5．下游最高水位/m	337.33	337.58	337.73	338.22	339.84

由表6.3-3可知，按正常蓄水位475.00m水位起调，500年一遇洪水削减洪峰约5200m³/s，设计洪水位476.21m；10000年一遇洪水可削减洪峰约10700m³/s，校核洪水位479.29m。若按三板溪水库汛期控制水位起调，当发生各频率洪水时，三板溪相应的库水位将较前者降低，削减洪峰也大于前者，对上、下游的防洪安全是有利的。

6.3.1.4　研究背景

三板溪水库蓄水运行后，充分发挥了防洪、发电、供水等功能，取得了显著的综合效益。但由于库区水深显著提高，产生了明显的水温分层现象。2007—2014年三板溪水库坝前1km断面的水温实测数据表明：坝前水温呈明显的分层结构，表层（水深5m以上）水温随气温变化明显；水深5m以下至某个水深范围为变温层；其中5～60m水深范围的水温变化梯度相对较大，为温跃层；60m以下水深水温变化梯度小，80m以下底部水温基本上维持在10℃左右。

显著的水温分层使得春、夏季节枢纽下泄水体水温低于天然情况水温，引起坝下天然河道的水温改变，对农田灌溉、工业供水、生活用水、下游河流的水质和生态平衡以及库区水的利用（养殖、娱乐）等方面都产生重要影响。在众多生态问题中，以下泄低温水对鱼类栖息地环境的影响最为严重，电站排到下游河道的低温水体会破坏自然河道中鱼群及其他生物群体的生存环境，影响其生存和繁衍，甚至濒临灭绝。因此，对于深水水库水电站而言，需采取一定的工程措施，通过实现电站的分层取水，使电站使用上层温度较高水体进行发电，提高下泄水温，从而保证下游水生生物的正常生存环境。

6.3.2　物理模型试验研究

6.3.2.1　试验内容及模型建立

基于实测地形数据建立三板溪水库坝前水域物理模型，库区地形采用砖石砌筑，表面为砂浆抹面；构建后的物理模型库区地形如图6.3-3所示。模型中加热装置采用6根8kW、380V大功率全密封潜水型电热管，

图6.3-3　物理模型库区地形

该电热管具有升温快、安置高度调节简便、安全、经济等特点。电热管悬挂布置，通过上下调节其淹没深度达到所需温度分布。电热管示意图如图 6.3-4 所示。

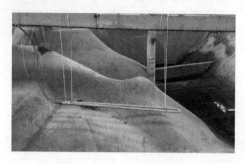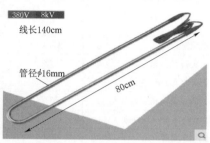

图 6.3-4　电热管示意图

对于水库坝前水体运动，若所研究的对象是均质水体，重力对坝前水体流动起主导作用，因此保证几何相似，同时遵循重力相似准则即可。但由于水库处于一种明显的水温分层状态，重力和由密度差产生的浮力对坝前水体流动均起主导作用，因此理论上需保证模型与原型的流速和水温场均相似。对于考虑温度的黏性流体运动，控制方程主要有连续性方程、N-S 运动方程和能量方程。流速场和温度场均相似需保证原型和模型的诸多参数相似，包括弗劳德数 Fr、欧拉数 Eu、雷诺数 Re、密度弗劳德数 F_d 和贝克来数 Pe，但在水工模型试验中同时满足这些条件是十分困难的，因此可根据所研究问题的特点，进行适当取舍，保证模型与原型的主要流动特性相似。

在上述相似参数中，欧拉数 Eu 反映压力与惯性力的相互关系，对于重力起主要作用的库区水体流动，属非决定性准数，通常不予考虑。雷诺数 Re 反映水体黏性效应，对于库区水体流动，黏性效应主要作用于紧贴壁面的边界层内，边界层外的流动区域黏性效应可以忽略。贝克来数 Pe 用来表示对流与扩散的相对比例，对于大型分层水库，电站在进行小流量泄水时，坝前水域受进水口牵引形成水温分层流，水体流速较低，流线基本呈水平直线，水体垂向掺混较少，层间对流较弱，因此贝克来数 Pe 可以忽略。在稳定的水温分层条件下，分层流所输送的热量取决于流速分布。因此，对于两个系统的热运动，表征水体重力的弗劳德数 Fr 和表征浮力的密度弗劳德数 F_d 相等将保证水温分层的相似，同时，弗劳德数 Fr 相等可保证流动相似。总之，分层型水库取水流动的相似条件归纳为：在几何相似的前提下，保证研究区域内的弗劳德数 Fr 和密度弗劳德数 F_d 相等。满足上述条件时，坝前分层水体经进水口出库的水温是相似的。得出在保证模型与原型的弗劳德数 Fr 和密度弗劳德数 F_d 相等的相似条件下，模型与原型出库水温的换算关系为

$$T_H = T_M + (T_{BH} - T_{BM}) \tag{6.3-1}$$

式中：T_H 为原型出库水温，℃；T_M 为模型出库水温，℃；T_{BH} 为原型基础水温，℃；T_{BM} 为模型基础水温，℃。即需保证原型和模型中的垂向水层温差相似。综合考虑场地和测试条件等，确定物理模型的几何比尺为 $\lambda_L = 150$（原型量/模型量），同时保持模型与原型的弗劳德数 Fr 和密度弗劳德数 F_d 均相等。物理模型的主要水力要素及其比尺见表 6.3-4。

表 6.3-4　　　　　　　　　　　物理模型的主要水力要素及其比尺

相似准则	物理量	比尺关系	模型比尺
重力相似准则 （弗劳德数 Fr 相等）	长度	λ_L	150
	流量	$\lambda_Q = \lambda_L^{2.5}$	275567.6
	力	$\lambda_F = \lambda_L^3$	3375000
	时间	$\lambda_t = \lambda_L^{0.5}$	12.2
浮力相似 （密度弗劳德数 F_d 相等）	温度	$T_H = T_M + (T_{BH} - T_{BM})$	—

采用上述加热方案对模型内水体进行加热，模拟 5 月的水温分布。根据 3.2 节中的模型与原型水温换算关系，将模型水温减去基础水温差后与原型水温分布进行对比，如图 6.3-5 所示。从图中可以看出，模型换算后水温与原型水温分布基本吻合，所采取的分层加热方式能准确模拟原型水温分层。

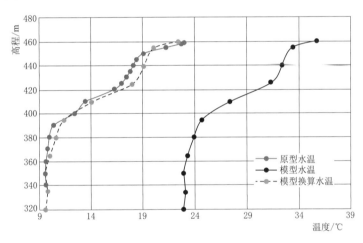

图 6.3-5　5 月原型与模型水温对比图

6.3.2.2　试验结果与分析

（1）5 月水温分布。选取 5 月水温分布时，在幕布形式分别为过流水深 18m、30m 及无幕布三种工况下进行模型试验。试验结果如图 6.3-6 所示。

从 5 月模型试验下泄水温图中可以看出，当选取幕布过流水深为 18m 时，水温控制幕实施后下泄水温为 32℃，较实施前的 30.9℃提高了 1.1℃。

（2）6 月水温分布。选取 5 月水温分布时，针对幕布过流水深为 18m 和无幕布两种工况进行模型试验。试验结果如图 6.3-7 所示。

从图 6.3-7 可以看出，当幕布过流水深选为 18m 时，水温控制幕实施后下泄水温为 33.8℃，较实施前的 32.3℃提高了 1.5℃。

（3）改善效果总结。针对 5 月、6 月两个月的模型试验结果来看，幕布实施后水温都较实施前有所提高。通过对比可以看出水温控制幕能够有效地改善水温分层导致的下泄低温水情况，而且随着水温梯度的拉大，改善效果会更加明显。

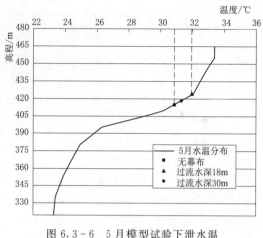

图 6.3-6　5月模型试验下泄水温

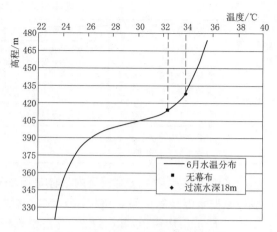

图 6.3-7　6月模型试验下泄水温

6.3.3　数值模拟研究

6.3.3.1　工况设置

为研究水温控制幕改善下行低温水效果，以下泄低温水对鱼类产卵影响较大的3月、4月、5月为代表典型月进行数值模拟，水位边界采用各月多年平均水位，下泄流量均为电站正常发电流量（870m³/s），入库水温分布边界即为各月实测值。计算工况设置见表6.3-5。

表 6.3-5　　　　　　　　　　　计 算 工 况 设 置 表

工况	工况1	工况2	工况3
月份	3月	4月	5月
水位/m	447.00	452.00	465.00
过水高度/m	25	25	30
上纲高程/m	422.00	427.00	435.00
流量/(m³/s)	870	870	870

6.3.3.2　水温控制幕改善下泄低温水效果分析

基于已建立的三维水流和水温数值模型，进行幕布布置前和幕布布置后的库区水温数值模拟，分析幕布布置对水库低温水改善效果。

（1）工况1（3月）计算结果。图6.3-8（a）为工况1下幕布实施前后流速矢量与水温分布云图，图6.3-8（b）为工况1幕布实施前后坝前水温分布曲线与下泄水温图，可以明显看出幕布实施后，阻断了温跃层下部和底层低温水的行泄通道，高温水逐渐将主流带区域水体置换掉，幕布下游水体中，高程420.00m以下的水温整体提高，其中高程420.00～447.00m之间水体经过置换后水温均为13.0℃左右。

幕布实施后下泄水温13.17℃，较幕布实施前的12.93℃提高了0.24℃，提升幅度较小。分析原因是三板溪水库在三月表底温差较小（3.8℃），水库蓄水对下泄水温的影响较

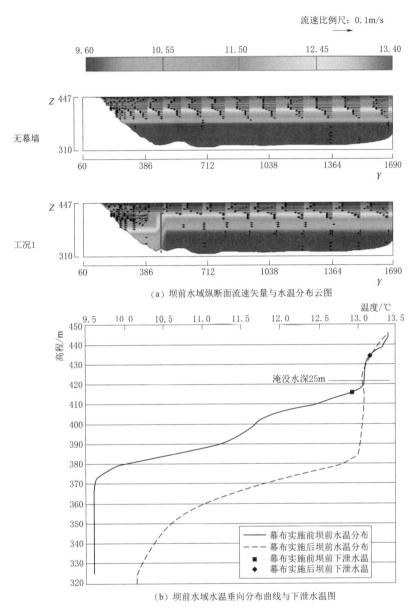

（a）坝前水域纵断面流速矢量与水温分布云图

（b）坝前水域水温垂向分布曲线与下泄水温图

图 6.3-8　工况 1（3 月）计算结果

小，水温控制幕布实施后提升下泄水温幅度虽然较小，但也进一步减小了水库蓄水对下泄水温的影响。

（2）工况 2（4 月）计算结果。图 6.3-9（a）为工况 2 下幕布实施前后速度矢量图与水温分布云图，图 6.3-9（b）为工况 2 幕布实施前后坝前水温分布曲线与下泄水温图，坝前垂向水温分布中温跃层水体温度整体升高，高程 430.00m 以下的水温得到整体提高。

幕布实施后下泄水温 13.61℃，较幕布实施前的 13.10℃ 提高了 0.51℃，提升幅度较 3 月大，水温控制幕布的实施进一步减小了水库蓄水对下泄水温的影响。

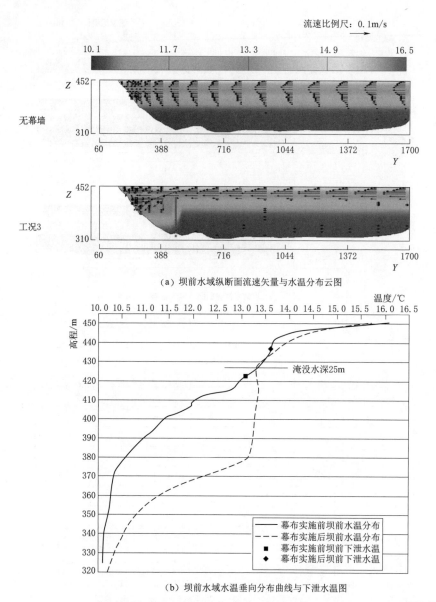

（a）坝前水域纵断面流速矢量与水温分布云图

（b）坝前水域水温垂向分布曲线与下泄水温图

图 6.3-9　工况 2（4 月）计算结果

（3）工况 3（5 月）计算结果。图 6.3-10（a）为工况 3（5 月）下幕布实施前后流速矢量图与水温分布云图，图 6.3-10（b）为工况 3（5 月）幕布实施前后坝前水温分布曲线与下泄水温图，坝前垂向水温分布中温跃层水体温度整体升高，其中高程 370.00～430.00m 之间的水体经过置换后，水温得到明显提高。

水温控制幕实施后下泄水温 17.92℃，较实施前的 15.26℃提高了 2.66℃。幕布实施后，阻断了温跃层下部和底层低温水的行泄通道，温度较高水体通过幕布断面将坝前主流区域水体置换掉，使幕布下游水体温跃层水体温度整体提高，有效改善下泄低温水问题。

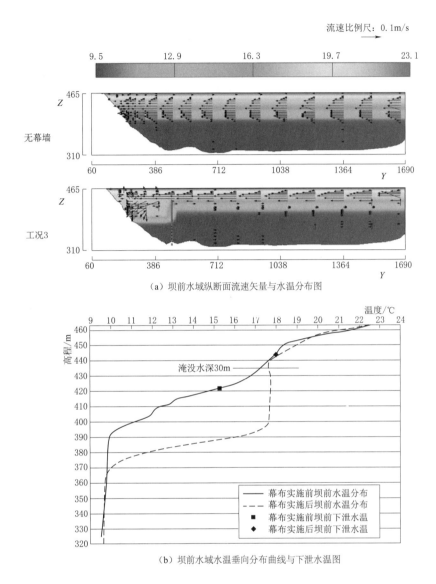

（a）坝前水域纵断面流速矢量与水温分布图

（b）坝前水域水温垂向分布曲线与下泄水温图

图 6.3-10 工况 3（5 月）计算结果

6.3.4 水温控制幕改善低温水效果总结

表 6.3-6 为典型工况幕布实施前后各月下泄水温计算值表，可以看出水温控制幕能够有效地改善水温分层导致的下泄低温水情况，尤其是在水温分层现象明显，温度梯度比较大的情况下，水温控制幕使 3—5 月下泄水温最大提高了 2.66℃。

三板溪水库在 3 月（3.8℃）和 4 月（6.4℃）表底温差较小，且水位较低，无幕布下的下泄水温已经较接近于表层水温，水库蓄水和泄水对下游河道水温的影响较小。水温控制幕的实施虽然提升下泄水温幅度较小，但进一步减小了水库对下游河道水温的影响。三

表 6.3 - 6　　　　　　　　典型工况幕布实施前后各月下泄水温计算值表

工况	月份	下泄水温/℃		
		幕布实施前	幕布实施后	改善值
工况 1	3 月	12.93	13.17	0.24
工况 2	4 月	13.10	13.61	0.51
工况 3	5 月	15.26	17.92	2.66

板溪水库在 5 月 (13.0℃) 的表底温差较大,水温控制幕实施后下泄水温为 17.92℃,较实施前的 15.26℃提高了 2.66℃。幕布实施后,阻断了温跃层下部和底层低温水的行泄通道,温度较高水体通过幕布断面将坝前主流区域水体置换掉,使幕布下游水体温跃层水体温度整体提高,有效改善下泄低温水问题,使其接近来流水温,从而缓解对下游生态环境的影响。

6.4　取水塔水温控制幕分层取水研究

　　本节以澳大利亚 Burrendong 水库取水塔水温控制幕为例[110],介绍不同分层取水措施的原理、典型案例和成本,水温控制幕实施后改善下泄水温效果。

6.4.1　工程概况与研究背景

6.4.1.1　工程概况

　　Burrendong 大坝位于澳大利亚 Macquarie 河上,主要调蓄上游的 Macquarie 河和 Cudgegong 河上的径流。大坝建于 1967 年,坝高 76m,库容 11.18 亿 m³。水库主要为澳大利亚新南威尔士西部内陆地区提供农业灌溉用水、城镇生活用水和下游 Macquarie 湿地的环境流量[111]。大坝正常蓄水位 344.00m,取水口高程 312.00m,由于大坝取水口高程较低,在水温分层阶段下泄了大量滞温层的低温水体。由于水温分层主要发生在夏季,与农业灌溉用水时间基本一致,因此高达 10℃温差的冷水将对下游超过 300km 河段的水温产生影响,进而影响农作物(主要为棉花)的生长[112-113]。因此,需要采取有效的解决方案,缓解因低温水下泄带来的人类活动和河流健康的问题。

　　Preece 等[114]将 Burrendong 大坝确定为可能导致冷水污染的"高度优先"水库。因为根据他们对新南威尔士州的大坝和堰结构进行的评估和根据取水量和取水深度等标准进行排序的结果,在新南威尔士州 304 座水利工程中,Burrendong 大坝排名第 5。

　　Burrendong 水库水温控制幕于 2014 年建设完工。建设主要目的是减少低温水下泄对当地鱼类和农业灌溉的影响。

6.4.1.2　研究背景

　　1. 生态环境影响研究综述

　　大型水库的表层水会因太阳和周围的空气温度升高,在夏季会发生明显的水温分层。

温暖的表层水会覆盖寒冷而密度较大的底层水（滞温层）。当从滞温层中取水时，在大型水温分层水库下游河道中通常可以观察到冷水污染现象。冷水下泄会导致河流温度下降多达 12℃[113,115]，温降影响可能会持续数百千米。随着离大坝越来越远，温降幅度会逐渐减小[115-120]。在水温分层期间，滞温层可能会发展成低浓度的缺氧环境，这会导致与沉积物结合的营养盐释放到水体中[121-122]，导致下游水体发生化学变化，例如营养盐和金属含量增加。底层水下泄可能对下游河流的健康产生负面影响，包括影响鱼类产卵和生长，高水平养分富营养化以及高溶解金属含量[122-126]增加。

当前大多数可用于缓解冷水污染的方法造价成本高昂。减轻冷水污染最有效的选择之一是多层取水，可以有选择地从水库中抽取所需深度的水体[126-127]。据报道，2000 年的花费约为 2500 万澳元[70]，相当于 2014 年的约 3700 万澳元，该系统还存在改变取水深度需要花费大量时间（几天）和人力（1~2 名操作员）的缺点。安装在 Burrendong 大坝中的水温控制幕是一种创新的方法，它比多层取水便宜（约 400 万澳元）。幕布呈圆柱形，环绕取水塔并向上延伸至水面，幕帘的顶部设计在位于水面以下 3~10m 处，将温度较高的表层水输送至取水塔并通过大坝流向下游。连接到取水塔的链条-滑轮系统已经使幕布可以机械化操作，可以根据需要调节深度。尽管与多层取水结构相比，其控制和选择性较少（不能下泄任意高度的水体），但可以控制表层水流从幕帘中流出。

然而，通过选择性地从分层水库的上层抽取水，下游营养水平可能受到影响。虽然营养成分在滞温层中通常较高，但它们通常在水库的表层被消耗掉[117]。通过从上层水中抽取水，麦格理河下游河段中的营养浓度与前几年相比可能会下降，因为前几年是通过底孔将滞温层的水体排放到下游。

水温控制幕的潜在缺点是可能增加下游浮游植物的数量，包括有毒的蓝绿藻（蓝藻）。在帷幕安装前，大坝底部释放水体的浮游植物浓度较低。一旦安装好帷幕，从表面抽取水，将向下游释放更高浓度的浮游植物。当水库分层时，情况尤其如此，因为在此时浮游植物的生物量通常最大，而有毒蓝藻往往占主导地位[118]。如果释放表层水，这些较高的浮游植物浓度可能会在下游持续相当长的距离，并且如果含有有毒蓝藻，将会对用水者和下游生态系统的生态健康构成风险[119]。

因此，需要进行研究以量化 Burrendong 大坝所引起的麦格理河上冷水污染的大小和范围，并评估水温控制幕在减少冷水污染及其对下游营养物浓度和藻类（包括蓝藻）等其他影响方面的有效性。如果有效的话，可能会采用水温控制幕来解决受冷水污染影响的其他大型大坝的冷水污染问题。因为在新南威尔士州，大约有 55 个大坝都存在冷水污染的问题[128]。

2. 研究目的和假设

研究目标有三：目标 1，以安装水温控制幕前的运行调度来量化 Burrendong 大坝下方的冷水污染（温度）程度，并以此作为研究比较的基础，以评估水温控制幕在减小近坝段冷水污染程度方面的有效性。目标 2，对水温控制幕使用前后下游冷水污染的距离和程度进行评估，研究结果有助于水温控制幕的有效管理和运行。目标 3，该研究还评估了大坝在帷幕安装前后麦格理河中营养浓度，以揭示水温控制幕对下游浮游植物和蓝藻浓度的影响。这三个目标的实现需以下列特定的假设为前提。

目标 1：对比水温控制幕运行前后下游河道数据，确定大坝对麦格理河热力状况的影响。该目标的实现基于三方面的假设：首先，认为通过温度历史数据的分析能够充分表明最热月份大坝下游冷水污染的发生率；其次，水温控制幕的运行能够明显提升下游河道水温，其对下游温度的变化影响能够被揭示；最后，水温控制幕运行条件下，沿着麦格理河的热恢复距离将减小。

目标 2：确定大坝在水温控制幕运行前后对近坝段的麦格理河营养成分浓度的影响。该目标的实现基于三方面的假设：首先，在分层期间，滞温层比表层具有更高的营养物浓度和更低的溶解氧（DO）浓度。其次，在分层期间，滞温层下泄水体的营养物浓度将大于水库下游历史上天然河道的营养物浓度。最后，在水温控制幕实施后，表层水体下泄条件下的下游营养成分浓度比滞温层水体下泄条件下低。

目标 3：确定在水温控制幕运行前后，大坝对麦格理河中浮游植物浓度（叶绿素 a）和蓝藻浓度的影响。该目标的实现基于两方面的假设：一方面，在水温控制幕运行之前，大坝下游下层释放中的叶绿素 a 的浓度较低。另一方面，使用水温控制幕和表层水下泄后，大坝下游叶绿素 a 的浓度和蓝藻浓度将增加。

针对目标 1 的三个假设，选取大坝上游 108km 至下游 312km 处的麦格理河监测地表水温度。通过监测不同深度水体温度状况，明确水温分层时段。上游站点将用作参考站点，以表示河流的自然、不受水库影响的水温情况。

针对目标 2 的三个假设，监测在混合和分层期间大坝上游和下游的营养物质（总磷、总可溶性磷、氧化氮、总氮、总可溶性氮、氨、二氧化硅和可逆溶活性磷）以及深度范围内的铁浓度。监测工作将从水温控制幕运行的前一年开始，直到运行后的一年。

针对目标 3 的两个假设，监测水库内叶绿素 a 的浓度，并沿河流纵向从上游 104km 到大坝下游 152km。同时在大坝下游监测蓝藻的浓度。监测周期与营养盐监测一致。

3. 水库营养动力学研究

（1）水库内部动力学。营养物质主要从上游来流进入到水库中，这一过程通常称为外部营养负荷[129]。河流的营养含量和水质取决于河流的泥沙输送、来源地土壤类型、土地利用、水流速度和侵蚀速率，并随地区而变化[130]。营养物质从河流进入水库中，在水库中水流速度的迅速下降导致颗粒的沉积。生物和非生物颗粒在水库中混合沉积导致磷和氮与沉积物结合的保留。随后，水库下游的水生环境在水库混合期间养分浓度降低[131-132]。

内部营养负荷对分层水库内水体的营养成分有很大贡献，并受外部营养负荷的影响[129]。内部负荷通过沉积物中养分的释放而发生，并且取决于氧气动力学和水库的沉积历史[130]。氧跃层的发展通常与水库的热分层相吻合，这是由多种因素共同导致的，这些因素包括在大气层中分解生物的过程以及在温跃层以下生物分解过程中细菌的呼吸作用[133]。缺氧条件可以降低沉积物-水界面的氧化还原作用，创造一个有利于释放沉积物结合的营养物质和离子（如磷，氮和铁）的环境[121-122,134-137]。在可能观察到上层水域的化学性质发生显著变化之前，必须使水体中的溶解氧浓度在沉积物-水界面处达到 2mg/L 以下[135]。因此，在分层期间，滞温层通常富含营养，而表水层通常缺乏营养。当水体在较冷的月份进行混合时，各层结合在一起，常常导致富营养化[129]。

（2）水库下游。水库通过生物和非生物颗粒的沉降形成了阻碍营养物运输的物理障碍[132]。因此，下游河段获得的基本营养较少。在温分层期间，水库底孔可以释放出高浓度营养物质和金属以及低二氧化硅的缺氧水[138]。因此，大坝可以改变下游的营养含量，在水库水体分层不明显的季节充当营养物质的汇，在温暖的月份分层期间充当氮、磷和铁的源。

4. 浮游植物动力学研究

（1）水库内部动力学。浮游植物的季节性演替受水库分层模式的影响，通常在春季以小中型硅藻为主，初夏以绿藻和大型硅藻为主，其次是沟鞭藻类，夏末以蓝藻为主，秋季又变为硅藻[118]。在水体混合期间的水流支持了快速生长的浮游植物（如硅藻）的生长和持续，这些浮游植物往往在静止的环境中下沉[139-140]。绿藻在蓝藻接管营养贫乏的表水层之前在初夏占据主导地位[141]。在分层期间，有些物种可以在仍然静止且透明度高的水域能够主动选择调节其在水体中的位置以接收更多光[142]。例如，一些蓝藻可以通过使用气体囊泡和黏液含量来控制细胞的浮力，而另一些浮游植物可以通过使用鞭毛允许的活跃运动来调节位置[143]。这些特征可以使蓝藻在夏季主导浮游植物群落[144]，尽管这些物种在生长环境缓慢的典型条件下往往竞争力不够[145]。

（2）水库下游。环境条件不同，从而占优的浮游植物种类也不同。具有大、圆或细长形细胞且生长速度较快的物种（例如硅藻[168]）通常在较高速度、湍流和可利用光变化强的水体中占优[146-147]。当缓流中占优的浮游植物（通常是生长较慢能够调节其在水体中位置的物种）通过大坝泄流到急流水体中时，它们通常在大流量时期竞争不佳[145]。

当水库中有缓流种群被下泄到下游时，大坝的泄流也可能决定下游河流浮游植物的群落组成[148]。因此，河流中浮游植物的群落结构和纵向分布发生了变化[117,148-149]。

5. 对下游鱼类的影响研究

现有文献中很少有关河流热力状况改变对生物群的影响方面的研究，然而人们非常关注这对本地和外来鱼类的影响。大坝下游的水温降低会对本地鱼类物种产生负面影响。鱼是冷血生物，这意味着环境温度决定了它们的体温。它们在一定的温度范围才能生存、生长、发育和繁殖[125]。因此，低于这些自然范围的温度会导致生物体的新陈代谢和生长减慢，以及繁殖成功率降低，这对本地物种的生存能力构成了严重威胁。大量事实表明，低水位大坝的水体下泄会导致河水温度的降低，并直接对本地鱼类种群产生负面影响[112,150-162]。Astles 等[123]研究了一条冷水河流水温对幼鱼生长速度和存活率的影响，结果表明暴露在自然水流温度范围内的群体比在低于自然水流温度范围 10℃ 的情况下的群体增长得更多，暴露在寒冷温度下的群体也表现出较低的存活率。Todd 等[125]发现 Dartmouth 大坝的非自然冷水下泄严重威胁了 Mitta 河内默里鳕鱼种群的生存，暴露于低于 13℃ 的温度的卵和幼虫的存活率为 0。这些研究表明，暴露于大型水坝以下的冷水污染的本地鱼类物种生存面临风险。

水生生物群对冷冲击的响应也是大坝冷水下泄的生态系统健康的一个主要问题。它是由于温度突然降低而产生的，通常与水体下泄深度的突然变化有关，这是通过多级水体下泄产生的[128]。冷休克对鱼类的影响已有很多研究[123,128,151]，但鲜有关于对其他水生生物影响的资料。鱼类表现出的一系列症状，从不协调的游泳到陷入昏迷状态这取决于温度变化引起的应激反应的严重程度，这些行为的改变使受影响的生物容易受到水流或捕食者的伤害或死亡[151]。

6.4.2　不同分层取水措施比较

在 Burrendong 水库最终采用水温控制幕方案之前，考虑过多种替代方案，并对不同方案的效果、造价、技术问题进行了系统分析[70]。在本节将首先介绍不同水温分层取水措施的原理、经典案例和建造及运行成本，然后针对 Burrendong 水库分析各种方案的可行性以及成本。

6.4.2.1　不同水温分层减缓措施介绍

总体而言，缓解低温水下泄带来的影响主要分两类措施：其一为利用水库温度分层，其二为破坏温度分层。第一类主要依靠分层取水措施，取到目标水温层的下泄水体。这种措施对于分层水体都能够适用（如温分层和盐分层）。第二类主要采用人工的破坏分层手段，一般采用在底部将压缩空气注入水体或者在表面机械混合搅拌的方法，主要适用于低温水下泄情况。

分层取水的物理机制。分层取水假设取水体积相对于水库库容很小，密度是决定目标下泄水体区域大小的主要因素。越靠近取水口，目标下泄水体流速越大，所在层厚度越小。对于绝大多数情况，下泄水体层厚度为 3～15m，分层温度梯度为 1.2℃/m（强）到 0.07℃/m（弱）。实际运行中为了能够控制下泄的水温，取到目标温度的水体，需要改变取水口的高程，通常是通过修建多个高程的取水口来实现这一目标（图 6.4-1）。

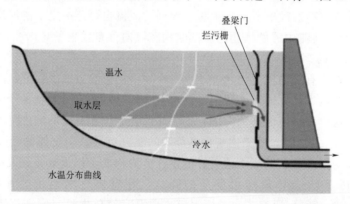

图 6.4-1　多层取水措施下泄目标水体层的水体（通常采用叠梁门措施）

破坏温度分层。在水库中可以采用人工破坏分层的措施，减小水库表面和底部的温度差。这可以通过采用空气泵或者混合器在水库中形成大尺度的环流。在这种条件下，冷水被从底部带到表面，在这个运动过程中，形成了圆锥形的射流（图 6.4-2），或者形成羽流卷吸周围的流体。在射流或羽流的表面温度介于底部和顶部温度之间，在径向扩散一个较短距离（5～7m）后，水体侵入到密度达到水库中密度相同的一个深度。大尺度的环流，一般有两个区域（也有多个的可能），在侵入层上方和下方分别有一个环流，上方环流为逆时针方向，下方环流为顺时针方向。环流的净效果就是减小水温或溶解氧的梯度。梯度减小的幅度跟射流或羽流的强度有关，射流或羽流强度越大，分层破坏程度越大。温分层破坏的效果很大程度上与当地的气候和分层水体的体积有关。越大型的水库需要的破坏分层系统越大，因此投资也越大。Lorenzen 等[152]提出了每公顷水面需要 150L/s 的压缩空气泵的基本预算。更多有关空气泵设计细节的理论分析可以参阅 Schladow[153]。破坏分层的系统越大，实现预期效果的时间越短。当分层减弱时，人工破坏分层效能通常变低。为了缓解低温水下泄，在将下泄水体提高到比表层水温低 2~3℃ 的过程中，破坏温分层的能效的损失不是重要的。一旦达到目标温度后，其他的水质目标，例如增加溶解氧也会相应实现。

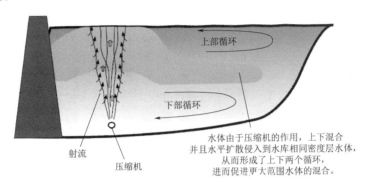

图 6.4-2　人工破坏水体分层结构物理机制示意图

以下针对常见的几种缓解低温水下泄不利影响的措施进行介绍，主要介绍每种措施的理论背景、典型案例和建设与维护的成本。

1. 破坏水体温度分层

（1）理论背景。破坏整个水体的分层，提高滞温层的温度，从而提高底孔下泄的水体温度。破坏分层通过增加水库内环流，使得表面温度较高的、富氧的水体流动到底部，如图 6.4-3 所示。表层水体运动到底部的量随着破坏分层的空气量或者混合器流量增加而线性增加。分层措施通常会增加滞温层溶解氧的浓度，可以为鱼类和浮游动物提供潜在栖息环境。温度的增加同样也会增加滞温层溶解氧的需求。同时需要注意避免因破坏水体分层而导致的泥沙再悬浮等负面效应。

如果破坏分层的目的仅仅是增加下泄水体的温度，那么破坏分层的设备只需要在春季到初夏这个阶段运行。只要最小的水库温度超过了预期临界值，就关闭系统。一旦破坏了分层，就不再有下泄低温水的可能性，直到下个冬季的到来。该措施默认在夏季和秋季没有产生不利影响的外部冷水进入水库。这种方法的一个重要结果就是一旦系统停止运转，滞温层的缺氧状态将迅速恢复，同时会产生有毒的硫化氢。因此需要在水体下泄之前去除硫化氢。

（2）典型案例。破坏分层措施有大量的实际案例（如 Chaffey 大坝），实际案例证明只要选择合适的系统就能够有效地提升水库温度至每天的平均气温。只要流域地质化学条件合适的话（通常能够满足），这种方法同样能够显著减少泥沙中内源营养物质的释放。

美国田纳西河谷管理局成功地应用了取水口结构局部水温结构破坏系统来降低Belews Creek 炼油厂的浓缩冷凝水的温度。在该系统中，在冷却系统的进水口处使用了一

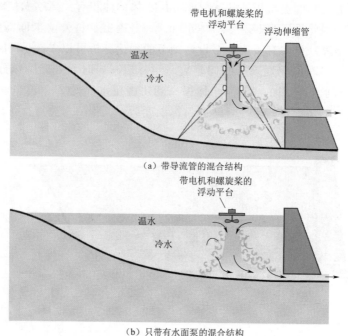

（a）带导流管的混合结构

（b）只带有水面泵的混合结构

图 6.4 - 3　破坏水体分层设施示意图

个气泡泵来将滞温层水体直接提升到进水口。这样该系统不会破坏整个水库的温度分层。需要注意的是，将其称为破坏水温分层措施可能会引起一定误解，因为这里仅仅采用气体射流提升水体到取水口，而很小或没有破坏整个水库的水温分层。

（3）成本。North Pine 大坝（Samsonvale 湖）是为布里斯班市供水的大型水库。水库库容约为 3.5 亿 m^3，拥有目前技术领先的气泵破坏分层系统。该系统建造费用为 40 万美元，每年运行费用约为 10 万美元。安装该系统主要是为了控制蓝藻的增长。尽管该系统不能完全持续地消除分散的、相对较浅的表层水体混合层，但是还是能够减少内部营养盐负荷从而实现了控制藻类数量的目的。

下面将介绍各种方案的基本情况。

从 North Pine 大坝的经验来估计新南威尔士州更大的水库建设类似系统的成本。这些水库被确定为最迫切需要建设类似系统。这些水库中的 4 个水库有超过 100 亿 m^3 的库容，由于建设成本与建设库容规模基本呈线性关系，因此建设类似系统最少需要 150 万美元。最保守的估计需要连续运行 3 个月，通过 2～3 个星期的泵气，水温逐渐升高，6 个星期就能稳定。运行成本与压缩机规格和水库分层深度有关。以 North Pine 大坝的经验，通过简单比尺换算，3 倍的空气流量，1/4～1/3 的运行周期（不考虑该系统的其他水质目标运行时间），每年需要 7.5 万～10 万美元。

2. 表层水泵

（1）理论背景。表层水泵通常用于取水设施附近局部破坏水库分层[154-156]。事实上，采用"局部破坏分层"这个名词可能引起某种程度上的误解，事实上这些系统的目标不是在"水盆"尺度上的破坏分层。相反，很多实际工程中用大直径叶片（1.5～5m）来提高下泄水质。具体方式为将表层水高温水通过泵穿过温跃层到达取水口附近。这种方式下取水口可以设置在水体底部和表面之间的任意位置。

表面泵绝大多数都是采用电能作为能量，因此可通过对电力设备的不断控制改变泵的叶片旋转速度，进而改变水流[157]。随着泵速度的增加，射流速度也逐渐增加，水流进一步向下侵入，并通过分层水体。然而，随着泵速度的增加，电能消耗也会增加。在实际运行中，泵需要将水体送到取水口下面一定范围，但是也不需要太大范围，以保证下泄水的温度［如图 6.4-3（a）］。

McLaughlin & Givens[154]给出了关于表面泵理论和基本设计考虑的有用讨论。下泄水质与下泄量、泵流量以及卷入射流中的水量。下泄水质通常用稀释因子来参数化表达，通常为表面水体占下泄水体的比例。泵相对于出水口的距离也很重要。

当无限制的射流从泵位置向四周传播开去时，从水库中携带了水体［图 6.4-3（b）］，同时根据动量守恒，射流的平均速度减小。当射流速度渐小时，射流进入滞温层的能力下降。可以采用漂浮的管道防止不需要的卷吸［图 6.4-3（a）］。同时，通过较小的泵流速传输水体到给定的深度，从而提高了能量效率。但是，漂浮管道增加了建设和安装的复杂程度，管道设计必须要注意能够满足管道上拖曳力的要求和能够适应水位变化。当水库水位下降时，与固定泄水孔距离发生了变化，可能就有必要改变管道的长度，以适应水位的变化。

设计中需要关注的重点：水位波动、波浪引起的荷载和泵的输出水流速度[157]。还有部分从安全角度上的担心，对于公众能够到达的水域，叶轮机可能不是很合适，但是由于表面泵通常安装在泄水建筑物或者大坝壁上，因此现有的一般安全措施可以避免这个问题。另外，还需要阻止水上漂浮物进入叶轮机，导致叶片的损坏。

（2）典型案例。Mobley 等[157] 在 1995 年报道了美国田纳西州 French Broad 河上 Douglass 大坝表面泵系统实际运行案例。他们提供了建造细节（包括泵、筏、墙面安装）和运行结果。大坝正常管道泄流 $450m^3/s$，设计中 1/3 的水体来自表层水体。该系统包括 9 个 4.6m 直径的不锈钢叶轮机，采用 30kW 的变频控制器实现改变泵的流速。每个叶轮机设计泵流量为 $15m^3/s$。为了适应水位的变动，该系统能够在垂直方向 19m 的范围变化。

该系统提供下泄水体浓度为 1.5～2mg/L，否则下泄水体是缺氧的。看起来似乎所有的泵水流都通过了管道［1/3 的含氧（6mg/L）水体和 2/3 的缺氧（0mg/L）水体］。当所有的泵一个接一个紧挨着时这些泵工作效率更高，这时这些泵联合起来发生作用，并且减少了掺气。该系统在初始调试后，能够没有明显事故地良好运行。

还有其他的原型泵案例进一步证实了利用表面泵提高下泄水体的水质是可行的[155-156]。这些案例中叶轮机的直径变化很大，并且泵流量与下泄水体流量的比例为 0.29～4.0。他们观测到高达 80%～85% 的下泄水体可以来自表层水体，还观测到泥沙的再悬浮可能减少了水质提升效果，尤其是当泄水孔靠近底部，射流进入了淤积层[156]。

当前澳大利亚正在研究采用漂浮管道泵来减少水体在表层停留时间以控制藻类生长的可行性。Brain Kirke（Griffith University）在 Little Nerang 水库做原型观测试验。观测低流速叶轮机漂浮管道系统的影响。混合器功率为 3kW，产生大约 $4m^3/s$ 的流量通过管道可以传输到深达 11m 的位置。经过 4 个星期的运行在水深 16.5m 以上的水体可以升温达到 3℃。

（3）成本。Mobley[157] 等报道了 Douglass 大坝系统的成本为 250 万美元，包含机械设备和筏的费用 150 万美元。运行成本大约为每个月 5000 美元。运行电力需求为 270kW。

Myponga 水库使用了改进的设计，能够实现 3kW 的电机将 6.8m³/s 的水体送到深达 15m 的位置。每个混合器大约 12.5 万美元（包含维修合同费用）。

3. 多层出水口分层取水结构

（1）理论背景。多层取水口结构能够允许分层水库中、有限区域内符合需求的水体下泄。取水口可以单个运行或者多个联合运行，使得下泄水体的特征比单个取水口更好。当需要提高下泄水温时，选择性取水措施抽取更上层的水体，这可能提高下泄水体的溶解氧含量，但同时也可能使得下泄的水体中藻类浓度也更高。

当取水口越多，可以控制的取水区域也就越大，当然也会带来更多的成本。另外，如果取水口过少，也会因为水位的变动，导致不能取到目标水质的水体[127,158]。

Lee[158] 提出了一种分层取水方法，使其能够给下游渔业带来最大好处。该方法采用了完整的参数（如来流量和出流量，下泄高程等）进行组合，以最大限度地减小下泄水温与目标水温的差异。

计算模拟优化技术被用于决定下泄水体策略（使用多层出水口分层取水结构），最大限度地减小下泄水温与目标水温的差异[159]。对于多层出水口分层取水结构有很多设计和运行的报告。

（2）典型案例。在绝大多数案例中，多层出水口分层取水结构的效果可以直观预测，野外测量结果也可以直接验证理论。但有时流域形态必须要考虑进来，尤其是水库具有卡口或者窄河道，并且离取水口特别近，能够直接影响到附近的水动力形态。在实践中，有些多层出水口分层取水结构使用起来特别麻烦，需要 1 人/天或者更多去移动闸门和防污栅以重置下泄取水口高程。

（3）成本。对现有大坝进行多层取水结构的改造成本相当高。对于大水深水库而言，由于材料成本和建造成本的上升，总的成本会急剧上升，如果需要增加塔吊等设备，成本还会进一步增加。国外几个典型的大坝改建的预算成本或实际成本见表 6.4-1。

表 6.4-1　多层出口结构改造现有水坝的估计成本

大坝名称	库容/亿 m³	成本（库容覆盖百分比％）
Blowering	16.31	\$ 10m（85％）～\$ 15m（100％）
Burrendong	11.90	\$ 5m（55％）～\$ 25m（100％）
Wyangala	12.18	\$ 5m（60％）～\$ 10m（100％）
Keepit	4.26	\$ 10m（95％）
Copeton	13.61	\$ 10m（80％）～\$ 30m（100％）
Carcoar	0.36	\$ 3m（85％）～\$ 5m（100％）
Shasta	54.00	\$ USD80m（实际）

4. 铰接式取水口（转轴）

（1）理论背景。使用转轴是分层取水的又一种形式。在这种形式下管道一端采用转轴固定在大坝的墙上，另一端悬浮在水体中，采用链条与水面的浮体连接（图 6.4－4）。转轴取水主要针对下泄流量较小的取水需求，因为对于大的管道而言，不管是建造还是操作都很难。因此，对于大型灌区而言，并不现实。转轴超过 25～30m 就不太容易，其中一个重要的后果是，在大水深水库中，将仍然需要设置多个高程取水口来保证取到各个高程的水体。

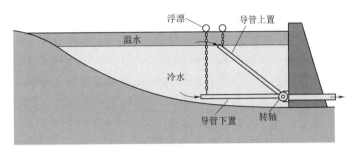

图 6.4－4　铰接式取水口

（2）典型案例。在澳大利亚，许多下泄流量较小的小型大坝采用了浮式取水措施，因为相对低廉和容易建造。悉尼流域管理局在蓝山供水水库中采用了铰接式分层取水措施。看起来，取水口可变水位的功能并没有很好地发挥。相反，在大坝运行期间进水口被悬挂在水面固定深度的位置。这保证了始终下泄符合水质要求的水体，不需要对泄水孔进行调整以适应水位的变化。

（3）成本。SCA 在 1930 年修建了转轴系统，但是没有获得相关的造价信息。Chiefy dam 改造转轴系统的投标价为 163 万美元，比设计投资预算 90 万美元要高很多。

5. 水温控制幕

（1）理论背景。采用高强度的聚乙烯幕布，利用链条和浮筒悬挂在水中。幕布可以放置在任意深度，起到阻止水流运动的作用（图 6.4－5）。当需要下泄低温水时，采用表面水温控制幕型式，使低温水从幕布下流出，增加表面水流的停留时间。当采用底部水温控制幕时，只允许较高温度的水从幕布顶部通过。

（2）典型案例。早在 20 世纪 80 年代，加利福尼亚州水资源管理部门在 Lewiston Lake 试验了顶部形式水温控制幕，以提高鱼卵孵化场的水温[160]。水温控制幕的功能是将

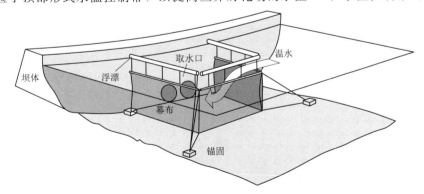

图 6.4－5　水温控制幕分层取水示意图

目标水温的水体通过管道送到另外一个水库，目标是减少从管道流走的表面水体，从而使得鱼类孵化场能够有更高的水温。在1983—1984年表面水温提高了2～3℃，直到1984年该水温控制幕失效。Bohac[161]报告了TVA采用了底部水温控制幕，控制滞温层的水体下泄到下游。

Vermeyen[163]提供了一个详细的关于Lewiston和Whiskeytown水库水温控制幕的设计、建造和运行效果的报告。该水温控制幕为顶部形式控制幕，目的是在水流下泄到Sacramento河之间，减少从水流从水库中获得热量，从而降低水温。据了解，Whiskeytown水库准备将运行了8～9年的水温控制幕废弃，因为已经达到了他们的设计寿命。在运行过程中有几点需要特别关注：①当水位下降时，幕布会因为泥沙淤积导致额外受力而下垂和松弛；②在洪水期，水流强度增加会加速幕布的老化与破坏；③水温控制幕一直展开比每年折叠再展开要好。

在日本，幕布被用于阻止水华在水库表面扩散。控制幕悬挂在表面以及水面以下5m，从而形成阻挡，以限制营养丰富的温暖水流进入水库回水区，所有下泄水体都从幕布下面流过。但是该试验没有考虑对下泄水温进行调控。

（3）成本。Vermeyen[163]提供了详细的成本数据，并介绍了针对部件损坏后的审计改造专项设计。表6.4-2给出了建造的尺寸和成本明细。在1993—1995年期间，4座水温控制幕运行和维护成本总计为16万美元，至1999年估计还需要50万美元。Lewiston水库水温控制幕运行和维护成本为0，因为幕布没有经受明显的荷载，不需要维护和每年重新安装。预估的50万美元费用是为了给金属部分进行再次防锈处理，并且认为4座水温控制幕都需要维护。

表6.4-2　　　　　　　　　　　　　水温控制幕布设成本

地　点	宽度/m	高度/m	总成本/美元	成本/(美元/m²)
Lewiston	249	10.5	6500000	249
Lewiston 鱼卵孵化场	90	13.3	150000	125
Carr 水电站尾水渠	180	12	500000	231
Spring Creek 取水口	720	30	1800000	83

6.蓄水池

（1）理论背景。蓄水池是一个大的浅水池，水库下泄水体通过该水池。蓄水池减缓了水库下泄水体的运动，从而使得下泄水体有更多时间接近当地的气温。当水池的库容增加时，水体的停留时间也相应的增加。水盆的表面面积增加时，水体与空气间的热传递通量增加，因为单位面积的热传递率与水池的大小无关。更长的停留时间和更多的热量交换使得下泄水体温度更加接近气温。为了减小冷水下泄污染，蓄水池的体积和表面面积越大越好。但是，表面面积的增加会导致蒸发损失和渗漏损失的增加。因此合适的尺寸需要统筹考虑土地、建设成本、水量损失和温度调整速度。

推荐的设计准则是每天提高100万m³水体1℃，需要1km²的水面。具体到Burrendong大坝最大的下泄流量，一个水面面积为8km²的静止水盆，能够将其下游的水温提高1℃。

（2）相关案例。冷却水池在工业上有应用，比如发电厂冷却水池，可以作为参考。工业应用不需要处理灌溉系统那么大的水量，因此相关经验不能直接应用于减缓低温水下泄的影响。目前还没有直接的应用蓄水池减缓低温水下泄的案例，但是澳大利亚公共事务与供水局明确提到可以作为一个可能的措施应用于水电站项目，其可行性取决于当地的条件。

（3）成本。从蓄水池的简单设计可以看出，其实施起来很困难，主要是由于建造成本比较高，缺乏足够的空间。

6.4.2.2　Burrendong 大坝不同水温分层减缓措施比较

本节将介绍上述方案应用到 Burrendong 大坝时的一些基本情况。本节介绍 6 种低温水下泄缓解方案。

（1）机械混合水体人工破坏温分层。

（2）多层取水口，采用管道连接活动的取水口，能够自由取到不同高程的水体。

（3）表层泵，采用大型扇形螺旋桨将表面高温水体抽向取水口。

（4）铰接式分层取水，与表面泵类似，但是采用了额外的竖直管道将表面水体引到取水口。

（5）水温控制幕，在取水口周围采用大型的可变形的高韧性纺织布从库底一直围到近表面，强迫表面高温水体从幕顶流向取水口。

（6）蓄水池，修建额外的浅水池，使得下泄水体在通过浅水池时受到太阳辐射升温后再流入河道。

对大型灌溉和发电水库而言，铰接式分层取水和水温控制幕在经济上比多层取水口分层取水更有吸引力。在典型的夏季水温分层条件下，这两种方法都能提升下泄水温最高达到 9℃（表 6.4 - 3）。

表 6.4 - 3　　　　不同方案的修建和运行成本以及水温提升效果对比

措　施	建造成本/万美元	年度运行成本/万美元	温升/℃	特征与适用条件
破坏温分层	150	7.5~30	8	随着水库容积增加可行性降低。增加滞温层所需的氧气，在非冬季不运行时会产生 H_2S
多层取水	2500	很低	7~9	可行的措施中造价最昂贵，可以避免表面污染（如蓝藻）等进入下游
表层泵气流管道混合器	75~150	4~6	5~9	操作最灵活，可能会带来底泥再悬浮问题
水温控制幕	300	未知，<3	9	对汛期水流流速不是特别大的情况下适用。非常简单，没有需要移动的部分，一直运行。不确定性在于维护成本
铰接式分层取水	80	很低	9	
蓄水池				由于场地和成本的限制，不可行

现有的低温水下泄措施造价都较为昂贵，其中最有效的措施是多层取水（如叠梁门），这种取水措施能够取到不同高程的目标水温层的水体[115,128]。在国外，这种措施造价大约为 2500 万～3700 万美元[70]。并且，这个系统操作起来十分耗时，通常需要几天时间才能完成操作。相比较而言，水温控制幕造价只有约 400 万美元，采用链条和机械提升系统能

够容易地将幕布进行升降。

6.4.3　下泄水温效果分析

6.4.3.1　研究背景

冷水下泄污染（冷水污染）是许多澳大利亚大坝下游河流[120,164-165]和世界其他河流[166]面临的一个严重问题。在温度分层水体中，滞温层底部取水口冷水下泄造成了冷水污染。滞温层冷水下泄改变河道天然热力分布的形式包括抑制夏季水温，减少年度及昼夜变化和范围，使河流季节温度峰值滞后[120,165]。河流上的大坝也可能导致冬季水温升高（温水污染）[167]。

大坝下游温度受影响距离，即不连续距离[168]或热恢复距离[120]，取决于水库的大小、水库水位和下泄量。水深大、库容大的水库会产生冷水污染效应，延伸到大坝下游数百千米范围[115,120]。历史上，关于冷水污染的热恢复距离存在不同的结果。公开文献报道的范围从相对短的距离8.5km[169]到大坝以下300km的长距离都有[112,120,170]。

栖息在受冷水污染影响的大坝下游的生物群落会面临风险。无脊椎动物和鱼类是冷血（外温）生物，环境温度决定了它们的体温。天然生境对于这些生物的生存至关重要，因为它们需要特定的温度范围才能生长、发育和繁殖[123,125,169-171]。温度分层导致大型水库下游河流中的大型无脊椎动物的数量减少[169-170]。此外，非自然的低温导致鱼类的新陈代谢、生长减慢，繁殖成功率降低，这对暴露在低于适宜生存温度的本地物种生存能力构成了严重威胁[123,171]。

已有研究确定了澳大利亚墨累—达令盆地中存在的三种鱼类，墨累鳕鱼（鳕鲈属）、金鲈（麦氏鲈属）和银鲈（锯眶鲗属），成功产卵所需的最低温度。这些物种产卵所需的临界温度在春夏两季，墨累鳕鱼所需临界温度为23℃[172-173]，金鲈所需临界温度为23～26℃[172,174]，适宜银鲈的温度从16.4℃升高到20.6℃[172]。据报道，当环境条件不适宜时，生殖腺的再吸收作用、幼体的生长速率降低、卵和幼鱼的发育和存活率也降低[123,125,172]。Sherman等[150]模拟了受冷水污染影响的墨累鳕鱼种群的生长，并预测该种群将随着水温的升高而增长，因此他建议采用表层泄流代替底层泄流。此外，在大型水库出口附近受干扰的水域中，本地鱼类物种相对于入侵物种的比例通常会降低[123,175]。

鉴于受影响河段会产生广泛的生态效应，因此需要一种低成本、有效的缓解冷水污染的方法。Sherman[70]提出了两种缓解冷水污染的方法：①破坏温分层；②从选定深度选择性抽取温水。破坏分层时通过在水库内诱导循环来阻止分层并提高底层水的温度。一种方法是通过气泡羽流，空气从分层型水库的滞温层释放出来，造成各层混合[176-177]。对于大型水库来说，去分层的方法往往会带来过高的运行成本（主要是电力消耗），而且难以保持水体的充分混合。降低冷水污染的另一种方法是通过多层取水选择性地取水。多层出水口分层取水方法不像气泡羽流主动去破坏分层方案那么耗能，它的工作原理是将较热的表层水引导到出水口下泄。但是，它们的运行管理非常耗时，通常需要至少一个工作日来改变取水深度[116]。

Burrendong水库位于新南威尔士州中西部的Macquarie河上，库容120亿m³，由于其水深夏季经常发生温度分层。夏季农业灌溉大量引用底层取水口的冷水，从而造成了冷水污染。因此，Macquarie 河的研究目标是评估冷水污染程度和规模。Harris[112] 着眼于 Burrendong 大坝下的冷水污染的存在程度，测量了新南威尔士州西部 Macquarie 河的纵向热剖面。他得出的结论是，冷水污染影响了 300 多千米的河流，温度分层可能对本地鱼类产生不利影响，并导致入侵物种的扩散。Preece 等[114] 将 Burrendong 大坝确定为冷水污染治理的"高优先级"水库，在新南威尔士州 304 个大坝中，它排名第五。在一项研究中，Sherman[70] 概述了在 Burrendong 大坝减轻冷水污染的备选方案，包括用 MLO 对大坝进行改造，这是一项昂贵的工程，并建议将安装水下幕布作为一种更便宜的替代方案。

基于这些想法，2014 年在 Burrendong 大坝设计并安装了一种幕布式温度控制结构。水温控制幕于 2014 年 5 月开始运行，该结构旨在在温分层期间将表层水引导至底部引水口，提高下游温度。该结构的安装成本为 400 万澳元，使其成为 MLO 的经济高效替代方案（约 3700 万澳元）。

监测这项新技术在改善水温结果方面的有效性十分重要，这是评估其推广到其他有冷水污染的大型大坝的适用性的前提，并可以为改进水温控制幕运行管理提供数据支撑。

6.4.3.2　研究地点

Macquarie 河位于墨累—达令盆地内。该河流发源于 Oberon 附近的大分水岭，向西北方向流经 560km 到达 Macquarie 沼泽，然后与 Barwon 河汇合，Macquarie - Bogan 河流域面积超过 74000km²[111]。流域内有两个大型水库：Windermere 大坝和 Burrendong 大坝。前者的水库位于新南威尔士州中部 Rylestone 附近的 Cudgegong 河上，而 Burrendong 水库则从 Windermere 水库下游的 Cudgegong 河和 Macquarie 河接收流入的水[111,131]。

Bell 河、Little 河和 Talbragar 河，Coolbaggie 河和 Ewenmar 河构成了 Burrendong 水坝以下的 Macquarie 河主要的无调节支流。Bell 河和 Little 河在 Dubbo 河上游汇入 Macquarie 河，Talbragar 河在 Dubbo 河的下游。Coolbaggie Creek 在 Narromine 上游汇入 Macquarie 河，Ewenmar 河在 Warren 河下游汇入 Macquarie 河。该流域的平均年降雨量遵循东南-西北递减的趋势，从东南的 1200mm 到西北的 300mm 不等[111]。

1. 研究水库：Burrendong 水库

Burrendong 水库于 1967 年完工，高 76m，库容为 120 亿 m³[178]。在正常蓄水位时，水库的高程达到 344.00m，而出口位于水面以下 31.43m，水库中水深达到 57m[179]。该大坝的建造是为了满足农业灌溉用水、防洪以及家庭用水需求，并保证流向 Macquarie 沼泽的环境流量[111,131]。

Burrendong 大坝通过固定的底层排水口调节，出口位于水面以下 31.27m。最大的流量通常发生在夏季，以满足农业用水的需求，流域用水最多的是棉花生产[111]。

2. 隔热幕布

水温控制幕是一种柔性圆柱形加强聚丙烯织物幕布，围绕着出水口的底部安装，一直延伸到表面混合水层。沿着幕布的长度和开口处的刚性支撑环间隔排列，提供了结构的稳定性。链条和滑轮结构允许通过计算机调节幕布在水面以下的高度。2014 年 5 月 7 日幕布正式投入使用，幕布的顶高程被设置在水面以下 7m。

图 6.4 - 6 拍摄于 1962 年，当时正在建设 Burrendong 大坝。照片被用来展示大坝取水口结构在水下的样子。为了说明设计，还添加了一个简化的水温控制幕的叠加图。

图 6.4-6　Burrendong 大坝取水塔的历史照片

资料来源：新南威尔士州惠灵顿的奥克斯利博物馆

3. 研究站点布置

沿 Burrendong 大坝下游的 Macquarie 河沿线布置了 12 个测点，第一个站点位于大坝正下方的出口处，最后一个站点位于 Warren 堰（下游 312km）。在 Macquarie 河大坝上游选择了 3 个地点作为天然的、未被改变的参照点，用于与下游的站点相比较。这些站点是基于水规划和工业部（Department of Water Planning and Industry，DPI）建立的监测地点选择的。虽然上游监测点与水库距离很远，但是温度数据需要一个不受干扰的参考对象，因为水温在大坝下游沿程增加。尽管 Cudgegong 河是流入 Burrendong 水库的重要支流，但因 Cudgegong 河的温度受到 Windamere 水库改变水温的影响不能代表自然条件，因此该支流未被监测。图 6.4-7 是水库中取水塔附近 3 个站点温度深度剖面图。

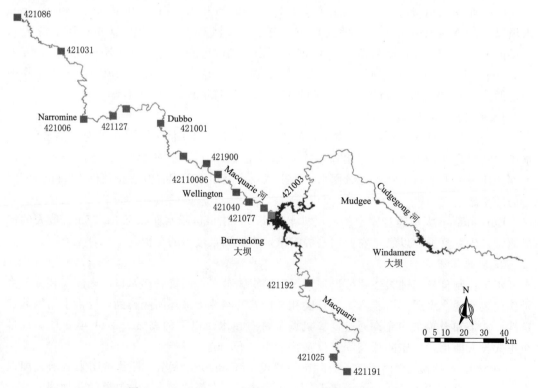

图 6.4-7　Macquarie 河和 Cudgegong 河的流域示意图

6.4.3.3　方法

1. 数据收集与整理

本书研究建立了 1 个水库站点和 15 个河道站点，以形成 Macquarie 河水温的沿程记录，其中一个站点位于水库内大坝附近。随着 11 台 Hobo 记录仪的投入使用，大部分站点的记录工作于 2013 年开始进行。其余 4 个站点自 1998 年以来一直在记录河水温度（表 6.4 - 4）。

（1）水库站点。从 2012 年 7 月 16 日到 2013 年 7 月 10 日，新南威尔士州 Water 公司在距离取水塔约 750m 的浮桥上安装了一条热敏电阻链，沿深度间隔 0.5m，每天记录 3 次温度（图 6.4 - 8，TC1）。2013 年 5 月 6 日至 2015 年 7 月 7 日，在离取水塔（图 6.4 - 8，TC2）约 400m 处的浮标处，用船记录了水库月深度剖面图。从浮标上部署了一个由 Hobo 记录仪和 Tidbit 记录仪组成的热敏电阻链，记录了从 2013 年 7 月 8 日至 2014 年 5 月 31 日期间的数据。温度记录时间间隔均为 30min。新南威尔士水务公司用另外两台温深剖面仪记录了 2014 年 6 月 5 日以来的深度数据，其中一台位于离取水塔 100m 处（图 6.4 - 8，TP1），另一台位于取水塔的幕布内。

（2）Macquarie 河站点。历史水温和河流流量数据来自 DPI 水文数据库（Hydstra，Kisters Ltd.）并进行了分析。4 个站点都安装了测量基站，配备了用于长期记录温度和河流流量的设备。在以前未记录温度的测量基站安装温度记录仪[180]，大约每 3 个月使用 Hobo 软件从记录仪上下载一次数据。在每个站点，漂浮的记录仪用缆绳拴在一根链条上，漂浮在河床上方约 20cm 处的水体中，每隔 30min 记录一次温度 [图 6.4 - 9 (b)]。每个站点上有 2 个记录仪，以防止因在河水中损坏或记录仪故障造成的数据丢失。记录仪被尽可能地安置在流动的河水中。

2. 数据分析

在 Macquarie 河 Burrendong 湖上游的 Yarracoona、Bruinbun 和 Long Point 3 个测量站被选为自然参照点，与 Burrendong 大坝泄流进行比较。在出水口和在大坝下游几千米处的 Burrendong 站点处测量了下泄水体（表 6.4 - 4）。可以获取从 2008 年起的 Burrendong 大坝上游的水温记录。利用这些数据对 Burrendong 水坝上游和下游的水温进行了历史上的比较。

3. 历史上的冷水污染

从 Hydstra 数据库获取的历史数据被用来分析 Macquarie 河沿岸的长期温度模式。这些数据被下载为日平均温度时间序列和实时（每小时记录的数据观测）记录。2008 年 1 月至 2015 年 1 月的日均值绘制成图表，以便对上游站点 Bruinbun 和下游站点 Burrendong 之间的热力系统进行直观比较。

（1）水库中垂向温度剖面的季节性变化。为了进一步加深对 Burrendong 大坝内部热动力学的理解，使用水温的月平均深度剖面来绘制热图。

利用来自大坝附近的 Burrendong 湖的温度深度剖面的时间序列数据，选择了 4 个深度（2m、10m、14m 和 20m）进行绘图。这些数据与下游 Burrendong 站点和上游 Yarracoona 的温度数据一起显示为时间序列图。选择 Yarracoona 作这张图的原因是该站点的温度数据比 Bruinbun 站点的数据更新（表 6.4 - 4）。此外，2015 年 Bruinbun 和 Long Point 的数据记录不完整，因此无法用于 2015 年的比较。

表 6.4－4　温度历史记录数据情况（灰色标识 6 月以前）

站点名称	站点编号	数据记录仪	距大坝距离/km	1999年	2000年	2001年	2002年	2003年	2004年	2005年	2006年	2007年	2008年	2009年	2010年	2011年	2012年	2013年	2014年	2015年
Macquarie 河 Burrendong 大坝上游																				
Yarracoona	421191	Hobo	108.5																	
Bruinbun	421025	Gauge	104.0																	
Long Point	421192	Gauge	73.0																	
Macquarie 河 Burrendong 大坝下游																				
Burrendong 出水口	421077	Hobo	0.5																	
Burrendong 下游	421040	Gauge	7.4																	
Wellington	421003	Hobo	33.0																	
Ponto Falls	42110086	Hobo	55.0																	
Wollombi	421900	Hobo	76.5																	
Geurie 桥		Hobo	93.0																	
Dubbo	421001	Gauge	115.2																	
Raw sonville 桥		Hobo	152.0																	
Baroona	421127	Hobo	162.5																	
Narromine	421006	Hobo	187.0																	
Gin Gin	421031	Hobo	254.5																	
Warren 坝	421086	Hobo	312.0																	

图 6.4-8　Burrendong 大坝鸟瞰图

（a）测量站

（b）Hobo 记录仪

图 6.4-9　测量站和 Hobo 记录仪

（2）水位和下泄量对下游温度的影响。水库水位数据从新南威尔士州水务网站（http：//realtimedata. water. nsw. gov. au）获得。蓄水水位是通过从蓄水位减去出水口高度，将蓄水位从海拔高度换算成出水口以上的高度。这样做是为了在 2012 年 7 月至 2015 年 4 月的时间序列上显示出口到水面的相对距离。深入研究了水位、温跃层距底层取水口的距离与下游冷水污染严重程度之间的关系。历史水深数据被用来确定水库蓄水量与 2014 年幕布开始运行时类似的年份。水深与 2014 年相似的年份是 2004 年、2007 年和 2013 年。库区下泄流量被叠加在下游 Burrendong 站点温度的时间序列图上以研究下泄流量变化对水温的影响。

（3）上游与下游水温对比。选择上游 Yarracoona 站点的温度作为下游 Burrendong 站点的大坝下游自然温度的参考。选择此站点是因为它具有 2013 年至 2015 年的完整温度记录。下游温度与自然温度的偏差是通过将 Yarracoona 的日平均温度与下游 Burrendong 的日平均温度相减，计算出在幕布开始运行之前（2013 年）和之后（2014 年）的温度。理想情况下，2004 年本应包括在幕布使用前的比较中，但 2004 年夏季的上游数据无法获得（表 6.4-4），计算了月度平均值，作为使用幕布之前和之后的月度温度趋势的补充比较。

（4）下泄流量对幕布作用的影响。研究了水库流量在幕布对 Macquarie 河热力状况的影响方面的作用，将下泄数据与幕布内部的温度变化（表面温度减去幕内底部水温，ΔT）以及 295 天内的在出口处记录的温度进行比较。

温度分层的强度用 ΔT 描述，其中幕布内的表层温度和底部水温之间的差异越大，温度分层的强度就越大。

ΔT 与 Burrendong 水库的出水口的日平均温度叠加绘制成时间序列。进一步地，研究了 ΔT 和出口温度的两个峰值和一个温差。然后将这些点的出口温度与在同一时间段内在水库上游观察到的温度作图，计算了下泄量和 ΔT 的皮尔逊积差相关性以测试线性关系的强度。

（5）昼夜范围。在幕布设置之前和之后的 12 个月内，评估了一天 24h 内的温度范围，以进一步评估幕布对下游 Macquarie 河温度状况的影响。根据小时数据计算出口处的昼夜温度变化范围，并用每日最小值减去每日最大值，将其绘制为时间序列图。这样可以直观地比较在设置幕布后下泄表层水的情况下水温的昼夜变化。计算 Yarracoona 和 Burrendong 出口的昼夜温度范围的月平均值与标准误差，并绘制为一个时间序列图。这样可以使用月平均值来表示出口的昼夜范围的总体趋势，并与假定的自然水流条件下观察到的情况相比较。

4. 温度恢复距离

Hobo 温度记录仪收集的数据被用来分析大坝下游的温度恢复情况。有两种查看恢复的方法：①通过将大坝下游的水温与参考点进行比较；②通过使用渐近线方程式按距离计算恢复率。

（1）将下游温度与上游参考点的水温联系起来。Yarracoona 站点的 12 月水温在这两年都有记录，但仅有 2013 年 12 月在 Bruinbun 和 Long Point 的水温。选择 12 月是因为历史温度数据表明它是受冷水污染影响最严重的月份（图 6.4-13）。因此，选择 12 月来评估幕布缓解冷水污染的有效性，这段时间是大坝最可能发生糟糕水温分层的时期。根据 12 月的可用数据，分别计算了 2013 年和 2014 年所有上游站点的 95% 置信区间的数据。在纵向热恢复图中，蓝色区域是由 Long Point 的上限和 Bruinbun 的下限划定的。这一区域被用作下游水温的参考，因为在这个范围内的温度可能代表大坝下游的自然温度。

（2）当恢复曲线达到平稳状态时（即 T_{max} 参数估算的 12 月平均水温接近渐近线）。表层水温度的恢复预计会在靠近大坝的地方迅速发生，然后在离大坝较远的地方逐渐减弱，达到一个渐近的温度。采用以下负指数温度恢复模型模拟了 Burrendong 大坝下游站点 12 月平均水温：

$$T = T_0 + (T_{max} - T_0)(1 - e^{-ks}) \tag{6.4-1}$$

式中：T_0 为出水口的水温（距离 0km），$℃$；T_{max} 为渐变温度（T_0 以上），$℃$；k 为速率常

数（或形状参数），与恢复率有关；s 为距离大坝下游的距离，km。

模型的参数是用 R 中的 nls 函数[181]用非线性加权最小二乘法[182]估计的。nls 函数使用高斯-牛顿算法迭代最小化加权残差二乘法。

在研究中，方法①和方法②均用于评估大坝下游的 Macquarie 河的温度恢复情况。使用方法②预测距离和温度，根据使用方法①以上游站点的 95％置信区间来确定恢复距离，这就得出了这两年温度恢复距离的估计值。由于无法获取 Geurie Bridge 和 Narromine 在 2014 年 12 月的数据，因此在 2014 年模型中省略了这两个站点。

选择了 5 个具有完整时间序列（即很少或没有缺失值）的站点，进一步评估幕布对下游河流温度的影响，以支持和补充上述分析。在时间序列中，时间序列中不到一个星期的短暂空白，通过与相邻值的线性插值来填补。选择的 5 个地点（Outlet，Wellington，Baroona，Gin Gin and Warren）从紧靠大坝的下游到 Warren（距大坝下游 312km）。选择 2013 年 7 月 1 日至 12 月 31 日（设置幕布前）与 2014 年 7 月 1 日至 12 月 31 日（设置幕布后）之间的时间进行比较。每年的这个时候都会出现大量从春季发展到夏季的热衰退。

Conover 使用 Kolmogorov-Smirnov 两组样本检验比较了 2013 年和 2014 年不同站点之间的日水温偏差。

5. 生物影响：对本地鱼类的影响

Cadwallader[172]、Merrick 等[174]给出了在一定时间内的最低温度，来获取 Macquarie 河中三种本地鱼类产卵的线索。将这些数据叠加在 2013 年 8 月至 2014 年 6 月以及 2014 年 8 月至 2015 年 5 月的出口水温的时间序列图上。其目的是为了反映大坝下游 Macquarie 河中水温对河流生物的可能影响。

6.4.3.4　结果

1. 历史上的冷水污染

在过去的 9 年中，Bruinbun 站点和 Burrendong 站点之间的水温差异始终保持一致（图 6.4-10）。显然，冷水污染通常在每年 9 月至次年 3 月发生。在 2008 年、2010

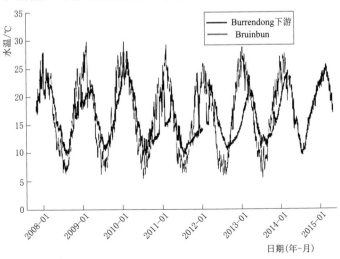

图 6.4-10　Bruinbun 站点和 Burrendong 站点的温度图

年、2011 年和 2012 年夏季尤为明显，这两个站点之间的最大日平均温差分别达到 9.4℃、13.5℃、11℃和 10℃。这有力地表明，冷水污染是 Burrendong 大坝下游的 Macquarie 河长期存在的问题。

大坝下泄的水产生的另一种热效应比天然情况更温暖。在水库混合期间（较冷的月份），大坝附近的水库水体温度通常比上游温度高，据记录，温度差高达 8.1℃（2012 年 6 月）。

2. 水库中垂向温度剖面的季节性变化

为了了解 Macquarie 河 Burrendong 大坝下方冷水污染的成因，对水库内部热动力学进行了研究。水体的热力图显示了水温季节性周期变化情况，水温分层的持续性及其之后的混合过程如图 6.4-11 所示。整个 4 月至 9 月，水体是等温的（混合的），但是分层从 10 月开始，一直延续到 3 月，每年均有高达 13.5℃的温差。

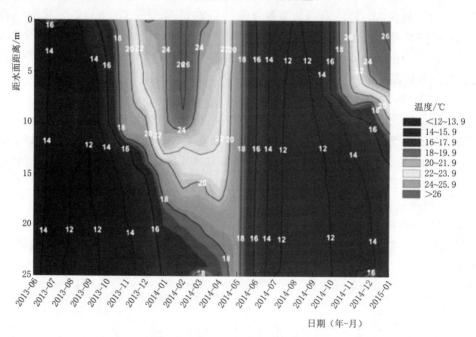

图 6.4-11　2013 年 6 月至 2015 年 1 月温度分布图

3. 水温控制幕在减少冷水污染程度方面的有效性

将出口处测得的下泄温度与大坝水库内的温度进行时间序列比较（图 6.4-12），可以说明大坝的内部动力学如何影响下泄温度。在 2014 年 5 月之前，大坝采用的是底部取水口下泄水库底层水体，之后安装了水温控制幕装置。在 2012 年夏季（2012 年 12 月至 2013 年 2 月），出口水温与滞温层 20m 深度观测到的水温基本一致。例如，2013 年 2 月 3 日，下游地区 Burrendong 站点的日平均水温为 17.7℃，比滞温层 20m 处记录的 16.67℃高 1.03℃。2013 年 3 月 2 日，下游站点的日平均水温为 19.4℃，而库内 20m 深度的日平均水温为 19.3℃。在上游参考地点（Long Point），这些日期记录的水温比观察到的出口水温高 6.7℃。

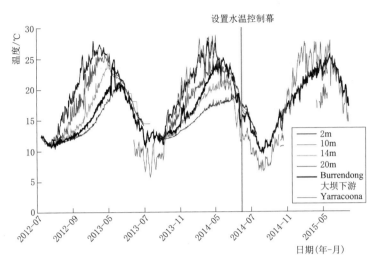

图 6.4 - 12　Burrendong 水库不同深度日平均水温
与下游 Burrendong 测量站日平均水温比较

为了使上游站点水温与大坝泄流相匹配，相应水温必须在水库某一层内存在。也就是说，如果水库内的水温不足以反映上游的水温，那么从水库下泄水体的温度就不能与上游地区的温度相似。图 6.4 - 12 中的淡蓝色线反映了在温度分层时段表层水温（2m，深红色线）。自 2014 年 9 月起水库发生温度分层，期间下游温度与水库的表层水温相似。由于设备故障，2014 年至 2015 年度大量热剖面数据丢失。然而，从已有数据可以看出，幕布显著影响了出口处的温度。例如，2015 年 2 月 2 日，出水口的水温为 25℃，而水库中 2m 深度的水温为 23.9℃，而 20m 深度的水温为 13.43℃（图 6.4 - 12）。这些数据将出口处记录的温度与从大坝内取水口的取水温度联系起来。

4. 水位和下泄量对下游温度的影响

图 6.4 - 13 反映了水库 2012 年 7 月至 2015 年 3 月的水位随时间的变化。与水面相关的取水口高度直接受水位的影响，2013 年和 2014 年两年的夏季，取水口距水面的距离相似（图 6.4 - 13）。当水位约为 322.00m 时，出水口位于水面以下 10m。因此，两个夏季的水深相似，因此也会以类似的方式影响下泄水温。

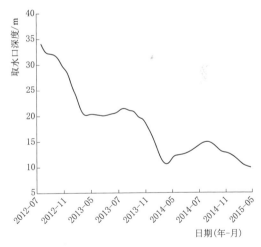

图 6.4 - 13　Burrendong 大坝底部
出口距水面的深度

大坝区域在 2004 年、2007 年和 2013 年夏季的水位与 2014 年（设置幕布后）相似（图 6.4 - 14）。这样可以更加详细地比较下游水温与大坝出口附近水库在幕布运行之前和之后的水温变化。

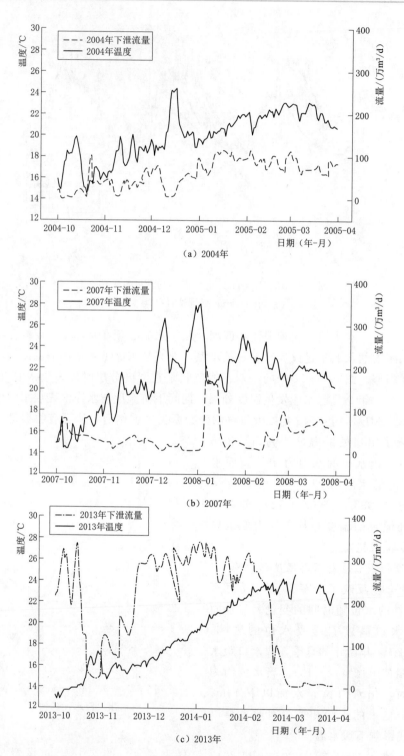

图 6.4-14（一）　Burrendong 下游测量站的日平均下泄水温
和下泄水量过程

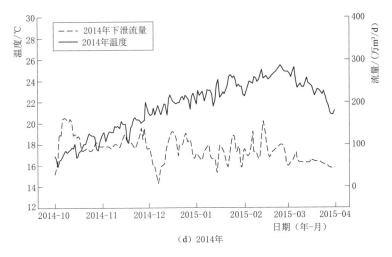

（d）2014年

图 6.4 - 14 （二）　Burrendong 下游测量站的日平均下泄水温
和下泄水量过程

　　从历史上看，在较温暖的月份，当下泄水体来自滞温层时，下泄量与水温呈反比关系。在相似水位年份中，下泄量减少到相对较小时，对应的下游 Burrendong 站点的水温快速升高（图 6.4 - 14）。2004 年有两个低下泄期（10 月和 12 月），这与下游水温升高了近 6℃ ［图 6.4 - 14 （a）］ 相吻合。2007 年，在 3 个月的相对较低下泄量（每天低于 50 万 m³）之后，下泄流量增加了 4 倍，同时下游的水温下降了 7.5℃ ［图 6.4 - 14 （b）］。尽管 2013 年相对的下泄水量很大（大多数大于 200 万 m³/d），但对下游 Burrendong 站点的温度影响似乎很小 ［图 6.4 - 14 （c）］。

　　在 2014 年，由于表层高温水下泄，这种关系似乎不成立 ［图 6.4 - 14 （d）］。随着下泄水量的增加，下游 Burrendong 站点的水温并没有降低，而是在某些情况下反而升高了（例如，12 月中旬和 2015 年 1 月中旬）。总体而言，在图 6.4 - 14 （d）所示的时间段内，下泄水量似乎对下游 Burrendong 站点的水温没有太大影响。

　　2004 年的下泄流量与 2014 年最为相似（图 6.4 - 15），因此采用这两年的水温进行

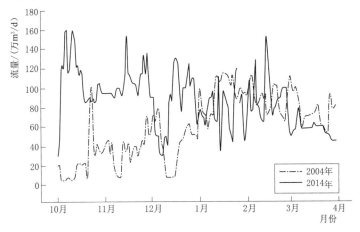

图 6.4 - 15　Burrendong 大坝下泄水量比较

比较是最合适的。除了 2004 年 10—12 月下泄量低于 10 万 m³/d 外，水温始终比 2014 年低 2～3℃（图 6.4-16）。比较 2004 年 10 月至 2005 年 2 月和 2014 年 10 月至 2015 年 2 月，Burrendong 站点的月平均水温在 1 月提高了 2.5℃（图 6.4-17）。通过比较在相似的水位和下泄流量时期分别下泄滞温层（2004 年）和表温层（2014 年）水体，揭示了幕布对下游温度的调节作用。

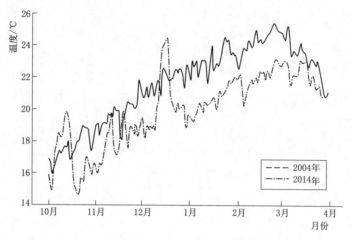

图 6.4-16　Burrendong 下游记录的日平均水温的比较

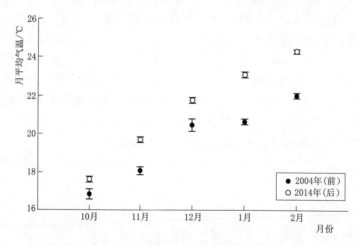

图 6.4-17　Burrendong 下游记录的幕布使用
前后月平均温度的比较

5. 上游与下游水温对比

2013 年和 2014 年夏季，Yarracoona 上游站点和水库出水口之间的日水温差异反映了 Burrendong 大坝引起的水温下降幅度（图 6.4-18）。在没有坝的情况下，温差应接近 0℃。从 9 月至 3 月，水温差为正，这表明了这段时间发生冷水污染。2014 年的水温差通常比 2013 年的记录低几度，而很少高于 2013 年。2013 年发生温度分层的大多数时间，两个站点之间的每日平均水温差始终比 0℃ 高出几摄氏度。2014 年在 10 月、12 月中旬，尤其是 2—4 月，出口的水温多次与上游一致。

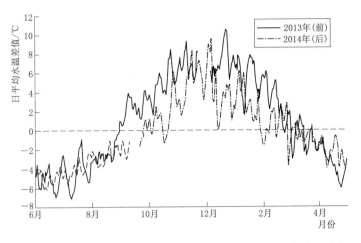

图 6.4-18 幕布使用前后的上游参考站点 Yarracoona 与出口之间
的平均日水温差异

在幕布的作用下，与 2013 年相比，2014 年上游站点 Yarracoona 和大坝出口之间的平均月温差减小了（图 6.4-19）。2013 年和 2014 年之间的每月水温最大的发生在 12 月和 1 月，当时月平均水温升高了 3℃。

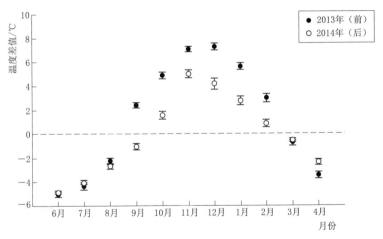

图 6.4-19 幕布使用前后的上游参考站点 Yarracoona 与出口之间
的月平均水温差异

6. 下泄流量对于幕布作用的影响

从幕布运行的时间点开始，在温度分层期间观察到了较大的流量波动［图 6.4-20（a）中 i 为下降，ii 和 iii 为上升］。图 6.4-20（b）中显示了幕布内水体表层和底部的温度差别（ΔT），ΔT 越高，则热分层越强。在 i 点，流量在 9d 内减少了 107 万 m³［图 6.4-20（b）］，相应的 ΔT 出现了一个峰值，这表明水体内部温度分层增强。出口处的水温也因此出现了下降［图 6.4-20（c）］。如图 6.4-20（a）所示，ii 点和 iii 点处峰值

的出现与 ΔT 的下降相符 ［图 6.4 - 23 （b）］，这表明通过幕布水的流量增加破坏了幕布内的温度分层。相应地，出口处的温度也升高。

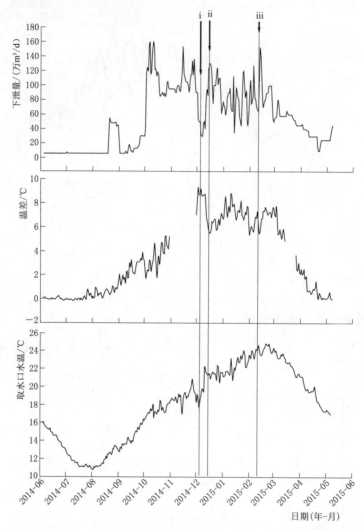

图 6.4 - 20　Burrendong 大坝的日下泄量、温差及取水口水温随时间分布变化图

图 6.4 - 21 将流量（i、ii 和 iii）的低点和峰值期间出口处记录的水温与上游参考点 Yarracoona 处记录的水温进行了比较。下泄量的增加会破坏幕布中的温度分层，从而导致较温暖的水通过取水口下泄。在 i 点，当下泄流量降至 30 万 m^3/d 时，出水口处的水温比上游低 6.15℃ （图 6.4 - 21）。在 130m^3 万/d 的峰值流量期间，幕布内的分层现象减弱，出口水温比上游水温低 2.85℃。温度分层期间，水库按最高值（153.9 万 m^3/d）下泄流量，在出口处观察到的水温仅比上游站点低 1.18℃ （见图 6.4 - 22）。

7. 昼夜范围

使用幕布后，出口水温的昼夜温差明显增大（图 6.4 - 23）。2014 年 5 月 7 日之后昼夜温度的最大值相比于幕布使用之前（2014 年 5 月 6 日）增加了 1.5 倍（从 2.88℃起

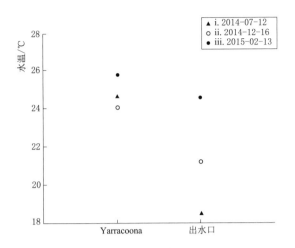

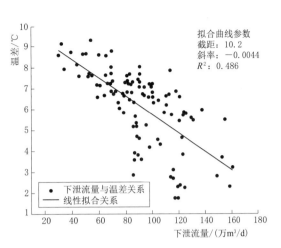

图 6.4-21 出口和上游参考点 Yarracoona
的日平均温度比较

图 6.4-22 Burrendong 大坝幕布内水体表面
与底部之间的温差

算）。整个 2013 年夏季，当 Burrendong 大坝下泄的水体位于温跃层以下时，在出口处观察到的月平均昼夜水温差远低于 Yarracoona 处（图 6.4-24）。2014 年 3 月，在使用幕布之前，在 Burrendong 出口处观察到的最高月平均昼夜范围为（1.5±0.1）℃。在使用幕布开始下泄表层水之后，2014 年夏季相应的水温提高至（2.55±0.2）℃。此外，2013 年夏季，Yarracoona 的月平均昼夜温差大多高于 2014 年夏季。相比之下，Burrendong 出口则相反，2014 年月平均昼夜温差大部分较高。总体而言，下游站点的昼夜温差由于使用幕布得到了改善。

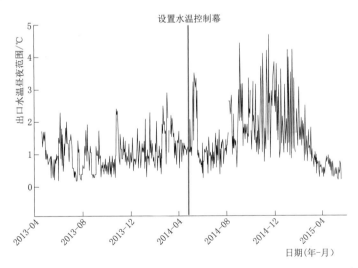

图 6.4-23 Burrendong 出口水温的昼夜范围

8. 温度恢复距离

图 6.4-25 比较了幕布使用前后的两年里 Macquarie 河上的沿程温度分布情况。在比较中，使用了 Macquarie 河沿岸 7 个站点的 2013 年 12 月和 2014 年 12 月的月平均水

温（根据每小时的数据记录计算）。Macquarie 河上 Burrendong 湖上游的三个地点（Yarracoona，Long Point 和 Bruinbun）被看作是未受影响的参考点。

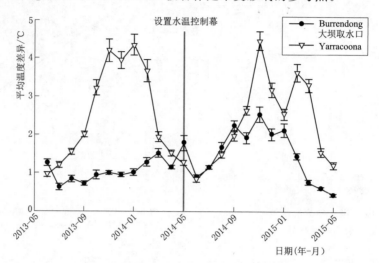

图 6.4 - 24　幕布使用前后上游站点 Yarracoona 和 Burrendong 出口间
的月平均昼夜范围的比较

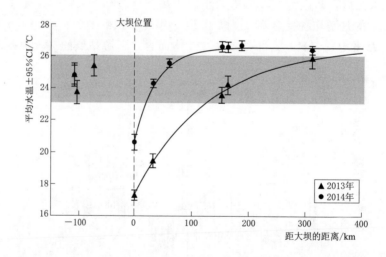

图 6.4 - 25　不同年份 Macquarie 河上各站点的 12 月日平均水温比较

在本书研究中，如果 Burrendong 大坝下游的水温在两个年份的 12 月都在上游水温的 95％置信度范围内，则认为其处于自然温度范围内。有数据的上游站点（Yarracoona）2013 年 12 月平均水温为（24.8±0.35）℃，2014 年为（24.8±0.30）℃。2013 年和 2014 年，出水口的 12 月平均水温与上游站点 Yarracoona 的数值分别相差－7.5℃和－4.2℃。95％的置信区间由 Long Point 的上限（2013 年，26.1℃）和 Bruinbun 的下限（2013 年，23℃）定义。

预测的温度极值（T_{max}）在各年之间没有显著差异，这使得各年之间的比较更加清晰。2014 年的恢复率（K）远快于 2013 年（表 6.4－5）。2013 年，当从滞温层下泄水体时，大坝下游的 Macquarie 河的温度恢复需要的距离比 2014 年的距离要长，2014 年是从幕布上的表温层下泄（表 6.4－5）。2013 年，平均水温要落在上游站点的 95％置信区间内，则需要 125km（Barroona 站点上游 37.5km）（图 6.4－24）。当 2014 年从表温层下泄时，恢复距离要短得多，在大坝下游 20km（Wellington 站点上游 13km），使用幕布可以将其缩短 105km。

表 6.4－5　　　　　Burrendong 大坝下游的水温负指数模型的参数估计

年份	T_0	T	K	残余误差（d. f.）
2013 年	17.33（0.151）	26.67（0.321）	0.0077（0.00070）	0.168（3d. f.）
2014 年	20.68（0.275）	26.56（0.135）	0.0262（0.00363）	0.277（5d. f.）

直观比较表明，2013 年在大坝附近位置的水温一直低于 2014 年的水温（图 6.4－25）。在出口处，分层期间 2013 年与 2014 年的水温曲线没有交叉。2013 年和 2014 年之间的差异随着距大坝下游的距离增加而减小。如图 6.4－26 所示，Baroona 和 Warren 站点在 2013 年和 2014 年水温相似，与下游其他站点相比，大坝出口附近的水温偏差波动很小（图 6.4－26）。

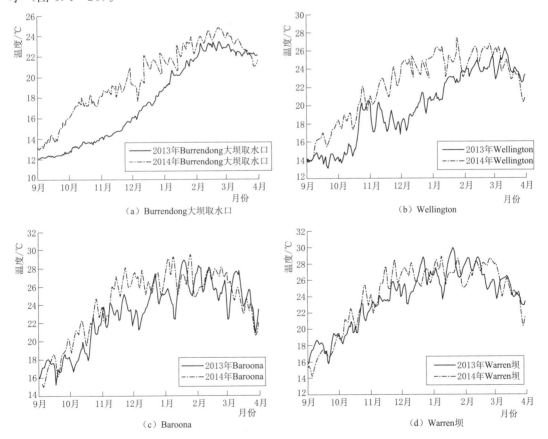

（a）Burrendong 大坝取水口　　　（b）Wellington

（c）Baroona　　　（d）Warren 坝

图 6.4－26　2014 年与 2013 年之间在 4 个地点的每日温度偏差

这几年的日平均温差随着距离大坝的距离增加而减小（图 6.4-28）。表 6.4-6、图 6.4-27表明，2013 年 Warren 地区的水温可能仍在恢复。Baroona 和 Wellington 之间的日温偏差差异显著（$P=0.0002$）（表 6.4-7）。这与利用图 6.4-25 中的 95% 置信区间和渐变曲线确定的 125km 的恢复距离一致。

表 6.4-6　　　　　　　　　　5 个选定地点的日平均水温统计

站　点	水温/℃				
	平均数	中位数	绝对偏差中位数	最小值	最大值
大坝泄水口	2.04	2.6	2.22	−1.6	5.2
Wellington	1.80	2.1	2.97	−4.7	7.6
Baroona	0.96	0.9	2.22	−4.3	5.3
Gin Gin	0.76	0.75	2.00	−2.8	4.2
Warren	0.43	0.3	1.78	−3.2	4.4

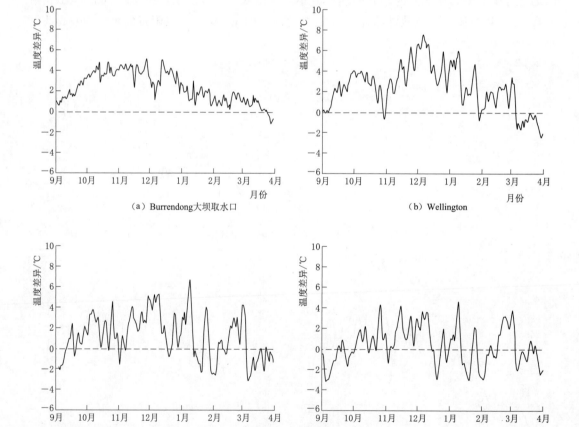

（a）Burrendong大坝取水口

（b）Wellington

（c）Baroona

（d）Warren坝

图 6.4-27　幕布使用前后温度差差异

表 6.4－7　　Burrendong 大坝下游 Macquarie 河上各监测点之间日水温偏差比较

比　　　较	D 值	P 值
Gin Gin 与 Warren	0.122	0.224
Gin Gin 与 Baroona	0.110	0.285
Baroona 与 Wellington	0.226	0.0002
Wellington 与大坝泄水口	0.120	0.144

9. 生物影响：对本地鱼类的影响

图 6.4－29 显示了三种本地鱼类在 Macquarie 河产卵的温度范围。银鲈在 9 月至次年 1 月下旬产卵需要达到 23℃ 的最低温度，在初夏墨累鳕鱼产卵温度需要从 16.4℃ 上升到 20.6℃，金鲈在 10 月至 3 月的产卵季节需要达到 23.5℃ 的最低温度[172,174]。2013 年，繁殖期间观察到的最低温度比墨累鳕鱼产卵所需的最低温度低近 6℃，比银鲈的温度低 8℃，有时甚至比金鲈的最低温度低 10.5℃。在产卵季节快结束时，金鲈的温度范围只是短暂地达到，而墨累鳕鱼和银鲈的温度范围根本没有达到。从 2014 年夏季开始，随着幕布的投入使用，墨累鳕鱼满足温度范围的时间更多，而银鲈和金鲈的温度范围也得到了一些满足。

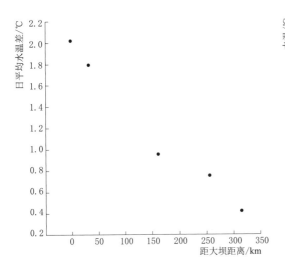

图 6.4－28　Burrendong 大坝下游
5 个站点的日平均温差

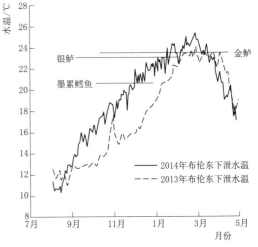

图 6.4－29　Burrendong 下游测量站
日平均水温观测值

6.4.3.5　讨论

1. 历史上的冷水污染

当温度分层时，带有底层取水口的水库从滞温层下泄水体。相比于自然情况，这可能导致下游河流水温下降[114,120,128,183]。Burrendong 大坝下游的 Macquarie 河的热力图出现频繁的降温期证明了这一点。最严重的冷水污染事件发生在春夏季，这时上游站点和下游站点之间的最大日平均水温差通常超过 10℃。这与水库的温度分层、水库水位较高、滞温层下泄量较多的情况相吻合。通过底孔泄流的大型水库中的高水位与下游极端水温有关。水位越高会使温跃层距离出水口更远，在泄流时抽取了冷水[120,184]。由于水的比热容高，大型水体对温度变化的稳定性特别好[184-185]。洪水期水温受大气条件影响比枯水期小，因此下游水温恢复慢，导致下游水体低温范围更长[186]。

在 2010 年、2011 年和 2012 年冷水污染最显著时，当水位大于高程 340.00m（该水位条件下出口在水面以下 27.43m），并且大坝流量超过 500 万 m³/d 时，这些因素最突出。

2. 水温控制幕在减少冷水污染方面的有效性

幕布的使用改善了 Burrendong 大坝下游的水温。可以观察到两年夏季温度的变化，2014 年日均水温升高 2～3℃（图 6.4-16），月均水温升高 2.5℃（图 6.4-17）。水温的提高可归因于用幕布选择性下泄温度较高的表层水。这些改善可使大坝下游的水温与上游的水温分布更为接近。设置幕布后，在 1 月和 12 月可以看到月均水温提高了约 3℃（图 6.4-19）。但是，下泄水量也可能对幕布降低冷水污染的效果有影响。

在设置幕布之前的一年（2013 年），大坝下游的水温很少与天然状态的上游水温一致。从幕布开始抽取表层水开始，上游和下游站点之间的温度差就减小了。有 6 种情况没有温差，说明幕布已经成功地降低了冷水污染，为 Macquarie 河创造了一个更自然的温度范围。位于 Cudgegong 河上 Burrendong 大坝上游的 Windamere 大坝通过在小流量时段使用多层出水口分层取水结构选择性地抽出表层水，同样成功地缓解了冷水污染[187]。在 Windamere 湖大流量下泄期间（例如，向 Burrendong 大坝输水），滞温层泄水有可能使水温降低至低于天然水温 8℃。但是，分层取水可以将其降低到只比自然状态情况低 4℃。

需要注意的是，在整个研究期间，水库的蓄水量都很低（10%～20% 的库容）。有时，出口仅在水面以下 10m 处。由于水位较低，温跃层离出口更近，这意味着温度更高的水将被下泄到下游。当水位较高时，温跃层所处位置进一步升高，导致冷水污染更加严重。考虑到库区水位太低，本书研究的结果是相对保守的，而且当库区蓄水量达到最大时，降低冷水污染的潜力将会更大。

3. 昼夜范围

水温的自然变化主要是随着气温和太阳辐射等气候条件的改变而发生变化[188-191]。水温的昼夜变化和短期变化对河流的生态健康至关重要，河流温度的变化为水生生物提供了稳定的生态环境。其次，温度交替变化影响不同的物种[192-193]。此外，昼夜变化也为许多鱼类、桡足类和无脊椎动物的产卵和幼虫发育提供了重要的环境条件[169,193-194]。

大坝的滞温层下泄减缓了一天内的温度变化，也减小了天然条件下冬季和夏季的最大水温差[120]。滞温层与大气隔绝，这意味着它对气温变化和其他气候条件变化的响应不迅速，而水库的表层水暴露在大气中，虽然仍有很大程度的缓冲作用，但它每天都会对所遇到的热条件作出反应。如在 Macquarie 河中所见，在滞温层泄流时，昼夜水温差被最小化了（图 6.4-23 和图 6.4-24）。通过引导表层水通过幕布下泄到 Macquarie 河中，昼夜差得到了明显改善，并且更能代表自然条件。由于河道上游通常较为宽浅，昼夜水温差通常比更宽更深的下游要大。因此可以认为，大坝出口处的昼夜水温差变化与位于大坝上游

100 多千米处自然参考点有一些偏差。

4. 下泄流量对于水温控制幕作用的影响

研究表明，在小流量下泄的情况下，幕布内出现温度分层，这可能是 2014 年以来虽然从表层取水但是上游和下游站点日均水温差异规律发生变化的原因。小流量下泄使幕布内的水体分层，很可能是通过与水库其余部分类似的机制进行的。当幕布内部的温度高于其外部的水库水体的温度时，可能会通过幕布散热。

随着下泄流量的增加，幕布内部温度分层被破坏。这表明，尽管水温控制幕内的温度分层使得下泄水体的温度降低，从而降低水温控制幕改善冷水污染的效果，但是可以通过调控下泄流量来打破温度分层来解决。众所周知，增加水体的流动会破坏水体分层，因为水体分层需要在平静或缓慢流动的水体中才能形成[195]。然后，将水体分层与观察到的出口水温联系起来，后者与出口流量呈显著的线性关系。夏季，通过幕布的流量增加，这与下游温度的升高相吻合，表明幕布改善下游水温的效果提升了。对于本水库而言，采用线性回归方法确定了下泄阈值（图 6.4 - 22），其中下泄流量和平均温差呈负相关，而在更大的下泄流量时这种负相关减弱。当分层变弱时，下泄的水温将比分层变强时更高。这确定了有效管理幕布内温度分层的阈值。幕布中这种分层现象的减弱使得较温暖的地表水可以输送到出口，而不会产生过多的热量损失。

该信息对于有效管理幕布非常重要。最高需水量出现在夏季，以满足下游农业的灌溉需求。众所周知，温度分层期间的大流量下泄会导致大坝下游严重的冷水污染。由于幕布设置，大流量意味着这些农业需求可能在未来得到满足，并且增加流量不会对 Macquarie 河下游的水温环境造成损害。

这种关系在分配环境流量时也可能是有益的，例如调节时间和流量，以保持河流生态健康[196-198]。如果不考虑温度，环境流量的有效性可能会被抵消[166]。河流自然温度形态的整合对于维持生态健康是至关重要的[115,199]。对于 Macquarie 河未来的环境流量的确定，应考虑确定下泄阈值以使用幕布改善温度分布。现有研究表明下泄流量应高于 80 万 m^3/d，以更好地模仿自然温度状态。

5. 温度恢复距离

选择持续遭受最严重冷水污染的月份（12 月）来评估在设置幕布之前（2013 年）和之后（2014 年）Burrendong 大坝的水温效应的纵向持久性。比较两个 12 月期间的月均值，可以发现幕布有效地改善了水温恢复距离（图 6.4 - 24）。结果表明，2013 年 12 月的冷水污染延续了 125km。大坝的温度效应在 2014 年仅持续到下游 25km，总平均恢复距离减少了 105km。使用近似曲线与上游站点的 95% 置信区间对比，可以确定这些距离。2013—2014 年，大坝下游 5 个站点的水温残差（表 6.4 - 6）进一步表明昼夜温差随着距离大坝的距离减小而减小（图 6.4 - 27）。Wellington 站点和 Baroona 站点的残差均值明显不同，分别代表了 2013 年和 2014 年离温度恢复距离最近的位置，分别为 125km 和 20km，这进一步支持了使河流平均水温恢复到上游 Baroona 站点温度的研究结果。

Harris[112] 是第一个评估 Macquarie 河上冷水污染持久性的人，他建立该河的纵向热剖面，将连续两天的平均读数与预测的自然温度（由最佳拟合回归得出）进行比较，并得出结论，在 Burrendong 大坝以下超过 300km 的河流受到冷水污染的严重影响（定义为比自然状态下低5℃）。有趣的是，Burton提出了一项关于月均值的研究，并将数据与紧靠大坝上游的温度数据计算出的第20个和第80个百分位数进行了比较。他的结论是，Macquarie河117km的河段比自然温度低1～2℃。两项研究使用不同的方法评估大坝的影响，从而对问题的严重程度得出了不同的结论。

通过对设置幕布前后夏季短时间序列片段的比较，以及对2013年和2014年受影响最严重月份的月均温度的关注，得出了不同的结论。这些方法的结合综合冷水污染发生期间温度的日间变化，从而可以更广泛地观察2013年和2014年夏季的温度分布趋势。

6. 对生物和生态的影响：鱼类

水位和温度的升高都是许多原生鱼产卵的重要环境条件[172]。金鲈、银鲈和墨累鳕鱼只是Macquarie河中的少数本地鱼类，它们需要在各自的繁殖季节达到最低水温，从而开始产卵[172,174]。当把它们在各自的时间范围内所需的最低水温范围与Burrendong大坝出口处观测到的日平均水温进行比较时，很明显较低取水口下泄的水体形成的温度环境通常不适合这些本地鱼类（图6.4-29）。然而，随着表层水下泄，温度环境得到了改善。这项研究表明，大坝下泄的冷水可能对当地鱼类的生存能力产生了直接的负面影响。随着幕布的使用，有证据表明，这些鱼繁殖的温度需求正在得到满足。

受环境温度改变带来的影响程度还与河流中本地鱼类的种群密度和体重有关[123,153-154]。例如，当暴露在比自然范围低10℃的水温下时，幼年银鲈生长缓慢，成活率低[123]；暴露于低于13℃（低于自然范围3～8℃）的温度下的墨累鳕鱼的卵和幼鱼的成活率为0[125]。大坝下游的Macquarie河需要进一步的研究，以评估幕布对当地鱼类群落的影响。

积极的生态影响还与改善的昼夜温差有关。使用幕布后，Macquarie河更接近自然形态。鱼的生长速度受水温变化的影响，因此与恒定的水温相比，生长速度的增加与温度的波动有关[200-202]。在这些波动的条件下，鱼类的耗氧量和代谢活性也在增加[201]，并且对某些鱼类免疫力的提高也有积极的作用[202]。

7. 对生物和生态的影响：无脊椎动物和浮游生物

包括浮游生物和大型无脊椎动物在内的其他水生生物对改善的温度变化也有积极的反应，这使人联想到原始的河流。通常在温度变化较大的水体中，桡足类的卵和幼体发育得更好，在试验室中处于稳定温度的群体中死亡率更高[194]。在大型无脊椎动物的原位试验中也有类似的发现[194]。例如，以恒定速率暴露在被认为对昆虫具有致死性的温度（一个昼夜循环中的最大值）时，被用来诱导暴露的昆虫产生刺激性反应[193]。结果表明，在温度变化较大的环境中，桡足类和大型无脊椎动物的代谢效率更高。

水库下层底栖生物群落结构的显著变化是由于夏季下游最高温度滞后和降低导致的[203]。对无脊椎动物的影响包括物种多样性的减少和某些适应新热力形态优势物种种群数量的增加[203-204]。春夏季节性最高水温的延迟和降低可能无法刺激某些昆虫的出现。孵化时间与水温之间的密切关系表明孵化时间延长和高死亡率是由于虫卵暴露于高于或低于其自然温度范围引起的[205-206]。

6.4.3.6　结论

目标1的几个假设得到了证实，因为在Macquarie河上，冷水污染被确定为一个长期问题，是由热分层水库释放出的低水温水造成的。通过使用幕布提高了下游温度，无论是在大坝的下游还是在纵向尺度上，都证实了研究提出的假设。昼夜温度变化受到滞温层水体下泄的负面影响，并随着表层水下泄的变化而改善。下游的温度分布更好地反映了上游参考点的分布。

研究还发现幕布内的温度分层是一个潜在的问题，下泄小流量时可能会降低幕布结构缓解冷水污染的有效性。这可以通过流量管理来控制，流量增加到 80 万 m^3/d 以上，幕布内温度分层就会消失，就可以通过幕布来缓解冷水污染。

需要注意的是，在整个研究期间，水库的水位始终很低，温跃层位于离出口更近的位置。当水库的水位较高时，温跃层相对于取水口进一步升高，导致冷水污染更加严重。因此，本书研究的结果是偏保守的，而且随着 Burrendong 大坝水位的升高，幕布在缓解冷水污染方面的效果可能会更加显著。

第 7 章

结 论 与 展 望

7.1 主要结论

7.1.1 水库水温分层机理

受季节规律影响，水库在沿水深方向上呈现出有规律的水温分层，并且水温分层情况在一年内周期性地循环变化着。冬季，由于气温较低，水库水体表面温度也较低，上部水体密度较大，向下流动，水体内部的对流掺混较好，这一时期水体温度基本上是呈等温状态分布的；春季，由于气温逐渐升高，太阳辐射和大气辐射对水体表面的加热量也逐渐增加，再加上水体表面对太阳辐射能的吸收、穿透作用，故使库面水体逐渐变暖；同时，在这个时期内入库河水的温度比水库原有水体的温度高，密度较低，从库表面流入水库，并与靠近水体表面的涡流进行对流掺混，在以上诸因素的综合作用下，库面温水层向平面方向扩展，随着时间的推移也向垂直的方向延伸，使温水层的厚度加大，而且在温水表层内进行着均匀的掺混作用，最后形成表温层。在表温层下，由于水体对太阳辐射的吸收、穿透和水体内部的对流热交换、热传导作用，使库水体温度随水深加大而发生水体表面受热多、放热少、水温升高较快的现象。

7.1.2 水温分层模型试验相似理论

水库水温分层模型相似理论主要包括两个方面：水动力相似和温度分层相似。开展试验时需要同时满足两个方面的相似律，才能够通过物理模型试验正确揭示原型的水温分层特征。分层型水库取水流动的相似条件归纳为：在几何相似的前提下，保证研究区域内的弗劳德数 Fr 和密度弗劳德数 F_d 相等。满足上述条件时，坝前分层水体经进水口出库的水温是相似的。得出在保证模型与原型的弗劳德数 Fr 和密度弗劳德数 F_d 相等的相似条件下，模型与原型出库水温的换算关系为

$$T_H = T_M + (T_{BH} - T_{BM}) \qquad (7.1-1)$$

式中：T_H 为原型出库水温，℃；T_M 为模型出库水温，℃；T_{BH} 为原型基础水温，℃；T_{BM} 为模型基础水温，℃。

即需保证原型和模型中的垂向水层温差相似。

7.1.3 水温分层取水数值模拟

垂向一维水库水温模型是把水体划分为一系列水平薄层，忽略水平薄层的水温变化，

假设热交换只沿垂向进行，水平面温度均匀分布。控制方程包括水量平衡方程和水温方程。模型初始条件可以为热启动和冷启动，冷启动初始条件可以给任意合理条件。边界条件根据模型需要给定水库入流和出流条件、水气热交换条件和太阳辐射条件等。以 CE-QUAL-W2 模型为例介绍了立面二维水动力和水质数值模型，适用于相对狭长的水体。该模型擅长求解物理量的纵垂向分布，如流速、水温、密度、守恒示踪剂浓度、营养盐浓度、泥沙、冰盖等，可以较为准确地模拟出上下层水体之间的物质和能量交换。三维水库水温模型控制方程包括水动力学及水温方程。状态方程对于常态下的水体，可忽略压力变化对密度的影响。采用 Boussinesq 假定，即在密度变化不大的浮力流问题中，只在重力项中考虑密度的变化，而控制方程中的其他项不考虑浮力作用。这些模型，可以根据研究问题的需要而采用，只要边界条件和相关参数取值合适，均能得到较为满意的成果。

7.1.4　叠梁门分层取水

依托乌东德、白鹤滩、亭子口三个大型水电站叠梁门分层取水大比尺物理模型试验和数值模拟研究成果，对叠梁门分层取水的水动力学特性相关成果进行了介绍。主要考虑不同运行工况下叠梁门水头损失、流态、淹没深度等关键水动力学特性，提出了叠梁门优化布置型式和运行原则，为设计和运行调度提供支撑。

7.1.5　水温控制幕分层取水

水温控制幕分层取水主要有两种形式：一种为水库河道断面隔断的幕布形式；另一种为取水塔式水温控制幕分层取水。依托三板溪水库水温控制幕，介绍了河道断面阻断形式的水温控制幕分层取水机理、物理模拟试验、数值模拟相关成果。依托澳大利亚 Burren-dong 大坝取水塔水温控制幕，比较了不同分层取水形式的物理机理和造价，并对水温控制幕减缓下泄冷水不利影响的效果进行了系统介绍。

7.2　展望

水库水温分层，不仅会改变天然河道的热力形态，还会引起水库和下游河道一系列生态环境问题，本书较为系统地介绍了与水温分层密切相关的水温分层机理、水库及下游河道水温季节性变化规律、原型观测、理论分析、物理试验和数值模拟等研究手段的进展等方面的成果。然而，到目前为止，水温分层的相关理论和其减缓措施以及其生态环境影响的研究仍然不成熟。现有的水温分层取水措施，主要为叠梁门和水温控制幕，每种措施都还有一定的不足，例如叠梁门运行管理十分复杂和耗时，水温控制幕的结构和材料研究还不成熟，这些都需要深入开展研究。

虽然现有分层取水措施能够在一定程度上解决下游河道水温情势改变的不利影响问题，但是也会带来新的生态环境问题。例如，当考虑水库内部水质时，滞温层水体下泄优于表层水体下泄。从底层取水口取水会导致缺氧的持续时间和深度减少，从而减少营养和金属在下层动物体内的富集。然而，底部水体泄流在下游的效应已被公认为对河流生态健康和人为利用不利。这些对下游的影响包括富营养化、非自然的温度状态、氧气消耗和产生难闻的气味。到底采用何种方案减缓水库修建带来的生态环境不利影响，目前还不能给出较为完美的答案，其根本原因是我们对于水库修建后带来的生态环境影响认识还不成熟，以及已有的措施实施后的效果和是否产生新的生态环境问题还不清楚。因此，今后的研究，不能单纯考虑水温的影响，还应综合考虑环境生态影响，每种措施实施前都应有系统论证和实施后应进行跟踪研究。最终期望采取的方案能够在实现减小水温影响，减小生态环境的不利影响的同时，不带来新的生态环境问题。

参 考 文 献

［1］ 孙振刚，张岚，段中德. 我国水库工程数量及分布［J］. 中国水利，2013（7）：10-11.

［2］ 中华人民共和国水利部. 2011 年水利发展统计公报［A］. 2011.

［3］ 余常昭，M. 马尔柯夫斯基，李玉梁，等. 水环境中污染物扩散输移原理与水质模型［M］. 北京：中国环境科学出版社，1989.

［4］ 余常昭. 环境水力学导论［M］. 北京：清华大学出版社，1992.

［5］ 张大发. 水库水温分析及估算［J］. 水文，1984（1）：19-27.

［6］ 朱伯芳. 库水温度估算［J］. 水利学报，1985（2）：12-21.

［7］ ORLOB G T. Mathematical modeling of water quality：Streams，lakes and reservoirs［M］. Wiley，1983.

［8］ HARLEMAN D R F. Hydrothermal analysis of lakes and reservoirs［J］. Journal of the Hydraulics Division，1982（108）：301-325.

［9］ IMBERGER J，PANERSON J，HEBBERT B，et al. Dynamics of reservoir of medium size［J］. Journal of the Hydraulics Division，1978（104）：725-743.

［10］ 李怀恩，沈晋. 一维垂向水库水温数学模型研究与黑河水库水温预测［J］. 陕西机械学院学报，1990（4）：236-243.

［11］ 杨传智. 垂向一维水质模型及在龙滩水库水质预测中的应用［J］. 水资源保护，1991（1）：26-34.

［12］ 陈永灿，张宝旭，李玉梁. 密云水库垂向水温模型研究［J］. 水利学报，1998（9）：14-20.

［13］ COLE，T，BUEHAK，E. CE-QUAL-W2：A two-dimensional，laterally averaged，hydrodynamic and water quality model，version1. 0［R］. Technical Report EI-95-1，U. S. Army Engineer waterways Experiment Station，Vieksburg，MS，1986.

［14］ COLE T，BUEHAK E. CE-QUAL-W2：A two-dimensional，laterally averaged，hydrodynamic and water quality model，version2. 0［R］. Technical Report EI-95-1，U. S. Army Engineer waterways Experiment Station，Vieksburg，MS，1995.

［15］ COLE T M，WELLS S A. CE-QUAL-W2：A two-dimensional，laterally averaged，hydrodynamic and water quality model，version 3. 1［R］. Technical Report EI-2002-1，U. S. Army Engineering and Research Development Center，Vieksburg，MS，2002.

［16］ HUANG P S，JOSEPH L D，and TAVIT O N. Mixed-layer hydrothermal reservoir model. Journal of Hydraulic Engineering，1994（120）：7.

［17］ GERARD J F，HEINZ G S. Mathematical modeling of plunging reservoir flows［J］. Journal of Hydraulic Research，1988，26（5）：525-537.

［18］ YOUNG D L. Chapter10：Finite element analysis of stratified lake hydrodynamics［J］. Environmental Fluid meehanics-theories and applications，Edited by Hayley Shen，ete. 2002.

［19］ JOHNSON B H. A review of multidimensional reservoir hydrodynamic modeling［C］. Proc. of the Symp. On Surface water Impoundments，H F Stefaned.，ASCE，June，1980：497-507.

［20］ JOHNSON B H. A review of numerical reservoir hydrodynamic modeling［R］. U. S. Army Engr. Waterways Experiment Statio，Vicksburg，Miss. 1981.

［21］ BUCHAK E M，EDINGER J E. User guide for LARM2：A longitudinal-vertical time-varying hydrodynamic reservoir model［R］. Instruction Report E-82-3，U. S. Army Corps of Engineerings，waterways Experiment Station，Vicksburg，Miss，USA. 1982.

[22] KARPIK S R，RAITHBY G D. Laterally averaged hydrodynamics model for reservoir Predictions [J]. Journal of Hydraulic Engineering，1990，116（6）：783－798.

[23] 江春波，张庆海，高忠信. 河道立面二维非恒定水温及污染物分布预报模型 [J]. 水利学报，2000（9）：20－24.

[24] 陈小红. 分层型水库水温水质模拟预测研究 [D]. 武汉：武汉水利电力学院，1991.

[25] 邓云. 大型深水库的水温预测模型 [D]. 成都：四川大学，2003.

[26] 杜丽惠，丁则平，张黎明. 二维温差水流数值模拟 [J]. 水力发电，2006，32（10）：32－34.

[27] 李凯. 三峡水库近坝区三维流场温度场数值模拟 [D]. 北京：清华大学，2005.

[28] 马方凯，江春波，李凯. 三峡水库近坝区三维流场及温度场的数值模拟 [J]. 水利水电科技进展，2007，3（27）：17－20.

[29] 任华堂，陈永灿，刘昭伟. 三峡水库水温预测研究 [J]. 水动力学研究与进展，2008，2（23）：141－148.

[30] POPE S B. A more general effective viscosity hypothesis [J]. J Fluid Mech，1975，72：331－340.

[31] TAULBEE D B，SONNENMEIER J R，WALL K M. Stress relation for three－dimentsional turbulent flows [J]. Phys. Fluids，1994，6：1399－1401.

[32] GATSKI T B，SPEZIALE C G. On explicit algebraic stress models for complex turbulent flows [J]. Journal of Fluid Mechanics，1993，254（7）：59－78.

[33] WALLIN S，JOHANSSON A V. Modelling of streamline curvature effects on turbulence in explicit algebraic reynolds stress turbulence models [J]. In Proceedings of Turbulence and Shear Flow Phenomena Ⅱ，2001，Ⅱ：223－228.

[34] SO R M C，VIMALA P，JIN L H，et al. Accounting for buoyancy effects in the explicit algebraic stress model：Homogeneous turbulent shear flows [J]. Theoretical computational fluid dynamics，2002，15：283－302.

[35] 陈石. 多维流动湍流代数应力模型的比较 [J]. 大连理工大学学报，1996，36（5）：610－614.

[36] 高殿武，赵春刚，顾泽元. 热分层湍流计算机模拟的数学模型研究 [J]. 黑龙江矿业学院学报，1999，9（3）：26－30.

[37] 钱炜祺，符松，章光华. 用非线性涡黏性模式计算三维湍流边界层 [J]. 空气动力学学报，2006，6：165－173.

[38] DALY B J，HARLOW F H，Transport equations in turbulence [J]. Phys Fluid，1970，13：26－34.

[39] ABE K，SUGA K. Large eddy simulation of paasive scalar fields under several strain conditions [J]. In proc. Turbulent Heat Transfer II，1998：8－15.

[40] GIRIMAJI S S，BALACHANDAR S. Analysis and modeling of buoyancy generated turbulence using numerical data [J]. Int. J. Heat Mass Transfer，1998，41：915－929.

[41] YOSHIZAWA A. Statistical modelling of passive－scalar diffusion in turbulent shear flows [J]. Journal of Fluid Mechanics，1988，195：541－555.

[42] YOUNIS B A，SPEZIALE C G，CLARK T T. A non－linear algebraic model for the turbulent scalar fluxes [J]. Presented at the international conference on Turbulent Heat Transfer，San Diego，CA，1996.

[43] WIKSTRÖM P M，WALLIN S，JOHANSSON A V. Derivation and investigation of a new explicit algebraic model for the passive scalar flux [J]. Physics of Fluids，2000，12（3）：688－702.

[44] 倪浩清，李福田. 曲线坐标下三维水动力学生态综合模型的建立 [J]. 水利学报，2005，8（36）：891－899.

[45] 许唯临. 代数应力模型在自由面射流中的应用 [C]. 泄水工程与高速水流情报网第三届全网大会论文集（上）. 武汉，1990.

[46] 戴会超，槐文信，吴玉林，等. 水利水电工程水流精细模拟方法 [P]. 发明专利 CN101017517.

[47] 华祖林，王惠民，许协庆. 正交曲线坐标下三维代数应力通量模型 [J]. 水动力学研究与进展，2001，16 (2)：131 - 142.

[48] BOHAN J P, GRACE J L. Mechanics of flow from stratified reservoirs in the Interest of Water Quality; Hydraulic Laboratory Investigation [R]. Technical Report H - 69 - 10, U. S. Army Engineer Waterways Experiment Station, CE, Vicksburg, Miss, 1969.

[49] U. S Department of the Interior. Hungry Horse selective withdrawal hydraulic model study [R], 1994.

[50] 陈惠泉. 冷却池水流运动的模型相似问题 [J]. 水利学报，1964 (4)：14 - 26.

[51] 陈惠泉. 冷却水运动模型相似性研究 [J]. 水利学报，1988 (11)：1 - 9.

[52] 赵振国. 冷却池试验模型律探讨 [J]. 水利学报，2005，36 (3)：1 - 13.

[53] 任华堂，陶亚，夏建新. 不同取水口高程对阿海水库水温分布的影响 [J]. 应用基础与工程科学学报，2010，18 (7)：84 - 91.

[54] 雷艳，李进平，求晓明. 大型水电站分层取水进水口水力特性的研究 [J]. 水力发电学报，2010，29 (5)：209 - 215.

[55] 张士杰，彭文启，刘昌明. 高坝大库分层取水措施比选研究 [J]. 水利学报，2012，43 (6)：653 - 658.

[56] 高学平，张少雄，张晨. 糯扎渡水电站多层进水口下泄水温三维数值模拟 [J]. 水力发电学报，2012，31 (1)：195 - 201.

[57] 高学平，赵耀南，陈弘. 水库分层取水水温模型试验的相似理论 [J]. 水利学报，2009 (11)：1374 - 1380.

[58] 高学平，陈弘，宋慧芳. 水电站叠梁门多层取水下泄水温公式 [J]. 中国工程科学，2011，13 (12)：63 - 67.

[59] 杨鹏，袁端，李晓彬. 董箐水电站发电引水系统进水口分层取水设计 [J]. 贵州水力发电，2011，25 (5)：18 - 20.

[60] 姜跃良，何涛. 金沙江溪洛渡水电站进水口分层取水措施设计 [J]. 水资源保护，2011，27 (5)：119 - 122.

[61] 章晋雄，张东，吴一红，等. 锦屏一级水电站分层取水叠梁门进水口水力特性研究 [J]. 水力发电学报，2010，29 (2)：1 - 6.

[62] 柳海涛，孙双科，王晓松，等. 大型深水库分层取水水温模型试验研究 [J]. 水利发电学报，2012，31 (1)：129 - 134.

[63] 黄永坚. 水库分层取水 [M]. 北京：水利电力出版社，1986.

[64] BOHAN J P, GRACE J L. Selective withdrawal from man - made lakes [R]. Technical Report H - 73 - 4, U. S. Army Engineer Waterways Experiment Station, 1973.

[65] HONDZO M, STEFAN H G. Lake water temperature simulation [J]. Journal of Hydraulic Engineering, 1993, 119 (11)：1251 - 1273.

[66] 张少雄. 糯扎渡水电站分层取水下泄水温数值模拟 [D]. 天津：天津大学，2009.

[67] 陈弘. 糯扎渡水电站分层取水下泄水温模型试验研究 [D]. 天津：天津大学，2013.

[68] 徐茂杰. 大型水电站取水口分层取水水温数值模拟 [D]. 天津：天津大学，2008.

[69] 常理，纵霄，张磊. 光照水电站水温分析预测及分层取水措施 [C] //中国水力发电工程学会环境保护专业委员会 2006 年学术年会，海南三亚，2006.

[70] SHERMAN B. Scoping options for mitigating cold water discharges from dams [R]. CSIRO Land and Water Canberra，2000.

［71］ BARTHOLOW J，HANNA R B，SAITO L，et al. Simulated limnological effects of the shasta lake temperature control device ［J］. Environmental Management，2001，27（4）：609 - 626.

［72］ 王冠. 大型深水库纵竖向二维水温模拟 ［D］. 南京：河海大学，2007.

［73］ 张仙娥. 大型水库纵竖向二维水温、水质数值模拟——以糯扎渡水库为例 ［D］. 西安：西安理工大学，2004.

［74］ 高学平，张少雄，刘际军，等. 浮式管型取水口下泄水温试验研究 ［J］. 水力发电学报，2013，32（2）：163 - 167.

［75］ GAO X，LI G，HAN Y. Effect of flow rate of side - type orifice intake on withdrawn water temperature ［J］. The Scientific World Journal，2014，2014：979140.

［76］ 谢玲丽，仇金长，高文，等. 聚仙庙水库平面钢闸门分层取水设计及应用 ［J］. 人民黄河，2015，37（12）：139 - 141.

［77］ 汤世飞. 光照水电站叠梁门分层取水运行情况分析 ［J］. 贵州水力发电，2011，25（4）：18 - 21.

［78］ 刘欣，陈能平，肖德序，等. 光照水电站进水口分层取水设计 ［J］. 贵州水力发电，2008，22（5）：33 - 35.

［79］ 杜效鹄，喻卫奇，苗建良. 水电生态实践——分层取水结构 ［J］. 水力发电，2008（34）：28 - 32.

［80］ VERMEYEN T B. Use of temperature control curtains to control reservoir release water temperatures ［R］. U. S. Bureau of Reclamation，Denver，Colorado，1997.

［81］ VERMEYEN T B，JOHNSON P L. Hydraulic performance of a flexible curtain used for selective withdrawal：A physical model and prototype comparison ［J］. Proceedings of the Hydraulics Division ASCE National Conference. San Francisco，CA，1993：25 - 30.

［82］ 蔡为武. 水库及下游河道的水温分析 ［J］. 水利水电科技进展，2001，21（5）：20 - 23.

［83］ 李怀恩. 水库水温数学模型研究与黑河水库水温预测 ［D］. 西安：西安理工大学，1988.

［84］ 岳耀真，赵在望. 水库坝前水温统计分析 ［J］. 水利水电技术，1997（3）：2 - 7.

［85］ 李德水，任小凤，李树森，等. 小浪底水库坝前水温统计分析 ［J］. 人民黄河，2008（2）：77 - 78.

［86］ 孙万光，刘天鹏，苏加林，等. 严寒地区库水温计算经验公式对比及修正 ［J］. 水力发电学报，2016，35（3）：113 - 120.

［87］ BUTCHER J B，NOVER D，JOHNSON T E，et al. Sensitivity of lake thermal and mixing dynamics to climate change ［J］. Climatic Change，2015，129（1 - 2）：295 - 305.

［88］ LIU W，JIANG D，CHENG T. Effects of flood on thermal structure of a stratified reservoir ［J］. Procedia Environmental Sciences，2011，10：1811 - 1817.

［89］ DAI L，DAI H，JIANG D. Temporal and spatial variation of thermal structure in Three Gorges Reservoir：A simulation approach ［J］. Journal of Food Agriculture & Environment，2012，10（23）：1174 - 1178.

［90］ HAN B，ARMENGOL J，CARLOS G J，et al. The thermal structure of sau reservoir（NE：Spain）：A simulation approach ［J］. Ecol Model，2000，125（2 - 3）：109 - 122.

［91］ WANG S，QIAN X，HAN B，et al. Effects of local climate and hydrological conditions on the thermal regime of a reservoir at tropic of cancer，in Southern China ［J］. Water Res，2012，46（8）：2591 - 2604.

［92］ MILSTEIN A，ZORAN M. Effect of water withdrawal from the epilimnion on thermal stratification in deep dual purpose reservoirs for fish culture and field irrigation ［J］. Aquacult int，2001，9（1）：81 - 86.

［93］ 薛联芳，颜剑波. 水库水温结构影响因素及与下泄水温的变化关系 ［J］. 环境影响评价，2016，（3）：29 - 31.

［94］ ZHANG Y，WU Z，LIU M，et al. Dissolved oxygen stratification and response to thermal structure and long－term climate change in a large and deep subtropical reservoir（Lake Qiandaohu，China）［J］. Water Res，2015，75：249－258.

［95］ 宋策，周孝德，辛向文. 龙羊峡水库水温结构演变及其对下游河道水温影响［J］. 水科学进展，2011，22（3）：421－428.

［96］ 脱友才，刘志国，邓云，等. 丰满水库水温的原型观测及分析［J］. 水科学进展，2014，（5）：731－738.

［97］ HUANG T，LI X，RIJNAARTS H，et al. Effects of storm runoff on the thermal regime and water quality of a deep，stratified reservoir in a temperate monsoon zone，in Northwest China［J］. Science of the Total Environment，2014，485－486，820－827.

［98］ LINDIM C H E J. Modeling thermal structure variations in a stratified reservoir［C］// International congress on enviromental modeling and software（IEMSS），2010.

［99］ 陶美，逄勇，王华，等，洪水对水库水温分层结构的影响［J］. 水资源保护，2013，（5）：38－44.

［100］ MODIRI－GHAREHVERAN M，JABBARI E，ETEMAD－SHAHIDI A. Effects of climate change on the thermal regime of a reservoir［J］. Proceedings of the ICE－Water Management，2014，167（10）：601－611.

［101］ 张少雄. 大型水库分层取水下泄水温研究［D］. 天津：天津大学，2012.

［102］ 王银珠，濮培民. 抚仙湖水温跃层的初步研究［J］. 海洋湖沼通报，1982（4）：1－9.

［103］ 陈弘. 大型水库分层取水下泄水温模型试验与数值模拟研究［D］. 天津：天津大学，2013.

［104］ 南京水利科学研究院. 水利水电科学研究院. 水工模型试验［M］. 第二版. 水利电力出版社，1985.

［105］ 李钟顺，陈永灿，刘昭伟，等. 密云水库水温分布特征［J］. 清华大学学报（自然科学版），2012，52（6）：798－803.

［106］ 戚琪，彭虹，张万顺，等. 丹江口水库垂向水温模型研究［J］. 人民长江，2007（2）：51－53，154.

［107］ 孔勇，邓云，脱友才. 垂向一维水温模型在东江水库中的应用研究［J］. 人民长江，2017，48（10）：97－102.

［108］ ZHANG Z L，SUN B W，JOHNSON B E. Integration of a benthic sediment diagenesis module into the two dimensional hydrodynamic and water quality model－CE－QUAL－W2［J］. Ecological Survey，2015，297：213－231.

［109］ MA J，LIU D F，WELLS S A，et al. Modeling density currents in a typical tributary of the Three Gorges Reservoir，China［J］. Ecological Modeling，2015：113－125.

［110］ RACHEL G，Effectiveness of cold water pollution mitigation at Burrendong Dam using an innovative thermal curtain［R］. University of Technology，Sydney，2016.

［111］ GREEN，D.，PETROVIC J，MOSS P，BURRELL M. Water resources and management overview：Macquarie－Bogan catchment［R］. NSW Office of Water，Sydney，2011.

［112］ HARRIS J H. Controlling carp：Exploring the options for Australia［M］. Environmental Rehabilitation and Carp Control，1997.

［113］ BURTON，C. Assessment of the water temperature regime of the Macquarie River，NSW Department of Land and Water Conservation［R］. New South Wales，2000b.

［114］ PREECE，R，WALES N S. Cold water pollution below dams in New South Wales：a desktop assessment［R］. Water management Division，Department of Infrastructure，Planning and Natural Resources. 2004.

［115］ LUGG A. Eternal winter in our rivers：addressing the issue of cold water pollution［R］. NSW

Fisheries, 1999.

[116] YU Z Z, WANG L L. Factors influencing thermal structure in a tributary bay of Three Gorges Reservoir [J]. Journal of Hydrodynamics, 2011, 23 (4):

[117] PETTS G E. Impounded rivers: Perspectives for ecological management [J]. Enviromental Conservation, 1985, 12 (4): 380.

[118] SOMMER U, GLIWICZ Z M, LAMPERT W, et al. The PEG - model of seasonal succession of planktonic events in fresh waters [J]. Archiv Fur Hydrobiologie, 1986, 106: 433 - 471.

[119] INGLETON, T, KOBAYASHI T, SANDERSON B, et al. Investigations of the temporal variation of cyanobacterial and other phytoplanktonic cells at the off take of a large reservoir, and their survival following passage through it [J]. Hydrobiologia, 2008, 603: 221 - 240.

[120] PREECE R M, JONES H A. The effect of Keepit Dam on the temperature regime of the Namoi River [J], Australia. River Research and Applications, 2002, 18: 397 - 414.

[121] BALDWIN D S, WILLIAMS J. Differential release of nitrogen and phosphorus from anoxic sediments [J]. Chemistry and Ecology, 2007, 23: 243 - 249.

[122] BALDWIN D S, WILSON J, GIGNEY H, et al. Influence of extreme drawdown on water quality downstream of a large water storage reservoir [J]. River Research and Applications, 2010, 26: 194 - 206.

[123] ASTLES K L, WINSTANLEY R K, HARRIS J H, et al. Experimental study of the effects of cold water pollution on native fish [R]. Australia: NSW Fisheries Research Institute, 2003.

[124] SELIG U, SCHLUNGBAUM G. Longitudinal patterns of phosphorus and phosphorus binding in sediment of a lowland lake - river system [J]. Hydrobiologia, 2002, 472: 67 - 76.

[125] TODD C R, RYAN T, NICOL S J, et al. The impact of cold water releases on the critical period of post - spawning survival and its implications for Murray cod (Maccullochella peelii peelii): A case study of the Mitta Mitta River [J]. Southeastern Australia: River Research and Applications, 2005, 21: 1035 - 1052.

[126] DENT S R, BEUTEL M W, GANTZER P, et al. Response of methylmercury, total mercury, iron and manganese to oxygenation of an anoxic hypolimnion in North TwinLake [J]. Washington: Lake and Reservoir Management, 2014, 30: 119 - 130.

[127] Department of Public Works and Services. Modification of outlet works at DLWC Dams: Value management study report [R]. Sydney, Department of Public Works and Services, 1996.

[128] RYAN T, PREECE R M. Potential for cold water shock in the Murray - Darling Basin: A scoping study for the Murray - Darling Basin Commission [R], 2003.

[129] BURGER D F, HAMILTON D P, PILDITCH C A. Modelling the relative importance of internal and external nutrient loads on water column nutrient concentrations and phytoplankton biomass in a shallow polymictic lake [J]. Ecological Modelling , 2008, 211: 411 - 423.

[130] THRELKELD S T. Reservoir limnology; Ecological perspectives (K. W. Thornton. B. L. Kimmel, and F. E. Payne [eds.]) [J]. Limnology and Oceanography, 1990, 35: 1411 - 1412.

[131] KUNZ M J, ANSELMETTI F S, WUEEST A, et al. Sediment accumulation and carbon, nitrogen, and phosphorus deposition in the large tropical reservoir Lake Kariba (Zambia/Zimbabwe) [J]. Journal of Geophysical Research - Biogeosciences, 2011a, 116 (G3).

[132] KUNZ M J, WUEST A, WEHRLI B, et al. Impact of a large tropical reservoir on riverine transport of sediment, carbon, and nutrients to downstream wetlands [J]. Water Resources Research, 2011b, 47 (12).

[133] BLUMBERG A F, DITORO D M. Effects of climate warming on dissolved - oxygen concentrations

in Lake Erie [J]. Transactions of the American Fisheries Society, 1990, 119: 210 – 223.

[134] MORTIMER C H. The exchange of dissolved substances between mud and water in lakes [J]. Journal of Ecology, 1941, 29: 280 – 329.

[135] MORTIMER C H. Chemical exchanges between sediments and water in the Great Lakes speculations on probable regulatory mechanisms [J]. Limnology and Oceanography, 1971, 16: 387 – 404.

[136] AMIRBAHMAN A, PEARCE A, BOUCHARD R, et al. Relationship between hypolimnetic phosphorus and iron release from eleven lakes in Maine, USA [J]. Biogeochemistry, 2003, 65: 369 – 386.

[137] BEUTEL M W. Inhibition of ammonia release from anoxic profundal sediments in lakes using hypolimnetic oxygenation [J]. Ecological Engineering, 2006, 28: 271 – 279.

[138] CONLEY D, STALNACKE P, PITKANEN H, et al. The transport and retention of dissolved silicate by rivers in Sweden and Finland [J]. Limnology and Oceanography, 2000, 45: 1850 – 1853.

[139] PTACNIK R, DIEHL S, BERGER S. Performance of sinking and nonsinking phytoplankton taxa in a gradient of mixing depths [J]. Limnology and Oceanography, 2003, 48: 1903 – 1912.

[140] PINCKNEY J L, PAERL H W, HARRINGTON M B. et al. Annual cycles of phytoplankton community – structure and bloom dynamics in the Neuse River Estuary [J]. Marine Biology, 1998, 131: 371 – 381.

[141] LOPES C B, LILLEBO A I, DIAS J M. et al. Nutrient dynamics and seasonal succession of phytoplankton assemblages in a Southern European Estuary: Ria de Aveiro [J]. Estuarine Coastal and Shelf Science, 2007, 71: 480 – 490.

[142] MITROVIC S M, BOWLING L C, BUCKNEY R T. Vertical disentrainment of Anabaena circinalis in the turbid, freshwater Darling River, Australia: Quantifying potential benefits from buoyancy [J]. Journal of Plankton Research, 2001, 23: 47 – 55.

[143] FRAISSE S, BORMANS M, LAGADEUC Y. Morphofunctional traits reflect differences in phytoplankton community between rivers of contrasting flow regime [J]. Aquatic Ecology, 2013, 47: 315 – 327.

[144] HUISMAN J, MATTHIJS H C P, VISSER P M. Harmful cyanobacteria [M]. Springer, Dordrecht, The Netherlands, 2005.

[145] KOHLER J. Origin and succession of phytoplankton in a river – lake system (Spree, Germany) [J]. Hydrobiologia, 1994, 289: 73 – 83.

[146] WEHR J D, DESCY J P. Use of phytoplankton in large river management [J]. Journal of Phycology, 1998, 34: 741 – 749.

[147] COLES J F, JONES R C. Effect of temperature on photosynthesis – light response and growth of four phytoplankton species isolated from a tidal freshwater river [J]. Journal of Phycology, 2000, 36: 7 – 16.

[148] COUTANT C. Stream plankton above and below Green Lane Reservoir [J]. Proceedings of the Pennsylvania Academy of Science, 1963, 37: 122 – 126.

[149] ZALOCAR DE DOMITROVIC Y, POI DE NEIFF A S G, CASCO S L. Abundance and diversity of phytoplankton in the Parana River (Argentina) 220km downstream of the Yacyreta reservoir [J]. Brazilian journal of biology, 2007, 67 (1): 53 – 63.

[150] SHERMAN B, TODD C R, KOEHN J D, et al. Modelling the impact and potential mitigation of cold water pollution on Murray cod populations downstream of Hume Dam [J]. River Research

and Applications 23: 377 - 389.

[151] DONALDSON M R, COOKE S J, PATTERSON D A, et al. Cold shock and fish [J]. Journal of Fish Biology, 2008, 73: 1491 - 1530.

[152] LORENZEN M W, FAST A W. Research Series, EPA - 600/3 - 77 - 004: A guide to aeration/circulation techniques for lake management [R]. US Environmental Protection Agency, Corvallis, Oregon, 1977.

[153] SCHLADOW S G. Bubble plume dynamics in a stratified medium and the implications for water quality amelioration in Lakes [J]. Water Resources. Research, 1992, 28: 313 - 321.

[154] MCLAUGHLIN D K, GIVENS M R. A hydraulic model study of propeller - type Lake destratification pumps [J]. National Technical Information Service, Springfield VA. 1978, PB - 290901: 62.

[155] GARTON J E. Summer Reaeration and Winter Ice Removal from Lakes and Reservoirs [R]. National Technical Information Service, Springfield VA 22161. 1981, PB82 - 157793: 63.

[156] ROBINSON K M. Reservoir release water quality improvement by localized destratification [J]. National Technical Information Service, Springfield, VA: 1981, PB81 - 203145: 86.

[157] MOBLEY M, TYSON W, WEBB J, et al. Surface water pumps to improve dissolved oxygen content of hydropower releases [C]. In WaterPower '95, Tennessee Valley Authority, 1995.

[158] LEE K S. Determination of selective withdrawal system capacity for intake tower design [C]. In Proceedings: CE workshop on design and operation of selective withdrawal intake structures, Sanfrancisco, CA, 1985: 77 - 86.

[159] PRICE R E, MEYER E B. 1992. Water Operations Technical Support Program, Technical Report E - 89 - 1: Water Quality Management For Reservoirs And Tailwaters. Report 2: Operational and Structural Water Quality Enhancement Techniques [J]. Department of the Army, Waterways Experiment Station, Corps of Engineers, Vicksburg, MI, 1992, 100.

[160] BOLES G L. Water temperature and control in lewiston reservoir for fishery enhancement at Trinity River Hatchery in Northern California [R]. California Department of Water Resources, Red Bluff, CA, 1985.

[161] BOHAC C E. Underwater dam and embayment aeration for striped bass refuge [J]. Journal of Environmental Engineering JOEDDU, 1989, 115: 428 - 446.

[162] LYON J P, RYAN T J, SCROGGIE M P. Effects of temperature on the fast - start swimming performance of an Australian freshwater fish [J]. Ecology of Freshwater Fish, 2008, 17: 184 - 188.

[163] VERMEYEN T B. Modifying reservoir release temperatures using temperature control curtains. [C]// Energy & Water. ASCE, 2010.

[164] RUTHERFORD J, LINTERMANS M, GROVES J, et al. The effects of cold water releases in an upland stream [R]. Water Cooperative Research Centre, Canberra, 2009.

[165] RYAN T. Status of cold water releases from Victorian dams [M]. Department of Natural Resources and Environment, Victoria 2001.

[166] OLDEN J D, NAIMAN R J. Incorporating thermal regimes into environmental flows assessments: Modifying dam operations to restore freshwater ecosystem integrity [J]. Freshwater Biology, 2010, 55: 86 - 107.

[167] COWX I, YOUNG W, BOOTH J. Thermal characteristics of two regulated rivers in midwales [J]. Regulated Rivers: Research & Management, 1987, 1: 85 - 91.

[168] WARD J V, STANFORD J. The serial discontinuity concept of lotic ecosystems [J]. Dynamics of lotic ecosystems, 1983, 10: 29 - 42.

[169] LEHMKUHL D M. Change in thermal regime as a cause of reduction of benthic fauna downstream of a reservoir [J]. Journal of the Fisheries Research Board of Canada, 1972, 29 (9): 1329 – 1332.

[170] WARD J V. A temperature – stressed stream ecosystem below a hypolimnial release mountain reservoir [J]. Archiv Fur Hydrobiologie, 1974, 74: 247 – 275.

[171] CLARKSON R W, CHILDS M R. Temperature effects of hypolimnial – release dams on early lire stages of Colorado River Basin big – river fishes [J]. Copeia, 2000 (2): 402 – 412.

[172] CADWALLADER P L. Fish of the Murray – Darling system [J]. The Ecology of River Systems, 1986: 679 – 694.

[173] ROWLAND S J. Spawning of the Australian fresh – water fish Murray cod, Maccullochellapeeli (Mitchell), in earthen ponds [J]. Journal of Fish Biology, 1983, 23: 525 – 534.

[174] MERRICK J R, SCHMIDE G n E. Australian freshwater fishes [J]. JR Merrick, 1984.

[175] DRIVER P D, HARRIS J, NORRIS R, et al. The role of the natural environment and human impacts in determining biomass densities of common carp in New South Wales rivers. Fish and Rivers in Stress. The NSW Rivers Survey'. (Eds PC Gehrke and JH Harris) [M]. 1997.

[176] MILES N G, WEST R J. The use of an aeration system to prevent thermal stratification of a freshwater impoundment and its effect on downstream fish assemblages [J]. Journal of Fish Biology, 2011, 78: 945 – 952.

[177] FERNANDEZ R L, BONANSEA M, COSAVELLA A. et al. Effects of bubbling operations on a thermally stratified reservoir: implications for water quality amelioration [J]. Water Science and Technology, 2012, 66: 2722 – 2730.

[178] Australian National Committee on Large Dams. Register of Large Dams in Australia [R], 1982.

[179] State Water Corporation. 2009. Dam facts and figures: Burrendong Dam [R]. URL: http: // www. statewater. com. au/ _ Documents/Dam%20brochures/Burrendong%20Dam%20brochure. pdf.

[180] OneTemp Pty Ltd. 2013. Measure, control, record [R]. From www. Onetemp. com. au.

[181] FOX J, WEISBERG S. Nonlinear Regression and Nonlinear Least Squares in R. An R Companion to Applied Regression [M]. Sage Publications, 2010.

[182] BATES D M, CHAMBERS J M. Nonlinear Models in Chambers J. M. and Hastie T. J. , Statistical Models in S. Wadsworth, Pacific Grove, CA., 1992: 421 – 454.

[183] ACABA Z, JONES H, PREECE R, et al. The Effects of large reservoirs on water temperature in Three NSW Rivers based on the analysis of historical data [R]. Centre for Natural Resources, NSW Department of Land and Water Conservation: Sydney, 2000.

[184] SHERMAN B. Hume reservoir thermal monitoring and modelling: Final report: Prepared for state water as agent for the Murray – Darling basin commission [R]. CSIRO Land and Water, 2005.

[185] GORDON N D, MCMAHON T A, FINLAYSON B L, et al. Stream hydrology: An introduction for ecologists [M]. John Wiley & Sons, 2004.

[186] GU R C, MONTGOMERY S, AUSTIN T A. Quantifying the effects of stream dischargeon summer river temperature. Hydrological Sciences [J]. Journal Sciences Hydrologiques, 1998, 43 (6): 885 – 904.

[187] BURTON C. Assessment of the water temperature regime of the Cudgegong River, Central West, New South Wales [R]. NSW Department of Land and Water Conservation, 2000a.

[188] BROWN G W. Predicting temperatures of small streams [J]. Water Resources Research, 1969, 5 (1): 68 – 75.

[189] SINOKROT B A, STEFAN H G. Stream water – temperature sensitivity to weather and bed pa-

rameters [J]. Journal of Hydraulic Engineering - Asce, 1994, 120: 722 - 736.

[190] EVANS E C, MCGREGOR G R, PETTS G E. River energy budgets with special reference to river bed processes [J]. Hydrological Processes, 1998, 12: 575 - 595.

[191] CAISSIE D. The thermal regime of rivers: A review [J]. Freshwater Biology, 2006, 51: 1389 - 1406.

[192] HUTCHINSON G E. The Concept of Pattern in Ecology [J]. Proceedings of the Academy of Natural Sciences of Philadelphia, 1953, 105: 1 - 12.

[193] SWEENEY B W, SCHNACK J A. Egg development, growth, and metabolism of Sigaraalternata (SAY) (Hemiptera - corixidae) in fluctuating thermal environments [J]. Ecology, 1977, 58: 265 - 277.

[194] SWEENEY B W. Bioenergetic and developmental response of a mayfly to thermal variation [J]. Limnology and Oceanography, 1978, 23: 461 - 477.

[195] REINFELDS I, WILLIAMS S. Threshold flows for the breakdown of seasonally persistent thermal stratification: Shoalhave River below Tallowa Dam, New South Wales, Australia [J]. River Research and Applications, 2012, 28: 893 - 907.

[196] KINGSFORD R T, AULD K M. Waterbird breeding and environmental flow management in the Macquarie Marshes, Arid Australia [J]. River Research and Applications, 2005, 21: 187 - 200.

[197] ROLLS R J, GROWNS I O, KHAN T A, et al. Fish recruitment in rivers with modified discharge depends on the interacting effects of flow and thermal regimes [J]. Freshwater Biology, 2013, 58: 1804 - 1819.

[198] BINO G, STEINFELD C, KINGSFORD R T. Maximizing colonial waterbirds' breeding events using identified ecological thresholds. and environmental flow management [J]. Ecological Applications, 2014, 24: 142 - 157.

[199] LUGG A, COPELAND C. Review of cold water pollution in the Murray - Darling Basin and the impacts on fish communities [J]. Ecological Management & Restoration, 2014, 15: 71 - 79.

[200] DIANA J S. The growth of largemouth bass, Micropterus - salmoides (Lacepede), under constant and fluctuating temperatures [J]. Journal of Fish Biology, 1984, 24: 165 - 172.

[201] LYYTIKAINEN T, JOBLING M. The effect of temperature fluctuations on oxygen consumption and ammonia excretion of underyearling Lake Inari Arctic charr [J]. Journal of Fish Biology, 1998, 52: 1186 - 1198.

[202] SADATI M A Y, POURKAZEMI M, SHAKURIAN M, et al. Effects of daily temperature fluctuations on growth and hematology of juvenile Acipenser baerii [J]. Journal of Applied Ichthyology, 2011, 27: 591 - 594.

[203] SPENCE J, HYNES H. Differences in benthos upstream and downstream of an impoundment [J]. Journal of the Fisheries Board of Canada, 1971, 28: 35 - 43.

[204] WARD J. Effects of thermal constancy and seasonal temperature displacement on community structure of stream macroinvertebrates [C]. Thermal Ecology II in G. W. E. a. R. W. McFarlane. ERDA Symposium Series CONF - 750425: 302 - 307.

[205] ELLIOTT J M. Effect of temperature on the hatching time of eggs of Ephemerella ignita (Poda) (Ephemeroptera: Ephemerellidae) [J]. Freshwater Biology, 1978, 8: 51 - 58.

[206] FRIESEN M K, FLANNAGAN J F, LAWRENCE S G. Effects of temperature and coldstorage on development time and viability of eggs of the burrowing mayfly Hexageniarigida (Ephemeroptera, Ephemeridae) [J]. Canadian Entomologist, 1979, 111: 665 - 673.